普通高等教育工业智能专业系列教材

智能制造系统基础

东北大学信息科学与工程学院　组编

李鸿儒　庞哈利　等编著

机械工业出版社

本书是由东北大学信息科学与工程学院组织编著,围绕智能制造系统的社会实际需求的工业智能专业系列教材之一。

智能制造正在世界范围内兴起,这是制造业信息化技术发展的必然,也是信息化、自动化和人工智能向纵深发展的结果。智能制造能实现各种制造过程的自动化、智能化、精益化、绿色化,能带动装备制造业整体技术水平的提升。如何让更多从业者了解智能制造系统的理念,并将其落地实现是目前热门的研究课题。本书以信息技术与智能制造的发展为开端,在对智能制造系统理论基础、企业信息化系统的体系结构与功能论述的基础上,给出了当前智能制造系统的内涵与体系结构的主流定义和特征,提出并设计了一种基于信息物理系统的智能制造系统新架构,从应用角度介绍了智能制造的系列核心技术和企业集成化建模方法,最后给出智能制造系统当下的应用案例供读者参考。

本书可供从事企业信息化、自动化和智能制造工作的管理人员和工程技术人员参考,也可作为自动化、工业智能、系统工程、智能制造等相关专业或研究方向的本科生与研究生的教学参考书。

本书配有授课电子课件、教案等配套资源,需要的教师可登录www.cmpedu.com免费注册,审核通过后下载,或联系编辑索取(微信:18515977506,电话:010-88379753)。

图书在版编目(CIP)数据

智能制造系统基础 / 东北大学信息科学与工程学院组编;李鸿儒等编著. —北京:机械工业出版社,2024.2(2025.3 重印)
普通高等教育工业智能专业系列教材
ISBN 978-7-111-74199-2

Ⅰ.①智… Ⅱ.①东… ②李… Ⅲ.①智能制造系统-高等学校-教材 Ⅳ.①TH166

中国国家版本馆 CIP 数据核字(2023)第 214735 号

机械工业出版社(北京市百万庄大街 22 号　邮政编码 100037)
策划编辑:汤　枫　　　　　责任编辑:汤　枫
责任校对:龚思文　梁　静　责任印制:李　昂
北京捷迅佳彩印刷有限公司印刷
2025 年 3 月第 1 版第 2 次印刷
184mm×260mm・15.5 印张・412 千字
标准书号:ISBN 978-7-111-74199-2
定价:69.00 元

电话服务　　　　　　　　　网络服务
客服电话:010-88361066　　机 工 官 网:www.cmpbook.com
　　　　　010-88379833　　机 工 官 博:weibo.com/cmp1952
　　　　　010-68326294　　金　书　网:www.golden-book.com
封底无防伪标均为盗版　　　机工教育服务网:www.cmpedu.com

出 版 说 明

人工智能领域专业人才培养的必要性与紧迫性已经取得社会共识，并上升到国家战略层面。以人工智能技术为新动力，结合国民经济与工业生产实际需求，开辟"智能+X"全新领域的理论方法体系，培养具有扎实的专业知识基础，掌握前沿的人工智能方法，善于在实践中突破创新的高层次人才将成为我国新一代人工智能领域人才培养的典型模式。

自动化与人工智能在学科内涵与知识范畴上存在高度的相关性，但在理论方法与技术特点上各具特色。其共同点在于两者都是通过具有感知、认知、决策与执行能力的机器系统帮助人类认识与改造世界。其差异性在于自动化主要关注基于经典数学方法的建模、控制与优化技术，而人工智能更强调基于数据的统计、推理与学习技术。两者既各有所长，又相辅相成，具有广阔的合作空间与显著的交叉优势。工业智能专业正是自动化科学与新一代人工智能碰撞与融合过程中孕育出的一个"智能+X"类新工科专业。

东北大学依托信息科学与工程学院，发挥控制科学与工程国家一流学科的平台优势，于2020年开设了全国第一个工业智能本科专业。该专业立足于"人工智能"国家科技重点发展战略，面向我国科技产业主战场在工业智能领域的人才需求与发展趋势，以专业知识传授、创新思维训练、综合素质培养、工程能力提升为主要任务，突出"系统性、交叉性、实用性、创新性"的专业特色，围绕"感知-认知-决策-执行"的智能系统大闭环框架构建工业智能专业理论方法知识体系，瞄准智能制造、工业机器人、工业互联网等新领域与新方向，积极开展"智能+X"类新工科专业课程体系建设与培养模式创新。

为支撑工业智能专业的课程体系建设与人才培养实践，东北大学信息科学与工程学院启动了"工业智能专业系列教材"的组织与编写工作。本套教材着眼于当前高等院校"智能+X"新工科专业课程体系，侧重于自动化与人工智能交叉领域基础理论与技术框架的构建。在知识层面上，尝试从数学基础、理论方法及工业应用三个部分构建专业核心知识体系；在功能层面上，贯通"感知-认知-决策-执行"的智能系统全过程；在应用层面上，对智能制造、自主无人系统、工业云平台、智慧能源等前沿技术领域和学科交叉方向进行了广泛的介绍与启发性的探索。教材有助于学生构建知识体系，开阔学术视野，提升创新能力。

本套教材的编著团队成员长期从事自动化与人工智能相关领域教学科研工作，有比较丰富的人才培养与学术研究经验，对自动化与人工智能在科学内涵上的一致性、技术方法上的互补性以及应用实践上的灵活性有一定的理解。教材内容的选择与设计以专业知识传授、工程能力提升、创新思维训练和综合素质培养为主要目标，并对教材与配套课程的实际教学内容进行了比较清晰的匹配，涵盖知识讲授、例题讲解与课后习题，部分教材还配有相应的课程讲义、PPT、习题集、实验教材和相应的慕课资源，可用于各高等院校的工业智能专业、人工智能专业等相关"智能+X"类新工科专业及控制科学与工程、计算机科学与技术等相关学科研究生的课堂教学或课后自学。

"智能+X"类新工科专业在 2020 年前后才开始在全国范围内出现较大规模的增设,目前还没有形成成熟的课程体系与培养方案。此外,人工智能技术的飞速发展也决定了此类新工科专业很难在短期内形成相对稳定的知识架构与技术方法。尽管如此,但考虑到专业人才培养对相关课程和教材建设需求的紧迫性,编写组在自知条件尚未完全成熟的前提下仍然积极开展了本套系列教材的编撰工作,意在抛砖引玉,摸着石头过河。其中难免有疏漏错误之处,诚挚希望能够得到教育界与学术界同仁的批评指正。同时也希望本套教材对我国"智能+X"类新工科专业课程体系建设和实际教学活动开展能够起到一定的参考作用,从而对我国人工智能领域人才培养体系与教学资源建设起到积极的引导和推动作用。

前言

制造是人类创造物质财富的最基本的实践活动,是人类文明发展的基础。随着人类社会的进步与发展,人类创造物质财富的生产方式和制造技术也在不断地进步与发展。进入 21 世纪以后,制造企业面临的社会环境、市场环境和技术环境发生了巨大的变化,突出表现在以下方面:

1)人类社会正面临着能源与资源危机、生态与环境危机等挑战。随着社会的进步和经济发展,人们的环保意识和要求大幅提升。这就要求企业不仅要为社会提供实用的高质量产品,还要承担社会可持续发展责任。提高资源效率,降低环境污染,实现社会生产力增长与不可再生资源要素全面脱钩,达到人类与自然和谐共生,成为可持续发展的目标。因此,启动绿色工业革命成为世界发展的新趋势。

2)企业面临着日益激烈的市场竞争环境。经济全球化使得每个企业必须面对世界各地其他企业的竞争,利用企业自身区位优势占领市场将变得越来越困难。一方面,多样化和个性化的产品与服务成为市场需求的主要特征,产品销售从卖方市场变为买方市场;另一方面,市场需求的变化呈现快速性和不可预测性的特点,产品的生命周期越来越短,客户对产品的品种和规格需求越来越细化,对产品质量的要求越来越高。这种对产品多样性和个性化服务的需求,以及需求的动态变化和不可预测,导致了通过大批量生产获取利润的传统制造模式,已经不能满足企业的生存和发展需要。这要求企业必须迅速适应市场的变化,缩短产品研发和制造周期,提高生产率,降低成本,提供高质量产品和个性化服务。

3)科学技术快速发展,管理理念日新月异,各种新技术,尤其是新一代信息技术在各行业得到广泛而深入的应用。通过三次工业革命,人类社会和经济发展进入了空前繁荣的时代,不仅创造了巨大物质财富,更是创造出丰富的知识财富,新产品、新业态、新模式和新理念不断产生。这不仅促进了传统制造企业向先进制造模式转化,同时也为企业减耗增效、提升科技水平和竞争力提供了理论支撑和技术手段。

这些变化在世界范围内引发了改进制造模式的热潮,制造业正朝着自动化、柔性化、集成化、信息化和智能化的方向发展。敏捷制造、绿色制造、智能制造等先进制造模式的新思想、新理念相继诞生并被应用。运用信息技术和智能技术对制造系统及其环境要素(包括人员、设备、组织、流程、市场、物质流、资金流、能量流和信息流等)进行集成优化控制与管理,已被公认为是解决制造业的 ETQCS 难题的有效手段,即以良好的环境意识(E,Environment)、最快的上市速度(T,Time to Market)、最好的质量(Q,Quality)、最低的成本(C,Cost)、最优的服务(S,Service)来提高制造业的竞争力。

在这样的背景下,以智能为主题的第四次工业革命正在逐渐形成。此次工业革命的核心就是将新一代先进的信息技术和方法与传统的制造过程进行有机融合,形成一种支持先进制造模式的一体化智能制造系统。其中,新一代信息技术包括物联网、云计算、大数据、人工智能等，是驱动制造过程中其他技术的大脑和神经中枢。党的二十大报告指出，"必须坚持科技是第一生产力、人才是第一资源、创新是第一动力""开辟发展新领域新赛道，不断塑造发展新动能新优势。"智能制造正在世界范围内兴起，是制造业信息化技术发展的必然趋势，正在带动装备制造业整体技术水平大幅提升。

实现智能制造需要对制造过程及其控制与管理模式进行重新审视和定义。本书编写的主要目的是：通过介绍制造模式及其组织管理和信息化系统的演进，分析制造系统各发展阶段的特点，明晰现行制造系统与未来智能制造系统的差异，并且从信息物理系统（Cyber-Physical Systems，CPS）的新视角设计了一种智能制造系统的新结构，阐述了其各环节的功能和技术内涵。

本书着重从信息化系统构建的视角阐述了智能制造系统及其相关概念的演进、构成和技术内涵。全书共9章，其中第1章绪论，介绍了智能制造产生的社会和技术背景，阐述了智能制造的基本概念、智能制造的目标以及发展方向；第2章制造系统概述，介绍了制造系统的概念和分类，制造系统及其组织管理模式的演进，进而阐述了制造系统的作用和发展趋势；第3章智能制造系统理论基础，介绍了与智能制造系统密切相关的信息、系统、控制、管理、决策和信息物理系统的基本概念及其性质与作用，为深入理解智能制造系统的构成和技术内涵奠定基础；第4章企业信息化系统的体系结构与功能，介绍了企业信息化系统的发展历程，分析了企业现行信息化系统存在的问题，以及与智能制造系统的区别与联系；第5章智能制造系统的内涵与体系结构，在介绍智能制造系统基本架构的基础上，分析了美国、德国、日本智能制造系统的体系结构和内涵，着重阐述了中国智能制造系统的体系结构、主要特征和基本功能；第6章基于信息物理系统的智能制造系统，设计了基于CPS的智能制造系统的基本概念与体系架构，详细阐述了单元级、系统级和企业级智能制造系统的构成、共性技术及功能；第7章智能制造的核心技术，介绍了智能制造系统涉及的共性关键技术，包括智能数据中心、工业互联网、人工智能技术、状态感知技术、控制优化技术、科学决策技术以及虚拟制造与数字孪生技术；第8章智能制造系统建模基础，从智能制造系统的建设与改进出发，介绍了企业集成化建模的基本思想和相关技术方法，包括产品与资源建模、过程建模、功能建模和组织建模等；第9章智能制造系统应用案例，结合当前的实际应用案例介绍了智能制造产线的构成，以及智能制造技术在提升产品质量与服务水平方面的应用。

本书的编者均来自东北大学智能技术与应用研究所，均长期从事企业信息化、自动化等领域课题的研究开发工作，已完成了百余项国家级、省部级和企业合作课题，在2019年，完成了"河钢智能制造产线总体规划与设计"课题，为本书撰写积累了坚实的理论基础和大量的实际素材。

本书由李鸿儒教授和庞哈利教授统筹与规划。具体分工为：李鸿儒负责撰写第1、5章，庞哈利负责撰写第2、3、4、8章（其中3.5节由贾明兴撰写），贾明兴负责撰写第6章（其中6.2.3节由袁平撰写），尤富强负责撰写第7章7.1~7.3节及7.5节，其中7.4节由陈春华撰写，7.6由牛大鹏撰写，7.7节由庞哈利和尤富强共同撰写，杨英华负责撰写第9章。

本书是在借鉴了大量参考文献的基础上，结合编者的科研教学实践编著而成的。衷心感谢这些参考文献对本书编者的启示和帮助。

智能制造涉及的技术领域极其广泛，且正处于快速发展过程之中。由于掌握资料的限制，加之编者水平有限，书中难免存在不足，敬请读者谅解并欢迎批评指正。

编　者

目 录

出版说明
前言
第1章 绪论 1
  1.1 信息技术与智能制造 1
    1.1.1 人工智能改变社会形态 1
    1.1.2 "互联网+"颠覆传统产业创新理念 2
    1.1.3 信息技术带来新兴工业革命 3
    1.1.4 智能制造的概念 5
  1.2 智能制造的发展与意义 5
    1.2.1 智能制造发展的国家政策导向 5
    1.2.2 智能制造的意义 6
  1.3 中国智能制造发展现状和面临的问题 8
    1.3.1 中国制造业主要领域发展情况 8
    1.3.2 中国智能制造发展面临的问题 12
  1.4 智能制造的目标与发展动向 14
    1.4.1 智能制造的目标 14
    1.4.2 智能制造的发展动向 15
  思考题 16

第2章 制造系统概述 17
  2.1 制造系统及其作用 17
    2.1.1 制造与制造系统 17
    2.1.2 制造业的分类及其生产特点 17
    2.1.3 制造业的地位和作用 22
  2.2 制造系统的演进 22
    2.2.1 制造技术的发展及其作用 23
    2.2.2 制造模式的演进 29
    2.2.3 制造过程组织结构和管理方式变化 33
  2.3 世界制造业发展格局变化 34
  2.4 制造业技术发展趋势 35
  思考题 36

第3章 智能制造系统理论基础 37
  3.1 信息的概念、性质和作用 37
    3.1.1 信息论的形成 37
    3.1.2 信息的定义 39
    3.1.3 信息的性质 40
    3.1.4 信息的价值 41
    3.1.5 信息及信息科学技术的作用 42
  3.2 系统的概念与性质 42
    3.2.1 系统的概念 43
    3.2.2 系统的性质 43
    3.2.3 系统性能评价标准 45
    3.2.4 系统集成 46
  3.3 控制、管理与决策 47
    3.3.1 控制 47
    3.3.2 管理 48
    3.3.3 决策 50
  3.4 信息系统 53
  3.5 信息物理系统 54
    3.5.1 CPS的概念 54
    3.5.2 CPS的本质 55
    3.5.3 CPS的层级 56
  思考题 56

第4章 企业信息化系统的体系结构与功能 57
  4.1 企业信息化系统及其演进 57
    4.1.1 早期企业信息化系统 57
    4.1.2 计算机集成制造系统 65
    4.1.3 现行企业信息化体系结构 68
  4.2 企业现行信息化系统功能结构 71
  4.3 现行企业信息化系统存在的问题和改进方向 73
  4.4 智能制造系统的功能结构 74

4.5 现行企业信息化系统与智能制造系统的关系 ……………………… 77
思考题 …………………………………… 79

第5章 智能制造系统的内涵与体系结构 …………………………… 80

5.1 智能制造系统的内涵与系统架构维度 ………………………………… 80
　5.1.1 智能制造系统的内涵 …………… 80
　5.1.2 智能制造系统架构的维度解析 …… 80
　5.1.3 中国智能制造的系统架构 ……… 83
5.2 美国、德国、日本三国智能制造系统的内涵与体系结构 ………… 84
　5.2.1 美国智能制造系统的内涵与体系结构 ………………………………… 85
　5.2.2 德国智能制造系统的内涵与体系结构 ………………………………… 88
　5.2.3 日本智能制造系统的内涵与体系结构 ………………………………… 91
5.3 中国智能制造系统的体系结构 …… 94
　5.3.1 智能制造的标准体系结构 ……… 94
　5.3.2 基础共性标准 …………………… 98
　5.3.3 关键技术标准 …………………… 99
　5.3.4 行业应用标准 ………………… 105
5.4 智能制造系统的基本特征与基本功能 ………………………………… 106
　5.4.1 智能感知 ……………………… 107
　5.4.2 智慧决策 ……………………… 108
　5.4.3 精准控制 ……………………… 109
　5.4.4 智能服务 ……………………… 109
思考题 ……………………………………… 111

第6章 基于信息物理系统的智能制造系统 …………………………… 112

6.1 基于 CPS 的智能制造系统体系架构与基本概念 ……………………… 112
　6.1.1 基于 CPS 的智能制造系统体系架构 ………………………………… 112
　6.1.2 物理系统的概念 ……………… 112
　6.1.3 信息系统的概念 ……………… 115
　6.1.4 工厂数据中心的概念 ………… 115
　6.1.5 虚拟系统的概念 ……………… 115
6.2 智能制造系统的单元级 CPS …… 116
　6.2.1 智能设备功能 ………………… 116
　6.2.2 智能设备核心技术 …………… 120
　6.2.3 智能设备示例 ………………… 122
6.3 智能制造系统的系统级 CPS …… 126
　6.3.1 物料管理功能 ………………… 127
　6.3.2 产品质量管控功能 …………… 128
　6.3.3 流程协调优化功能 …………… 129
　6.3.4 设备智能运维与管理功能 …… 130
　6.3.5 系统级 CPS 关键共性技术 …… 131
　6.3.6 系统级 CPS 示例 ……………… 132
6.4 智能制造系统的 SoS 级 CPS …… 135
　6.4.1 SoS 级 CPS 物理系统 ………… 135
　6.4.2 SoS 级 CPS 信息系统 ………… 135
　6.4.3 虚拟系统 ……………………… 140
思考题 ……………………………………… 143

第7章 智能制造的核心技术 …………… 144

7.1 智能数据中心 …………………… 144
　7.1.1 智能数据中心的基本特征 …… 144
　7.1.2 智能数据中心的架构设计 …… 145
　7.1.3 智能数据中心的典型应用 …… 149
7.2 支撑智能制造的网络系统 ……… 150
　7.2.1 工业互联网的特点 …………… 150
　7.2.2 全球工业互联网的发展概况 … 151
　7.2.3 我国工业互联网发展概况 …… 153
　7.2.4 工业互联网体系架构简介 …… 155
　7.2.5 工业互联网平台简介 ………… 156
7.3 人工智能技术 …………………… 163
　7.3.1 人工智能技术的产生及发展 … 163
　7.3.2 人工智能技术的研究现状 …… 164
　7.3.3 人工智能技术的分类 ………… 165
　7.3.4 人工智能技术的主要应用领域 … 166
7.4 状态感知技术 …………………… 166
　7.4.1 早期的"感应器件（效应物质）" ……………………………… 167
　7.4.2 专业元器件——传感器 ……… 167
　7.4.3 无线传感器网络 ……………… 168
　7.4.4 大型整机类"巨型传感器" … 168
　7.4.5 由生物或人组成的"复合型传感器" ……………………………… 169
　7.4.6 状态信号特征提取 …………… 169
　7.4.7 智能产品中的传感器 ………… 169

7.5 控制优化技术 …………………… 171
　7.5.1 基于模型的控制优化技术 …… 171
　7.5.2 系统辨识技术 ………………… 173
　7.5.3 预测控制技术 ………………… 175
　7.5.4 故障诊断技术 ………………… 176
　7.5.5 智能调度技术 ………………… 177
7.6 科学决策技术 …………………… 180
　7.6.1 科学决策概述 ………………… 180
　7.6.2 智能制造中的决策问题 ……… 181
　7.6.3 科学决策技术及其在智能制造中的应用 …………………………… 183
7.7 虚拟制造与数字孪生技术 ……… 187
　7.7.1 虚拟制造与数字化工厂 ……… 187
　7.7.2 数字孪生技术 ………………… 190
思考题 …………………………………… 191

第8章 智能制造系统建模基础 … 192
8.1 企业环境变化和智能制造系统建模 ……………………………… 192
　8.1.1 企业面临的环境变化 ………… 192
　8.1.2 企业建模需求 ………………… 193
8.2 企业建模 ………………………… 195
　8.2.1 企业建模的概念和目的 ……… 195
　8.2.2 企业建模的基本原则 ………… 196
　8.2.3 企业建模过程 ………………… 197
　8.2.4 企业建模内容 ………………… 198
　8.2.5 企业建模评价准则 …………… 199

8.3 企业集成化建模方法与技术 …… 200
　8.3.1 企业集成化建模的体系结构 … 200
　8.3.2 企业视图模型的关联与集成 … 201
　8.3.3 产品与资源建模 ……………… 202
　8.3.4 过程建模 ……………………… 204
　8.3.5 信息建模 ……………………… 204
　8.3.6 功能建模 ……………………… 207
　8.3.7 组织建模 ……………………… 208
思考题 …………………………………… 212

第9章 智能制造系统应用案例 … 213
9.1 智能制造产线/工厂 ……………… 213
　9.1.1 西门子数字工厂 ……………… 213
　9.1.2 华晨宝马智能制造技术与集成应用 ……………………………… 216
　9.1.3 宝钢股份热轧1580智能制造示范产线 …………………………… 218
　9.1.4 合力叉车工业互联网管控平台 … 220
9.2 智能制造技术在产品/服务提升方面的应用 …………………… 223
　9.2.1 GE智慧航空运营服务 ………… 223
　9.2.2 压缩机智能运维大数据应用 … 226
　9.2.3 基于大数据的晶圆制造质量管控 … 227
　9.2.4 复杂结构件加工过程智能监控 … 229
思考题 …………………………………… 232

附录 专有名词缩写 …………………… 233
参考文献 ……………………………… 237

第 1 章 绪论

1.1 信息技术与智能制造

科技创新始终是推动人类社会生产生活方式产生深刻变革的重要力量。当前，云计算、大数据、人工智能、物联网等新一代信息技术已经融入人们的日常社会生产生活当中。随着科学技术的不断发展，信息技术、新能源、新材料、生物技术等重要领域和前沿方向的革命性突破和交叉融合，正在引发新一轮产业变革，将对全球制造业产生颠覆性的影响，并改变全球制造业的发展格局。特别是新一代信息技术与制造业的深度融合，将促进制造模式、生产组织方式和产业形态的深刻变革，智能制造正在成为制造业发展新趋势。

1.1.1 人工智能改变社会形态

人工智能（Artificial Intelligence，AI）是研究、开发用于模拟、延伸和扩展人的智能的理论、方法、技术及应用系统的一门新的技术科学。人工智能是计算机科学的一个分支，它试图了解智能的实质，并生产出一种新的能以与人类智能相似的方式做出反应的智能机器，该领域的研究包括机器人、语言识别、图像识别、自然语言处理和专家系统等。人工智能从诞生以来，理论和技术日益成熟，应用领域也不断扩大，可以设想，未来人工智能带来的科技产品，将会是人类智慧的"容器"。人工智能可以对人的意识、思维的信息过程进行模拟。人工智能不是人类智能，但能像人那样思考，也可能超过人类智能。

人工智能可以帮助人类改善生活，其对未来社会带来的冲击将会超出人们的想象。2011年，德国提出"工业 4.0"的概念，希望通过数字化和智能化提升制造业的水平。其核心是通过智能化机器、大数据分析来帮助工人甚至取代工人，实现制造业的全面智能化。这在提高设计、制造和供应销售效率的同时，也会大大减少产业工人的数量。在中国，OEM（Original Equipment Manufacture）制造商富士康，一直在研制取代装配线上工人的技术，这使得工人们不再需要到装配线上从事繁重而重复的工作，也使工厂里的工人数量大幅度地减少。

自从机器出现后工人的数量就在减少，劳动力会被分配到其他行业。如同 2004 年经济学家低估了机器可以取代驾驶员的可能性一样，如今人们可能还是低估了机器智能带来的冲击。这一次由机器智能引发的技术革命不仅会替代那些简单的劳动，而且将在各个行业逐渐取代原有的从业人员。

在美国，专科医生（如放射科医生）是社会地位和收入较高的群体，也是需要专业知识较多的群体，他们需要在大学和医院学习、训练 13 年才能获得行医执照。过去人们认为这样的工作是不可能被机器取代的，但是现在智能的模式识别软件通过对医学影像的识别和分析，可以比有经验的放射科医生更好地诊断病情，而这个工作的成本只有人工的 1%。

律师也被认为是社会地位和经济地位较高的职业之一，他们的工作也受到了自然语言处理软件的威胁。位于硅谷 Palo Alto 的 Blackstone Discovery 公司发明了一种处理法律文件的自然语言处理软件，使得律师的工作效率可以提高 500 倍，而打官司的成本可以大幅下降。这意味着未来将有相当数量的律师可能失去工作。事实上，这件事情在美国已经发生，新毕业的法学院学生找到正式工作的时间比以前长了很多。

面对势不可挡的机器智能大潮，人类需要重新考虑工作和生活的方式，尤其是劳动力的出路问题。1945 年以后开始的农业革命（这里指发生于 1945 年以后，机械化、化学肥料以及新品种作物造成农业产量的大增，又称为第二次农业革命）使得发达国家 2%~5%（根据美国劳工部的统计，美国农业工人与劳动力人口的比例不到 2%）的人提供了全部人口所需的食品，随着机器智能的发展，或许只需 5%以下的劳动力就能满足人类所需的所有工业品和完成大部分的服务工作。当然，也会有一小部分人参与智能机器的研发和制造，但是这只会占劳动力的很小一部分。现在必须考虑未来劳动力的出路，这是一个在机器智能发展过程中无法回避的问题。

新一代人工智能呈现出深度学习、跨界协同、人机融合、群体智能等新特征，为人们提供了认识复杂系统的新思维、改造自然和社会的新技术。当然，新一代人工智能技术还处在快速发展的进程中，将继续从"弱人工智能"迈向"强人工智能"，不断拓展人类"脑力"，扩大其应用范围。新一代人工智能已经成为新一轮科技革命的核心技术，为制造业革命性的产业升级提供了历史性机遇，正在形成推动经济社会发展的巨大引擎。

新一代人工智能技术驱动的智能制造，其产品呈现高度智能化、宜人化，生产制造过程呈现高质、柔性、高效、绿色等特征，产业模式发生了革命性变化，服务型制造业与生产型服务业大发展，进而共同优化集成新型制造大系统，全面重塑制造业价值链，极大提高了制造业的创新力和竞争力。

1.1.2 "互联网+"颠覆传统产业创新理念

"互联网+"，从经济学上是指连接所有产业形成价值链，连接成价值网络。英国演化经济学家卡罗塔·佩雷斯认为，每一次的大技术革命都形成了与其相适应的技术经济范式。这个过程会经历两个阶段：第一个阶段是新兴产业的兴起和新基础设施的广泛安装，第二个阶段是各行各业应用的蓬勃发展和收获，每个阶段持续时间为 20~30 年。相应地，"互联网+"的前提是互联网作为一种广泛存在的"基础设施"。1994 年，互联网进入中国，截至 2022 年 6 月，中国已经有 10.51 亿网民、9.5 亿智能手机用户，互联网普及率达 74.4%。通信网络的进步，互联网、智能手机、智能芯片在企业、人群和物体中的广泛存在，为下一阶段蓬勃发展的"互联网+"奠定了坚实的基础。3Com 公司创始人、计算机网络先驱罗伯特·梅特卡夫提出网络的价值等于网络节点数的二次方，网络的价值与互联网用户数的二次方成正比。从本质上讲，网络的力量大于网络所连接的物品、人、数据等部分之和，万物互联将产生强大力量，"互联网+"战略未来的潜力足以考验想象力。

"互联网+"是互联网思维的进一步实践成果，推动经济形态不断发生演变，从而带动社会经济实体的生命力，为改革、创新、发展提供广阔的网络平台。通俗地说，"互联网+"就是"互联网+各个传统行业"，但这并不是简单的两者相加，而是利用信息通信技术以及互联网平台，让互联网与传统行业进行深度融合，创造新的发展生态。它代表一种新的社会形态，即充分发挥互联网在社会资源配置中的优化和集成作用，将互联网的创新成果深度融合于社会各领域之中，提升全社会的创新力和生产力，形成更广泛的以互联网为基础设施和实现工具的经济发展新形态。

未来互联网将作为一种生产力工具，给每个行业带来效率的大幅提升。因此，具备"互联网+"的思维，将会为更多的传统企业借助互联网带动产业的转型和升级带来机会，而这实际上是一次工业革命。这一轮工业革命在"互联网+"的推波助澜下可能将为产业升级带来五大方向上的变革：智能化、个人化、跨界化、"制服"化和互联网化。智能化，即人工智能；个人化，即满足个人制造需求，大规模的个人定制，也包括以"创客"为代表的创业者驱动；跨界化，即跨行、跨领域发展；"制服"化，即制造业与服务业的深度融合；互联网化，即互联网无所不在，万物互联。

"互联网+农业""互联网+工业""互联网+金融""互联网+传媒"等"互联网+"战略的触角延伸，不仅仅在于对第三产业，更在于对第一产业和第二产业的渗透，将线下与线上高度融合，这绝不是互相排挤的零和游戏。推动产业创新，才是"互联网+"的真正未来所在。

产业创新是"被逼出来"的竞争力。面对这次产业转型升级带来的阵痛，企业要在发展中植入跨界思维。什么是跨界思维？用互联网的思维做手机，是跨界思维；用互联网的思维做金融，也是跨界思维；用媒体思想做商业，同样是跨界思维。跨界思维的核心是颠覆性创新，它往往来源于行业之外的边缘性创新，因此，要跳出行业看行业，建立系统、交叉的思维模式，它需要跨学科的知识论层面的深度思维，而不是简单的创意和灵感。

1.1.3 信息技术带来新兴工业革命

迄今为止，人类社会已经经历了三次工业革命，正在向第四次工业革命迈进，四次工业革命的演变如图 1-1 所示。从图中可以看出，这四次工业革命越来越复杂（美国一般认为是三次工业革命：蒸汽技术革命、电力技术革命、信息控制技术革命）。

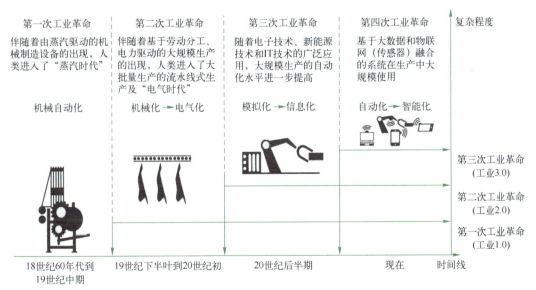

图 1-1 四次工业革命的演变

第一次工业革命开创了"蒸汽时代"（18 世纪 60 年代到 19 世纪中期），标志着农耕文明向工业文明的过渡，这一时期以煤炭为主要能源，实现了手工劳动向机械化生产的转变，这是人类发展史上的一个伟大奇迹。

第二次工业革命开创了"电气时代"（19 世纪下半叶到 20 世纪初），石油和电力成为主要能源，使得电力、钢铁、化工、汽车等重工业兴起，带来交通行业的迅速发展，世界各地交流更为频繁，并逐渐形成一个全球化的国际政治、经济体系。

第三次工业革命开创了"信息时代"（20 世纪后半期），自动化技术和计算机技术的应用，不仅实现了物理系统层面的机械化、电气化向自动化的转变，还实现了物理系统自动化向信息活动自动化的发展。自动化和信息技术不仅把人从繁重的体力劳动、部分脑力劳动以及恶劣、危险的工作环境中解放出来，而且扩展了人的器官功能，极大提高了生产效率和商业效率，增强了人类认识世界和改造世界的能力。"信息时代"的到来使全球信息和资源交流变得更为迅速，世界政治经济格局进一步确立，人类文明的发达程度也达到空前的高度。

前三次工业革命使人类社会和经济发展进入了繁荣时代，但与此同时，也造成了巨大的能源、资源消耗，付出了巨大的环境代价和生态成本，加剧了人与自然之间的矛盾。

进入 21 世纪，人类面临空前的全球能源与资源危机、全球生态与环境危机的多重挑战，从而引发了绿色工业革命。绿色工业革命的实质，就是大幅度提高资源效率、降低环境污染，使经济增长与不可再生资源要素全面脱钩，与二氧化碳等温室气体排放脱钩。实现社会生产力增长从自然要素投入到以绿色要素投入为特征的跃迁，达到人类与自然和谐共生、可持续发展的目标。

另一方面，人们对于产品的多样性和个性化需求日益增长，对产品质量要求越来越高，这使得产品的生命周期越来越短，市场竞争愈加激烈。通过大批量制造形成规模经济，并以此获取利润的传统制造模式，已远远不能满足时代发展和环境保护的要求。企业只有及时跟踪市场的变化，快速研发和制造出能够满足用户多样性和个性化需求的产品，并以高质量、低成本、及时交货和良好的环境意识取得竞争优势，才能获得生存和发展的机会。这就要求对制造业进行彻底的变革，用先进的信息化和智能化技术改进和提升传统的制造过程，包括产品研发、设计和制造、产品质量检验和跟踪、物流和客户服务、废旧产品回收和再利用等。

第四次工业革命正在逐渐形成，新一代信息技术，包括物联网、云计算、大数据、人工智能等，是驱动其他技术的大脑和神经中枢；以数字化、虚拟化、增材制造、工业机器人和计算机智能管理与决策等为标志的智能制造成为实现第四次工业革命的手段和方式。因此，这一轮工业革命的核心是将新一代人工智能技术和信息化技术方法与传统的工业过程进行有机融合，形成高度灵活、人性化、数字化的产品生产与服务模式。智能制造技术已经成为世界制造业发展的重要方向，主要工业化国家正在大力推进。

德国经济学家克劳斯·施瓦布在其《第四次工业革命》一书中指出："这场革命正以前所未有的态势向我们席卷而来，它发展速度之快、范围之广、程度之深丝毫不逊于前三次工业革命。"

最近十年来，以互联网特别是移动互联网、大数据、人工智能、云计算等为代表的新一代信息技术产业蓬勃发展，方兴未艾。互联网是迄今为止人类所看到的信息处理成本最低的基础设施，互联网天然具备全球开放、平等、透明等特性，这使得信息和数据在工业社会中被隐藏的巨大潜力爆发出来，转化成巨大的生产力，成为社会财富增长的新源泉。具体就制造业而言，当今时代，全球工业已经进入 4.0 时代，全球工业互联网化渐成大势。工业 4.0 时代的核心是互联网对传统工业的渗透，使得传统制造业完成智能升级。通过以互联网为纽带、以各种智能传感器为核心而形成的物联网，可以把产品、机器、资源、人有机地联系在一起，推动各环节数据共享，实现产品全生命周期和全制造流程的数字化。因此，无论是德国工业 4.0，还是美国的工业互联网，其目的都在于通过深化信息技术对制造业的改造，实现互联网、人工智能、大数据和制造技术的融合发展，从而大大提高生产效率。根据美国通用电气公司的分析报告，如果工业互联网推动生产效率增长 1%~1.5%，将使生产效率达到工业革命有史以来的更高水平。根据这个测算，在接下来的 20 年里，工业互联网将为全球 GDP 创造 10 万亿～15 万亿美元价值。到 2025 年，工业互联网将创造 82 万亿美元的经济价值，占世界经济总量的 50%。总之，新型信息化对传统制造业的渗透不仅能够改进传统制造业的效率，更是对传统制造业的重新定义，信息化工业在接下来的 20 年内完全有可能接替服务业成为拉动世界经济的引擎。因此，传统制造业和新一代信息技术的相互融合，已成为未来制造业升级发展的大势所趋。

1.1.4 智能制造的概念

智能制造是伴随信息技术的不断普及而逐步发展起来的。1988 年，纽约大学的怀特（P. K. Wright）教授和卡内基梅隆大学的布恩（D. A. Bourne）教授出版的《智能制造》一书，首次提出了智能制造的概念：智能制造是一种由智能机器和人类专家共同组成的人机一体化智能系统，它在制造过程中能进行智能活动，诸如分析、推理、判断、构思和决策等。通过人类与智能机器的合作共事，去扩大、延伸和部分地取代人类专家在制造过程中的脑力劳动。

工业和信息化部、财政部联合制定的《智能制造发展规划（2016—2020 年）》给出了一个比较全面的描述性定义：智能制造是基于新一代信息通信技术与先进制造技术深度融合，贯穿于设计、生产、管理、服务等制造活动的各个环节，具有自感知、自学习、自决策、自执行、自适应等功能的新型生产方式。中国工程院周济院士在"新一代智能制造"一文中，详细介绍了智能制造的三个基本范式，并指出新一代的智能制造核心特征是具备认知与学习功能的人工智能技术的广泛应用。推动智能制造，能够有效缩短产品研制周期、提高生产效率和产品质量、降低运营成本和资源能源消耗，促进基于互联网的众创、众包、众筹等新业态、新模式的孕育发展。智能制造具有以智能工厂为载体、以关键制造环节智能化为核心、以端到端数据流为基础、以网络互联为支撑等特征，这实际上指出了智能制造的核心技术、管理要求、主要功能和经济目标。

1.2 智能制造的发展与意义

智能制造正在世界范围内兴起，它是制造技术发展，特别是制造信息技术发展的必然，是信息化、自动化和人工智能向纵深发展的结果。智能制造能实现各种制造过程自动化、智能化、精益化、绿色化，并带动装备制造业整体技术水平的提升。

1.2.1 智能制造发展的国家政策导向

智能制造越来越受到重视。纵览全球，虽然总体而言智能制造尚处于概念和实验阶段，但发达国家纷纷将智能制造列入国家发展计划，大力推动实施。美国、德国、日本都提出了专门的智能制造理念和架构。

发展智能制造符合中国制造业发展的内在要求，也是提升中国制造业新优势、实现转型升级的必然选择。在过去全球 200 多年的工业化、现代化发展历史上，中国失去了参与和引领工业革命的机会。由于错失机会，中国的 GDP 占世界总量比重，由 1820 年的 1/3 下降至 1950 年的不足 1/20。在深刻体验和认识之后，中国从极低的起点开始发动国家工业化，进行了第一次、第二次工业革命补课。20 世纪 80 年代，以通信、计算机、网络技术为代表的信息技术革命在全球兴起，中国积极参与并实现了成功的追赶，逐渐成为世界最大的信息与通信技术（Information and Communication Technology，ICT）生产国、消费国和出口国之一，开始步入领先者行列。进入 21 世纪，中国第一次与美国、日本等发达国家及欧盟这样的区域性组织站在同一起跑线上，在加速信息工业革命进程的同时，正式发动和创新第四次绿色工业革命。能够赶上这一革命的黎明期、发动期，对于中国来讲是极大的机遇，更是极大的挑战。中国对于世界这一新的发展趋势具有清晰而深刻的认识，明确提出要加快建设制造强国，加快发展先进制造业，推动互联网、大数据、人工智能和实体经济深度融合，在中高端消费、创新引领、绿色低碳、共享经济、现代供应链、人力资本服务等领域培育新增长点，形成新动能。

2015 年，中国全面推进实施强国战略的进程，强调加快推动新一代技术信息与制造技术融合发展，把智能制造作为两化深度融合的主攻方向。工业和信息化部在 2015 年启动实施了"智能制造试点示范专项行动"，主要目的是直接切入制造活动的关键环节，充分调动企业的积极性，注重试点示范项目的成长性，通过点上突破，形成有效的经验与模式，在制造业各个领域加以推广与应用。

2015 年，国务院颁布了《国务院关于积极推进"互联网+"行动的指导意见》。2016 年，中共中央办公厅和国务院办公厅印发了《国家信息化发展战略纲要》，同年，国务院颁布了《国务院关于深化制造业与互联网融合发展的指导意见》。工业和信息化部在 2017 年正式发布了《智能制造发展规划（2016—2020 年）》，其中提出了"十三五"期间我国智能制造发展的指导思想、目标和重点任务。2017 年 11 月，国务院颁布了《国务院关于深化"互联网+先进制造业"发展工业互联网的指导意见》。

为加快推进智能制造发展，指导智能制造标准化工作的开展，2015 年，工业和信息化部、国家标准化管理委员会共同组织制定了《国家智能制造标准体系建设指南（征求意见稿）》。2018 年，工业和信息化部、国家标准化管理委员会联合发布了《国家智能制造标准体系建设指南（2018 年版）》。指南系统地确定了智能制造的系统架构，明确提出到 2018 年，累计制修订 150 项以上智能制造标准，基本覆盖智能制造基础共性标准和关键技术标准。到 2019 年，累计制修订 300 项以上智能制造标准，全面覆盖智能制造基础共性标准和关键技术标准，逐步建立起较为完善的智能制造标准体系。建设智能制造标准试验验证平台，提升公共服务能力，提高标准应用水平和国际化水平。2021 年，工业和信息化部、国家标准化管理委员会又联合发布了《国家智能制造标准体系建设指南（2021 版）》，进一步推动智能制造高质量发展。

1.2.2 智能制造的意义

智能制造将给人类社会带来革命性变化。智能机器将替代人类完成大量体力劳动和相当部分的脑力劳动，人类可以更多地从事创造性工作；人类工作生活环境和方式将朝着以人为本的方向迈进。同时，智能制造将有效减少资源与能源的消耗和浪费，持续引领制造业绿色发展、和谐发展。

智能制造代表着信息化与工业化、信息技术与制造技术的深度融合，将给制造业带来以下 4 个方面的变化。

1. 产品创新：生产装备和产品的数字化和智能化

将数字技术和智能技术融入制造所必需的装备及产品中，使装备和产品的功能得到极大提高。

1）智能制造装备和系统的创新。数字化智能技术一方面使数字化制造装备（如数控机床、工业机器人）得到快速发展，大幅度提升生产系统的功能、性能与自动化程度；另一方面，这些技术的集成进一步形成柔性制造单元、数字化车间乃至数字化工厂，使生产系统的柔性自动化程度不断提高，并向具有信息感知、优化决策、执行控制等功能特征的智能化生产系统方向发展。

2)具有智能的产品不断诞生。例如,典型的颠覆性变化产品之一数码相机,采用电荷耦合器件(Charge-Coupled Device,CCD)代替了原始胶片感光,实现了照片的数字化获取,同时采用智能技术实现人脸的识别,并自动选择感光与调焦参数,保证普通摄影者获得逼真而清晰的照片。这一创新产品的出现,颠覆了传统的摄影器材产业。

3)改变了为用户服务的方式。例如,在传统的飞机发动机、高速压缩机等旋转机械中植入小型传感器,可将设备运行状态的信息,通过互联网远程传送到制造商的客户服务中心,实现对设备进行破坏性损伤的预警、寿命的预测、最佳工作状态的监控。这不仅使设备智能化,而且改变了产业的形态,使制造商不仅为用户提供智能化的设备,而且可以为用户提供全生命周期的服务,其服务收入常常超过设备收入,从而推动制造商向服务商转型。

2. 制造过程创新:制造过程的智能化

1)设计过程创新。采用面向产品生命周期、具有丰富设计知识库和模拟仿真技术支持的数字化智能化设计系统,在虚拟现实、计算机网络、数据库等技术支持下,可以在虚拟的数字环境里并行、协同实现产品的全数字化设计,结构、性能、功能的模拟仿真与优化,极大地提高了产品的无图纸化设计、制造和虚拟装配。

2)制造工艺创新。数字化、智能化技术不仅将催生加工原理的重大创新,同时,工艺数据的积累、加工过程的仿真与优化、数字化控制、状态信息实时检测与自适应控制等数字化、智能化技术的全面应用,将使制造工艺得到优化,极大地提高制造的精度和效率,大幅度提升制造工艺水平。

3. 管理创新:管理信息化

管理的信息化将使企业组织结构、运行方式发生明显变化。

1)扁平化。一个由人、计算机和网络组成的信息系统,可使传统的金字塔式多层组织结构变成扁平化的组织结构,大大提高管理效率。

2)开放性。制造商、生产型服务商和用户在一个平台上,生成一个无边界、开放式协同创新平台,代替传统的内生、封闭、单打独斗式创新。

3)柔性。企业可按照用户的需求,通过互联网无缝集成社会资源,重组成一个无围墙的、高效运作的、柔性的企业,以便快速响应市场。

4. 制造模式和产业形态发生颠覆性变革

以数字技术、智能技术为基础,在互联网、物联网、云计算、大数据的支持下,制造模式、商业模式、产业形态发生重大变化。

1)个性化的批量定制生产将成为一种趋势。通过互联网,制造商与客户、市场的联系更为密切,用户可以通过创新设计平台将自己的个性化需求及时传送给制造商,或直接参与产品的设计,而柔性的制造系统可以高效、经济地满足用户的诉求,一种新的个性化批量定制生产模式将成为一种趋势。

2)进入全球化制造阶段。制造资源的优化配置已经突破了企业、社会、国家的界限,正在全球范围内寻求优化配置,物流、资金流、信息流在全球经济一体化及信息网络的支持下突破国界进行流动,世界已进入全球制造时代。

3)制造业的产业链优化重构,企业专注于核心竞争力的提高。无处不在的信息网络和便捷的物流系统,使得研发、设计、生产、销售和服务活动没有必要在一个企业,甚至在一个国家内独立完成,而是可以分解、外包、众包到社会和全球,一个企业只需专注于自己核心业务的提高。

4)服务型制造将渐成主流业态。当前,制造业发展的主动权已由生产者向消费者转移,"客户是上帝"的经营理念已成为制造商的普遍共识。经济活动已由制造为中心日渐转变为创新与服务为中心，产品经济正在向服务经济过渡，制造业也正在由生产型制造向服务型制造转变。传统工业化社会的制造服务业是以商业和运输形态为主，而在泛在信息环境下的制造服务业是以技术、知识和公共服务为主，是以信息服务为主。融入了信息技术、智能技术的创新设计和服务是服务型制造的核心。

5）电子商务的应用日益广泛。通过信息技术，特别是网络技术，把处于盟主地位的制造企业与相关的配套企业及用户的采购、生产、销售、财务等业务在电子商务平台上进行整合，不仅有助于增加商务活动的直接化和透明化，而且提高了效率、减少了交易成本。可以预期，电子商务将会无所不在，越来越多地代替传统的、店铺式的销售方式和商务合作方式。

综上所述，智能制造将使制造业的产品形态、设计和制造过程、管理方法和组织结构、制造模式、商务模式发生重大甚至革命性变革，并带动人类生活方式的重大变革。

1.3 中国智能制造发展现状和面临的问题

宏观地看，制造业是数字经济的主战场。近年来，制造企业数字化基础能力稳步提升，制造业企业设备数字化率和数字化设备联网率持续提升。根据前瞻产业研究院《高质量发展新动能：2020年中国数字经济发展报告》的数据，2019年，规模以上工业企业的生产设备数字化率、关键工序数控化率、数字化设备联网率分别达到47.1%、49.5%、41.0%，工业企业数字化研发设计工具普及率达到69.3%。数字化率指标直接反映了我国智能制造转型升级的进展速度。

我国已经形成系列先进制造业产业集群。根据赛迪研究院对我国先进制造业集群空间分布的研究成果，我国已形成以"一带三核两支撑"为特征的先进制造业集群空间分布总体格局。一带指沿海经济带；三核是指环渤海核心、长三角核心和珠三角核心；两支撑为中部支撑和西部支撑。环渤海核心地区主要包括北京、天津、河北、山东和辽宁等省市，是国内重要的先进制造业研发、设计和制造基地。其中，北京以先进制造业高科技研发为主，天津以航空航天业为主，山东以智能制造装备和海洋工程装备为主，辽宁则以智能制造和轨道交通为主。长三角核心地区以上海为中心，江苏、浙江为两翼，主要在航空制造、海洋工程、智能制造装备领域较突出，形成较完整的研发、设计和制造产业链。珠三角核心地区的先进制造业主要集中在广州、深圳、珠海和江门等地，集群以特种船、轨道交通、航空制造、数控系统技术及机器人为主。中部支撑地区主要由湖南、山西、江西和湖北组成，其航空装备与轨道交通装备产业实力较为突出。西部支撑地区以川陕为中心，主要由陕西、四川和重庆组成，轨道交通和航空航天产业形成了一定规模的产业集群。

1.3.1 中国制造业主要领域发展情况

下面以工业互联网、工业机器人、高端数控机床和半导体产业为例，来介绍一下中国制造业主要领域的发展情况。

1. 新一代信息技术与智能制造的结合

工业互联网发展迅速。新一代信息技术与制造业的深度融合发展，是推动制造业升级的重要引擎。其中，工业互联网又是这个融合过程中的核心。工业互联网与我国智能制造发展正相关。2018年、2019年我国工业互联网产业经济增加值规模分别为1.42万亿元、2.13万亿元，同比实际增长分别为55.7%、47.3%，占GDP比重分别为1.5%、2.2%，对经济增长的贡献分别为6.7%、9.9%。2018年、2019年我国工业互联网带动全社会新增就业岗位分别为135万个、206万个。从这些数据来看，我国工业互联网的发展已经形成全新的动能。

我国工业互联网仍处于发展初期，标准架构还在探索之中，商业模式尚不成熟，技术、人才、安全等方面存在瓶颈和短板，推广应用的艰巨性和复杂性并存，需要保持耐心、稳中求进。具体而言，工业互联网发展存在三大问题：

1）数据流动与融合问题。主要体现在三个方面：首先，是设备互联互通信息孤岛问题。例如，一条生产线涉及大量不同的设备底层通信和数据交互协议等，要实现设备之间有效的数据流动和融合，难度较大；其次，在目前的人工智能发展阶段，对依托工业生产所产生的大数据进行智能化自动决策依然是有难度的；最后，工业互联网设备的专用软件难以通用也是当前制约工业互联网发展的一个较大瓶颈。

2）对成本和安全问题考虑不足。一方面，存在成本问题，例如，工业互联网安全涉及专业人员、数据中心、云计算等方面的成本。另一方面，存在安全挑战，例如，工业互联网的数据泄露和网络攻击风险等。

3）工业互联网的盈利模式依然需要摸索。工业互联网行业标准多，涉及各个制造业的垂直领域，专业化程度高，难以找到通用的盈利和发展模式。

2020 年 6 月 30 日召开的中央全面深化改革委员会第十四次会议就工业互联网发展提出了明确要求。会议强调，加快推进新一代信息技术和制造业融合发展，要顺应新一轮科技革命和产业变革趋势，以供给侧结构性改革为主线，以智能制造为主攻方向，加快工业互联网创新发展，加快制造业生产方式和企业形态根本性变革，夯实融合发展的基础支撑，健全法律法规，提升制造业数字化、网络化、智能化发展水平。由此看来，从 2020 年开始，在未来一段时期内，工业互联网会是智能制造最为关键的国家战略。

2. 我国工业机器人发展迅速

在政策方面，我国对工业机器人的支持具有长期性和持续性。1959 年，美国人乔治·德沃尔（George Devol）与约瑟夫·英格伯格（Joseph Engelberger）联手制造出第一台工业机器人，标志着机器人技术进入制造业。我国从 1972 年开始工业机器人研究，与美国相差约 13 年。1982 年，中国科学院沈阳自动化研究所研制出我国第一台工业机器人。20 世纪 80 年代，我国工业机器人发展主要涉及喷涂、焊接等工业流水线上机械手的研发。"863 计划"启动后，我国开始大力支持工业机器人技术发展。"十五"规划（2001—2005 年）期间，我国开始发展危险任务机器人、反恐军械处理机器人、类人机器人和仿生机器人等。"十一五"规划（2006—2010 年）期间，开始重点关注智能控制和人机交互的关键技术。到"十二五"规划（2011—2015 年），"智能制造"开始正式全面提上国家战略。2016 年，《机器人产业发展规划（2016—2020 年）》发布，开始进一步完善机器人产业体系，扩大产业规模，增强技术创新能力，提升核心零部件生产能力，提升应用集成能力。

在技术方面，我国机器人技术发展迅速，但工业机器人核心零部件国产化率依然有很大的上升空间。2011—2020 年，国内机器人技术相关的专利数量快速增加，年平均申请量为 17009.2 件，年平均增长率为 39.53%，最高年增长率为 79.67%（2016 年），2018 年的年度申请量最高，申请数量为 37853 件。我国机器人专利数量的快速增长，说明了自 2011 年以来我国机器人技术的快速发展。但我国工业机器人核心零部件技术国产化率依然较低，制约着我国工业机器人产业的发展。根据头豹研究院的数据，截至 2022 年 3 月，我国工业机器人机械本体国产化率为 30%、减速器国产化率为 10%、控制器国产化率为 13%、伺服系统国产化率为 15%，而在我国工业机器人生产成本结构中，伺服系统、控制器与减速器这三大核心零部件的成本占比超过了 70%。核心零部件因为技术壁垒高，国产化程度低，主要依赖进口，因而成本占比较高。例如，中国工业机器人制造企业在采购减速器时，由于采购数量较少，难以产生规模效应，面临国际供应商议价权过高问题，相同型号的减速器，中国企业采购价格是国际知名企业的两倍。

在需求方面，国家政策的支持和智能制造加速升级，使工业机器人市场规模持续迅速增长。根据 2019 年 8 月中国电子学会发布的《中国机器人产业发展报告 2019》，我国生产制造智能化改造升级的需求日益凸显，工业机器人需求依然旺盛，我国工业机器人市场保持向好发展，约占全球市场份额三分之一，是全球第一大工业机器人应用市场。另外，根据国际机器人联合会（International Federation of Robotics，IFR）统计，我国工业机器人密度在 2017 年达到 97 台/万人，超过全球平均水平，在 2021 年达到 322 台/万人，达到发达国家平均水平，预计 2025 年工业机器人密度将达到 492 台/万人。如图 1-2 所示，从长期来看，制造企业对工业机器人仍有巨大需求，机器人价格下行的态势也将延续。在"量增价降"综合因素作用下，我国的工业机器人本体销售额将会平稳增长。此外，随着部分西方国家对华扼制战略的推进，我国工业机器人在快速发展的同时，也在加快工业机器人伺服系统、减速器、控制器等核心部件的国产替代。工业机器人核心部件国产化，也将成为未来发展的重要趋势。

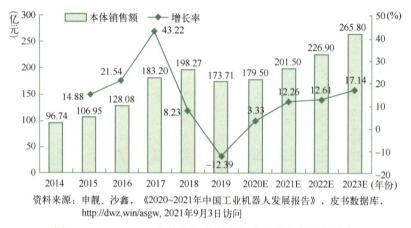

图 1-2　2014—2023 年中国工业机器人本体销售额及增长率

在销售方面，从我国工业机器人销售情况看，我国工业机器人国产替代进程在加速，国际市场竞争力在加强。原因有两点，一是我国国产工业机器人销量逐步增长，根据前瞻产业研究院的研究报告，随着我国机器人领域的快速发展，我国自主品牌工业机器人市场份额也在逐步提升，与外资品牌机器人的差距在逐步缩小。例如，2019 年，自主品牌工业机器人在市场总销量中的比重为 31.25%，比 2018 年提高 3.37%。另据民生证券研究院的研究报告，2011—2020 年，国内工业机器人销量复合增速达 25.1%，其中国产工业机器人销量由约 800 台增加至约 5 万台，复合年均增长率达 58.3%，高于国内整体销量增速约 33 个百分点；同期国产工业机器人市场渗透率上升约 26%。二是国内工业机器人出口增长迅速，国际市场份额在提升。2015—2020 年，我国国内工业机器人出口量由 2015 年的 1.2 万台提升至 2020 年的 8.1 万台，复合年均增长率达 46.5%；出口量在全球占比由 4.6%提升至 20.4%，增长约 16%。

3. 高端数控机床依然是我国的短板

高端数控机床与我国工业机器人的发展密切相关，但目前我国高端数控机床发展依然相对落后，这也是制约我国智能制造业发展的短板。有数据显示，2023 年数控机床十大品牌排行榜，前十名分别是山崎马扎克、通快公司、德马吉森精机、马格、天田精机、大隈重工、牧野机械、古河机械、TAJMAC-ZPS、阿玛达，这10家高端机床企业没有一家是中国的。

我国对进口机床有着较大的需求。根据海关总署披露的数据，2015—2019年，我国进口的数控机床合计达29914台，进口总额达978亿元。此外，我国高端机床及核心零部件仍依赖进口，截至2021年，国产高端数控机床系统市场占有率不足30%。国产精密机床加工精度目前仅能达到亚微米，与国际先进水平相差1～2个数量级。因此，在供需矛盾之下，我国高端机床的自主化、国产替代任务依然艰巨。

具体而言，我国高端数控机床主要存在四个方面的问题：一是高端机床的精密数控系统主要来源于日本、德国，国产数控系统主要应用于中低端机床，国产高端机床精密数控系统自主供给依然缺乏；二是主轴主要来源于德国、瑞士、英国等，虽然国产企业已具备一定生产能力，但技术仍需迭代提升；三是丝杠主要来源于日本，虽然国内相关技术较多，但技术水平有待提升；四是刀具主要来源于瑞典、美国、日本等，国产刀具材料落后，寿命和稳定性不高，平均寿命只有国际先进水平的1/3～1/2。

4. 半导体发展进展

我国半导体市场需求占全球第一，但国内供给能力有限。我国半导体行业发展非常迅速，全球影响力也越来越大。赛迪顾问2021年6月9日公布的《2021全球半导体市场发展趋势白皮书》中的数据显示，从区域结构来看，中国已经连续多年成为全球最大的半导体消费市场。2020年，中国市场占比达到34.4%。美国、欧洲、日本和其他国家和地区的市场份额分别为21.7%、8.5%、8.3%和27.1%。根据美国半导体协会（Semiconductor Industry Association，SIA）2023年2月公布的数据，即便2022年下半年半导体市场持续下滑，中国大陆仍是全球最大半导体市场，占全球半导体总需求的32.5%。

但是，同时我国半导体自给自足能力严重不足。根据中国半导体行业协会（CSIA）公布的可查数据，2016年我国集成电路进口额度达2271亿美元。我国半导体生产一直不能满足国内半导体消费需求，根据知名市场调查公司博圣轩（Daxue Consulting）2020年10月的数据，自2005年以来，我国一直是半导体的最大市场。然而，在2018年，我国的半导体消费总量中，只有略多于15%是由中国的企业生产提供的。根据彭博社的数据，2020年我国芯片的进口额攀升至近3800亿美元，约占我国国内进口总额的18%。到2021年上半年，国内半导体领域的供应缺口依然未缩小。根据海关总署的数据，2021年1—5月，我国进口集成电路2603.5亿个，同比增加30%。由此看来，截至2021年上半年，国内半导体供给能力依然有限。

我国部分半导体产业领域已具备国际竞争力，但缺乏高端芯片生产能力。半导体产业的整个生产制造过程可以分为三个部分，即分布式设计、制造和封测。

在半导体产业制造领域，国产自主创新替代在全面加速。根据国盛证券2020年6月的报告，我国国内半导体制造已基本完成从无到有的建设工作。例如，中微公司介质刻蚀机已经打入5nm制程；北方华创硅刻蚀进入SMIC28nm生产线量产；屹唐半导体（Mattson）在去胶设备市场的占有率居全球第二；盛美半导体单片清洗机在海力士、长存、SMIC等产线量产；沈阳拓荆PECVD打入SMIC、华力微28nm生产线量产；2018年ALD通过客户14nm工艺验证；精测电子、上海睿励在测量领域突破国外垄断等。但总体来看，目前我国缺乏7nm及以下的高端芯片的稳定、规模化生产能力，华为公司当前遇到的困境也很大程度上根源于此，我国距离实现高端芯片的量产还有很长的路要走。

我国晶圆生产能力发展迅速，已形成相对完整的半导体产业链，但产业结构失衡，主要集中在制造方面。我国在半导体生产材料——晶圆制造方面取得长足进步，截至2020年12月，中国大陆晶圆产能占全球晶圆产能 15.3%的份额，已超越北美（北美占全球晶圆产能的 12.6%），成为全球第四大晶圆制造地区。

半导体材料制造的快速发展，对我国整个半导体产业链的提升有非常重要的作用。例如，海思半导体是我国 IC 设计企业龙头，2016 年销售额达 260 亿元，是国内最大的无晶圆厂芯片设计公司。海思半导体的业务包括消费电子、通信、光器件等领域的芯片及解决方案，代表产品为麒麟系列处理器等。我国在半导体产业结构上还存在发展不均衡的问题，难以完全自给自足。

当前，全球半导体产业链细分趋势非常明显。相比于之前设计、制造和封测在同一公司完成的 IDM（Integrated Device Manufacture）模式，这三个环节已经形成相对独立的专业企业分工。全球半导体产业链走向分工的过程也是半导体产业链全球化的过程。以 1996 年为分水岭，在此之前，中国半导体产业受制于国际和国内各方面影响，与全球半导体产业发展的"摩尔定律"速度完全脱节。但在 1996 年之后，通过"908""909"工程等系列战略推动，加上进入 21 世纪以来全产业链的系列配套发展，我国半导体产业体系已经取得了长足进步，当前我国的晶圆代工产业已跃升至全球第二。从我国半导体产业技术发展进程看，中国半导体制造工艺从落后 3 代以上，缩小为仅落后 1~2 代。

同时，人们也要看到，在芯片制造环节，虽然有"908""909"工程以及最近十余年来国家的大力推动，但我国集成电路产业的落后依然不容置疑。必须承认，整体的产业结构严重失衡，设计企业少而弱，制造方面虽有半导体巨头纷纷设厂，但以封装测试为主，而且制造工艺均落后于国外。至于制造设备，几乎完全依赖进口。这些问题依然要面对，而且还需要深入分析和挖掘原因。

1.3.2 中国智能制造发展面临的问题

智能制造业人才紧缺，需加快培养相关人才。我国智能制造面临人才缺口大、培养机制不完善、现有制造业人员适应智能制造要求的转型难度较大等问题。

1）整体人才缺口大。我国教育部、人力资源和社会保障部、工业和信息化部联合发布的《制造业人才发展规划指南》预测，到 2025 年，高档数控机床和机器人有关领域人才缺口将达 450 万，人才需求量也必定会在智能制造不断深化中变得更大。

2）人员流动性大。根据中金公司的调研，在跨过刘易斯拐点后，制造业劳动力市场中需求方的议价能力下降。例如，有纺织企业反映 2012 年以来企业在国内面临基层员工招不进来、大专生留不下来的情况；另外，有些汽车配件企业希望可以留住熟练工人，但过去几年的产业内迁也使很多中西部劳动力选择就近就业。

3）智能制造转型升级创造的新职位需要新型技术人才，但传统就业人员并不一定能在短期内转型并适应新职位需求。以工业互联网为例，中国工业互联网研究院的研究表明，工业互联网相关职业在不断涌现。在 2019 年、2020 年国家发布的 29 个新职业中，与工业互联网相关的达到 13 个，如大数据工程技术人员、云计算工程技术人员，占新增职业的 44.8%。要胜任这些新职位需要较高、较新的知识储备，原有传统制造业领域的工程技术人员要满足这些新岗位的技能需求，需要时间培养。

以上都是智能产业结构升级过程中难以避免的问题。要解决这些问题，可从两方面着手。一方面，建立更为健全的在职教育体系、提高在职教育的认可度和含金量。制造业是就业的重要领域，相关人员的转型升级是迈向智能制造的前提。在人才缺口较大的情况下，在职人员"干中学（Learning by Doing）"是制造业智能化人才培养比较务实的路径。同时，用人单位也要抛弃对在职学习的成见和歧视，避免"唯学历论"，要根据制造业实际需求和个人能力来选用人才。

另一方面，制造业人才使用面临"Z世代"挑战。"Z世代"是美国及欧洲的流行用语，意指 1995—2009 年间出生的人。"Z世代"又称网络世代、互联网世代，统指受互联网、即时通信、智能设备等科技产物影响很大的一代人。面对时代变化，制造业传统的用人方式需要转变，使年轻一代能够留得下来、干得下去，能够越干越有希望。

工业互联网的安全问题需引起高度重视，进一步细化明确责任体系。工业互联网作为智能制造的"血脉"，其安全性直接关系到智能制造的安全。工业互联网和制造系统具有高度集成的特征，而这些集成使智能制造系统更容易受到网络威胁的攻击。2019 年 7 月，工业和信息化部等十部门联合印发了《加强工业互联网安全工作的指导意见》（以下简称《指导意见》），提出了两大总体目标：一是到 2020 年年底，工业互联网安全保障体系初步建立；二是到 2025 年，制度机制健全完善，技术手段能力显著提升，安全产业形成规模，基本建立起较为完备可靠的工业互联网安全保障体系。

当前，我国工业互联网面临的威胁较为严峻。2020 年 1—6 月，国家工业互联网安全态势感知与风险预警平台持续对 136 个主要互联网平台、10 万多家工业企业、900 多万台联网设备安全监测，累计监测发现恶意网络行为 1356.3 万次，涉及 2039 家企业。有数据显示，截至 2020 年 6 月，我国工业互联网虽然总体安全态势平稳，未发现重大工业互联网安全问题，但对工业互联网基础性设备和系统的攻击正在增多，攻击范围、深度都在扩张，未来工业互联网将面临严峻的安全挑战。

工业互联网安全问题难以避免地会随着智能制造升级发展而不断变化，因此相关的防范体制机制是关键所在。《指导意见》特别强调，到 2020 年年底，制度机制方面，建立监督检查、信息共享和通报、应急处置等工业互联网安全管理制度，构建企业安全主体责任制，制定设备、平台、数据等至少 20 项亟需的工业互联网安全标准，探索构建工业互联网安全评估体系。由此可见，工业和信息化部等我国相关主管部门对工业互联网安全问题的复杂性和多部门协同联防联控的重要性有充分认识。而细化工业互联网各领域、各环节的责任体系，是多部门合作防控的首要问题。因此，在加强相关标准建设的同时，也要进一步细化相关安全体系的职责，需要将防范工作落实到具体的主管部门。

半导体、高端数控机床、工业机器人核心零部件等的国产替代需要我国提高自主创新能力，建议进一步深化科研体制改革、加强科研机构与产业界的联动，通过提高国家系统自主创新能力来推动关键领域的技术瓶颈突破。半导体、高端数控机床、工业机器人核心零部件这些领域在技术路径上是密切相关的。例如，这三个领域在传感器、控制系统、各种智能芯片模块方面均有相似或共同的技术栈（Technology Stack）。我国要提高这些领域的国产替代率，不是依靠个别技术突破能够实现的。半导体、高端数控机床、工业机器人核心零部件等领域的国产替代突破需要依托国家系统创新能力的提升，这将是一个长期的过程。

另外，我国大部分制造业领域的保护与竞争、政策支持和市场退出机制等需要并行推进。以半导体产业为例，我国半导体芯片需求当前已经占据全球第一，除了芯片制造还与国际先进水平存在较大差距，我国在晶圆材料生产、封测和电子产品制造方面的全球竞争中已经具备较强的竞争力。结合美国的半导体产业经验，在行业发展早期是需要产业政策扶持的，但是随着产业自身发展的不断成熟，要逐步从产业政策推进向产业政策与贸易政策相结合的方式过渡，适当引进竞争机制，淘汰落后产能，为有竞争力的企业提供更好的创新空间。因此，我国半导体行业最终仍需面对与美国等发达国家在全球市场中的较量，长期的竞争与较量将是常态。

1.4 智能制造的目标与发展动向

1.4.1 智能制造的目标

智能制造概念刚提出时，其预期目标是比较狭义的，即"使智能机器在没有人工干预的情况下进行小批量生产"。随着智能制造内涵的扩大，智能制造的目标已变得非常宏大。比如，"工业4.0"指出了8个方面的建设目标，即满足用户个性化需求，提高生产的灵活性，实现决策优化，提高生产率和资源利用率，通过新的服务创造价值机会，应对工作场所人口变化，实现工作和生活的平衡。"新型工业化"指出实施智能制造可给制造业带来"两提升、三降低"。"两提升"是指生产效率大幅提升，资源综合利用率大幅提升；"三降低"是指研制周期的大幅度缩短，运营成本的大幅度下降，产品不良率大幅度下降。

下面，结合不同行业的产品特点和需求，对智能制造的目标进行归纳阐述。

1. 满足客户的个性化定制需求

在家电、3C等行业，产品的个性化来源于客户多样化与动态变化的定制需求，企业必须具备提供个性化产品的能力，才能在激烈的市场竞争中生存下来。智能制造技术可以从多方面为个性化产品的快速推出提供支持，例如，通过智能设计手段缩短产品的研制周期，通过智能制造装备（如智能柔性生产线、机器人、3D打印设备等）提高生产的柔性，从而适应单件小批量生产模式等。这样，企业在一次性生产且产量很低（批量为1）的情况下也能获利。以海尔公司为例，2015年3月，首台用户定制空调成功下线，这离不开背后智能工厂的支持。

2. 实现复杂零件的高品质制造

在航空、航天、船舶、汽车等行业，存在许多结构复杂、加工质量要求非常高的零件。以航空发动机的机匣为例，它是典型的薄壳环形复杂零件，最大直径可达3m，其外表面分布有安装发动机附件的凸台、加强筋、减重型槽及花边等复杂结构，壁厚变化强烈。用传统方法加工时，加工变形难以控制，质量一致性难以保证，变形量的超差将导致发动机在服役时发生振动，严重时甚至会造成灾难事故。对于这类复杂零件，采用智能制造技术，在线监测加工过程中力-热-变形场的分布特点，实时掌握加工中工况的变化规律，并针对工况变化即时决策，使制造装备自行运行，可以显著地提升零件的制造质量。

3. 在保证高效率的同时实现可持续制造

可持续发展定义为："能满足当代人的需要，又不对后代人满足其需要的能力构成危害的发展。"可持续制造是可持续发展对制造业的必然要求。从环境方面考虑，可持续制造首先考虑的因素是能源和原材料消耗。这是因为制造业能耗占全球能源消耗的33%，二氧化碳排放量占38%。过去许多制造企业通常优先考虑效率、成本和质量，对降低能耗认识不够。然而实际情况是，不仅在化工、钢铁、锻造等流程行业，即使在汽车、电力装备等离散制造行业中，对节能降耗都有迫切的需求。以离散加工行业为例，我国机床保有量世界第一，约有800多万台。若每台机床额定功率平均按5~10kW计算，我国机床装备总的额定功率为4000~8000万kW，相当于三峡水电站总装机容量（2250万kW）的1.8~3.6倍。智能制造技术能够有力地支持高效可持续制造。首先，通过能耗和效率的综合智能优化，获得最佳的生产方案并进行能源的综合调度，提高能源的利用率；然后，通过生产的组织生态环境的一些改变，如改变生产的地域和组织方式，与电网开展深度合作等，可以进一步从大系统层面实现节能降耗。

4. 提升产品价值，拓展价值链

产品价值体现在"研发-制造-服务"的产品全生命周期的每一个环节，根据"微笑曲线"理论，从事制造过程的利润空间通常比较低，而从事研发与服务过程的利润往往比较高，通过智能制造技术，有助于企业拓展价值空间。其一，通过产品智能化升级和产品智能设计技术，实现产品创新，提升产品价值；其二，通过产品个性化定制，产品使用过程的在线实时监测、远程故障诊断等智能服务手段，创造产品新价值，拓展价值链。

1.4.2 智能制造的发展动向

智能制造目前已经成为新型工业应用的标杆性概念，国外先行的发达工业化国家已经积累了大量发展经验。目前来看智能制造有以下几个方面的发展动向值得关注。

1. 信息网络技术加强智能制造的深度

信息网络技术对传统制造业带来颠覆性、革命性的影响，直接推动了智能制造的发展。信息网络技术能够实现实时感知、采集、监控生产过程产生的大量数据，促进生产过程的无缝衔接和企业间的协同制造，实现生产系统的智能分析和决策优化，使智能制造、网络制造、柔性制造成为生产方式变革的方向。从某种程度上讲，制造业互联网化正成为一种大趋势。例如德国提出的"工业4.0"，其核心是智能生产技术和智能生产模式，旨在通过物联网将产品、机器、资源和人有机联系在一起，推动各环节数据共享，实现产品全生命周期和全制造流程的数字化。

2. 网络化生产方式提升智能制造的宽度

网络化生产方式首先体现在全球制造资源的智能化配置上，生产的本地性概念不断被弱化，由集中生产向网络化异地协同生产转变。信息网络技术使不同环节的企业间实现信息共享，能够在全球范围内迅速发现和动态调整合作对象，整合企业间的优势资源，在研发、制造、物流等各产业链环节实现全球分散化生产。其次，大规模定制生产模式的兴起也催生了如众包设计、个性化定制等新模式，这就从需求端推动了生产性企业采用网络信息技术集成度更高的智能制造方式。

3. 基础性标准化再造推动智能制造的系统化

智能制造的基础性标准化体系对于智能制造而言起到根基的作用。标准化流程再造使得工业智能制造的大规模应用推广得以实现，特别是关键智能部件、装备和系统的规格统一，产品、生产过程、管理、服务等流程统一，将大大促进智能制造总体水平。智能制造标准化体系的建立也表明本轮智能制造是从本质上对于传统制造方式的重新架构与升级。对中国而言，中国制造在核心技术、产品附加值、产品质量、生产效率、能源资源利用和环境保护等方面，与发达国家先进水平尚有较大差距，必须紧紧抓住新一轮产业变革机遇，采用积极有效措施，打造新的竞争优势，加快制造业转型升级。

4. 物联网等新理念系统性改造智能制造的全局面貌

随着工业物联网、工业云等一大批新的生产理念产生，智能制造呈现出系统性推进的整体特征。物联网作为信息网络技术的高度集成和综合运用技术，近年来取得了一批创新成果，在交通、物流等领域的应用示范扎实推进。特别是物联网技术带来的"机器换人"、物联网工厂，推动着"绿色、安全"的制造方式对传统的"污染、危险"制造方式的颠覆性替代。物联网制造是现代方式的制造，将逐步颠覆人工制造、半机械化制造与全机械化制造等现有的制造方式。

5. 多学科技术交叉融合，智能集成制造技术发展迅速

进入 21 世纪以后，制造学科与生物学科、信息学科、材料学科和管理学科的交叉融合是发展趋势。其中，制造技术与生物学科交叉的生物制造、与信息学科交叉的远程制造、与材料学科交叉的微机电系统等为制造技术提供了更为广阔的发展空间。制造技术与生物学科的结合已成功应用于人体器官的再制造。不同患者病损的组织和器官各不一样，而同类器官的大小和形状也不尽相同。

软件、控制、传感器、网络以及其他信息技术的交叉融合，使得智能集成制造技术发展迅速，创新产品与过程的快速、成本可预测的开发，可以通过简单地采用或改装生产能力高、安全可靠的生产机械与系统，来响应不断变化的环境以及新机会，优化、敏捷及适应性强的企业与供应链。

6. 多种智能技术发展与应用前景广阔

嵌入式系统软件、人机合作及友好交互技术、机器人自主行为、极端环境自适应技术等发展迅猛，应用前景十分广阔。这些智能技术成为众多制造业产品（包括工业机器人、服务机器人、汽车、飞机、公路外设备、电器产品以及武器系统等）创新的关键驱动力，为制造业产品增加了功能性，同时这些智能技术还是一种监控与诊断产品健康状况的手段。对于众多制造公司，这些智能技术的应用都是一种转变。这些制造公司是产品的开发者与集成者，主要依赖复杂软件系统为产品提供相应性能。人类需要基础设施工具与测试方法促成嵌入式软件的进步，尤其在规格确定、验证以及认证等方面。

思 考 题

1）分析人工智能在代替人工或扩展人脑方面的作用。
2）举例说明并分析"互联网+X"。
3）谈谈个人对第四次工业革命或智能制造的理解。
4）怎样看待中国发展智能制造面临的挑战？
5）阐述智能制造的意义与发展动向。
6）从智能制造的目标与发展动向分析多学科交叉的重要性。

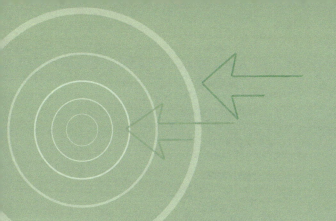

第 2 章 制造系统概述

2.1 制造系统及其作用

2.1.1 制造与制造系统

制造是通过某种设备和技术把原材料制作成适用产品的过程,其本质是技术"物化"为产品。制造过程贯穿产品的整个生命周期,包括产品设计、材料选择、工艺设计、生产加工、质量检验与控制、生产过程控制与管理等一系列相互联系的活动。

制造系统是为实现制造目的而构建的组织系统,能够将各种制造资源转变成产成品或半成品,实现资源形态转换和价值升值。

从结构角度看,制造系统是由制造过程所涉及的硬件、软件以及相关人员所组成的具有特定功能的有机整体,其硬件包括厂房设施、生产设备、工具材料、能源以及各种辅助装置;其软件包括各种制造理论与技术、制造工艺方法、控制技术、测量技术以及制造信息等;相关人员指从事物料准备、加工处理、信息监控以及对制造过程进行调度和决策管理的作业人员。

从过程角度看,制造系统将输入的各种制造资源转变为输出的成品或半成品。制造过程包括产品的市场分析、设计开发、工艺规划、加工制造以及控制管理、质量检验与控制、产品销售、售后服务及回收处理等的产品生命周期的全过程或部分环节。

2.1.2 制造业的分类及其生产特点

制造业是所有与制造相关企业的总体,是按照市场需求,将物料、能源、设备、工具、资金、技术、信息和人力等制造资源,通过制造过程转化为可供人们使用和利用的大型工具、工业品与生活消费产品的行业。

按制造过程的特点(制造要素和管理)和所属行业,可将制造业划分为不同的类型。目前关于制造业的分类还没有统一的划分标准,不同的组织或个人从不同的角度对制造的类型进行了分类。

20 世纪 80 年代,美国生产与库存管理学会(American Production and Inventory Control Society,APICS)提出了制造业的生产类型划分标准。APICS 将生产类型划分为离散制造(单件/多品种小批量/重复大批量)和流程制造(纯流程/混合流程),图 2-1 为 APICS 提出的生产类型划分。

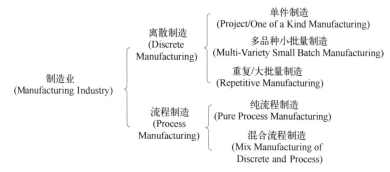

图 2-1 APICS 提出的生产类型划分

（1）离散制造（Discrete Manufacturing） 不同的物料（如原材料、毛坯、零部件等）经过非连续地加工和移动过程，通过特定的工艺路径，生产出功能不同的物料和产品。离散制造根据产品的特性和生产组织管理方式，又可细分为单件制造、多品种小批量制造和重复大批量制造。

1）单件制造（Project/One of a Kind Manufacturing）：按客户需求设计产品，按订单生产产品，产品结构和功能复杂，生产周期一般都很长。生产组织按工艺划分，生产管理中除应用多品种小批量生产管理方法外，还需应用网络计划（项目管理）、关键资源排序等方法。典型的单件制造如重型机械、船舶、飞机等。

2）多品种小批量制造（Multi-Variety Small Batch Manufacturing）：产品是标准的或选配的，按订单或需求预测生产或装配。生产组织按工艺特征划分车间或工段，如铸、锻、铆、焊、车、铣、刨、磨、装配等。生产计划的特征是典型的制造资源计划（Manufacturing Resource Planning，MRP Ⅱ）加配置控制。典型的多品种小批量制造如特种机床、大型机械装备等。

3）重复/大批量制造（Repetitive Manufacturing）：产品是标准的或少数选配的，主要按需求预测进行生产，也考虑按订单生产。生产设备是以物料（零部件）为对象组成的生产线。生产管理的特征是将传统的物料需求计划（Material Requirements Planning，MRP）与准时生产（Just in Time，JIT）制度相结合，中长期计划和批量生产的零部件采用 MRP，作业计划采用 JIT 制度、看板、反冲库存、条形码跟踪等技术。典型的重复/大批量制造如通用机床、汽车、家用电器等。

（2）流程制造（Process Manufacturing） 不同的物料（原材料）经过混合、分离、成型或者化学反应过程，连续地通过相同或大部分相同的路径，生产出与原始投入物料在物理和化学性能方面不同的有价值的产品。流程制造在管理上要求配方管理、具有副产品、联产品、多种计量单位，同一物品具有多个质量等级、批号跟踪、保质期等特点。流程制造根据工艺加工流程又分为连续生产、批量生产和混合生产几种类型。典型的流程制造如化工、制药、钢铁轧制等。

APICS 按产品及其生产过程的特点和生产组织方式划分生产类型，较好地区分了各种制造类型的管理需求，为客户选择企业信息管理软件产品，为软件供应商针对不同客户开发和配置软件提供了依据。

1992 年，S. Hoekstra 和 J. Romme 在 *Integral Logistic Structure-Developing Customer-Oriented Goods Flow* 中提出以客户订单的属性为切入点进行制造分类的方法，将制造划分为以下 5 种类型。

1）按分销制造：产品是标准化的，一般属于大众消费品，生产的需求来自分销商，生产商并不知道客户是谁，制造过程管理的重点是预测和库存控制。

2）按库存制造：生产的需求来自满足安全库存，产品及生产特征与按分销生产相同。

3）按订单装配：产品一般是标准化、模块化设计的系列化产品，具有一些可供选择的零部件，客户可以按各自的需求选择产品。制造过程由订单驱动，在没有接到客户订单之前是不能进行装配的。为了提高客户响应，往往需要根据市场预测事先生产一些标准零部件，待客户订单到达时进行快速装配，以满足客户的个性化需求。

4）按订单制造：除具备按订单装配类型的全部特征外，还有部分特殊零部件必须按订单要求进行制造。

5）按订单设计：由于每个客户的需求各不相同，只有接到客户订单后，按客户需求进行产品设计，才能组织生产，需要较长的生产技术准备时间。

以客户订单的属性为切入点进行制造分类的方法，试图从制造过程的时间维度（阶段）描述制造过程及其管理特征和对信息化的需求，没有充分考虑产品及其生产过程的工艺技术特征，尤其是没有充分考虑流程制造的特点，因而视角相对单一，不能全面反映出所有制造类型的特点。

提出企业资源计划（Enterprise Resource Planning，ERP）概念的美国 Gartner Group（以下简称 Gartner）公司于 1997 年在 ERP 供应商指南中将制造划分为 6 个类型：按订单（项目）设计或制造、按订单装配或按订单制造、按库存制造、重复/大批量制造、批量制造、连续制造。Gartner 公司对这 6 种制造类型的基本解释如下：

1）按订单（项目）设计或制造（Design to Order，DTO 或 Engineering to Order，ETO）：按订单（项目）设计与制造是最为复杂的一种制造类型，包括从按客户产品需求进行设计到将最终产品交付客户使用的所有环节。产品是为客户量身定制的，按照客户的特定要求进行产品设计，支持客户化设计是该制造类型的重要功能和组成部分。该制造类型中产品的设计工作和最终产品往往非常复杂，但生产批量很小。制造过程中除少量具有通用性、批量较大的零部件加工工序外，其余各项工序都具有特殊性，需要进行特定的加工处理，需要不同的人员来完成。为了保证产品或项目的各个子部分在制造的最后阶段能够精确地匹配，需要精确而先进的配置系统（Configuration System）来完成总体协调和管理控制工作。另外，整个制造流程中不同的子部分可能由各种不同类型的分包商（内部和外部）来完成，精确控制各子部分的费用和进度成为制造过程管理的关键。

这种制造类型对于企业信息化（软件或系统）有着非常高的要求，需要信息化系统具有如下功能：计算机辅助设计与制造（CAD/CAM）、复杂产品配置、支持并行生产、支持分包制造、车间控制与成本管理、工艺管理与物料跟踪、有限能力约束下的生产排程等。属于此种制造类型的行业有飞机制造业、国防产品制造业、造船业等。

2）按订单装配（Assemble to Order，ATO）或按订单制造（Make to Order，MTO）：这种制造类型的特点是客户对产品的整体功能、性能和某些组成产品的零部件配置给出要求，制造商根据客户的要求为客户提供定制的产品。为了快速响应客户订单，制造商必须拥有具备一定柔性的装配生产线，并保持一定数量的通用性零部件库存，可以迅速按订单装配出产品并发运给客户。企业信息化系统需要具有较高水平的订单处理、产品配置、多工厂排程、车间管理和成本控制、工艺管理与跟踪、分销与库存管理功能等，以便迅速获取并处理订单数据信息，然后按照客户需求组织产品的生产装配来满足客户需要。属于此种制造类型所生产的产品有个人计算机、汽车、办公家具、某些类型的机械产品，以及越来越多的日用消费品等。

3）按库存制造（Make to Stock，MTS）：在按库存制造中，产品具有一定的通用性，不是为任何特定客户定制的，制造具有一定批量。传统 MRP II 系统就是按照此生产类型设计的，因此，该生产类型对信息化系统的要求相对简单。属于库存制造的典型产品有家具、部分日用消费品、通用机械设备等。

4）重复（Repetitive）/大批量制造：重复制造又称为大批量制造，此类型面向标准化系列产品的制造，产品制造的批量比较大。重复制造往往采用倒冲（Back Flush）法来计算原材料的使用，即根据要生产的装配件产量，通过展开物料清单，将用于该装配件或子装配件的零部件或原材料数量从库存中冲减掉。重复制造需要计划生产的批次，留出适当的间隔，以便对某些设备进行修理。适用于重复制造类型的信息化系统需要具备如下功能：重复生产计划、管理原料、库存，对原料来源、原料使用等信息进行跟踪和管理。属于重复制造类型的产品有大众消费品、轮胎、纸制品、通用工具等。

5）批量（Batch）制造：批量制造类型中，产品是根据配方（Recipe of Ingredients）或是物料清单（Bill of Material，BOM）来制造的。产品的配方可能由于设备、原材料、初始条件等发生改变。由于原材料构成和化学特性可能会有不同，所以制造一个产品往往需要一组不同的配方，其后续产品的制造方法往往依赖于前道工序产品的制造过程。适合于此类生产类型的信息化系统必须具有实验室管理功能，能够适应产品制造流程和所用原材料发生的变化。批量制造的典型产品有医药、食品饮料、油漆等。

6）连续（Continuous）制造：连续制造一般面向单一产品的生产，且生产过程一直持续。连续制造的产品基本不考虑客户化的特殊需求。适合于连续制造的信息化系统的关键功能一般有配方管理、并发产品（Co-products）和副产品（By-products）管理，连续生产计划等。属于连续制造的典型行业有石化、钢铁、造纸等。

Gartner 公司对于制造的分类，从某种程度上是出于对 ERP 思想的推介动机，强调了生产过程组织与管理的不同，试图从管理逻辑的角度对制造类型进行分类，一定程度上弱化了参与制造的物料性质和制造工艺过程及物料传递的特点。

由于实际的制造过程中包含的因素众多，仅依据生产的特点很难做到完全清晰分类，Gartner 公司的分类还存在一些不足。对此，蒋明炜在 2005 中国制造业信息化产业技术论坛上发表了"生产类型的分类与 Gartner Group 的商榷"一文，认为 Gartner 公司的分类是将 APICS 按生产组织和批量为特征的分类和按客户订单切入的分类进行混合分类，在分类概念上存在一定的偏差和混淆。他的主要观点如下：

1）按订单设计和按项目制造（单件生产）是不等同的。按订单设计不一定是单件制造，例如，出版一本书是按订单设计，但却可以印刷数以万份，其生产过程是连续流水生产线生产，也和单件生产大相径庭，因而在管理方式上必然存在很大的差别。

2）将按库存生产、按批量生产、重复生产和连续制造生产划分为 4 个不同制造类型存在概念上的混淆。以按库存生产的家用电器生产为例，其生产组织基本是流水生产线，按批量或按重复方式进行生产；食品、饮料的生产属于连续生产过程，但也是按库存生产的。按库存生产可以包括批量生产、重复生产和连续生产的方式，因此将这4种模式并列是存在问题的。

3）将批量生产仅解释为流程制造是错误的。批量生产既可属于离散制造也可属于流程制造。属于离散制造的家电、汽车是批量生产，属于流程制造的制药也可以批量生产。

4）连续生产类型也存在按订单制造、按库存生产、按批量生产。石油、化工、制药、食品都属于连续生产，但同时也会存在按库存生产、按订单生产和批量生产，所以将它们并列分类也是不对的。

我国的 ERP 专家陈启申先生在《ERP：从内部集成起步》一书中，对制造业的类型进行了阐述。总体上将生产类型划分为离散生产和流程生产，其中离散生产又细化为间歇生产和重复生产，流程生产又可细化为连续流程生产和批流程生产。陈启申先生指出：企业的生产线往往是多种生产类型并存，形成混合（Hybrid）的生产模式。例如，钢铁制造中炼钢是间歇生产的批量产品生产过程，连铸是流程生产的批量产品生产过程，而热轧是批量产品的离散流水式生产过程。再如，制药生产中的原料药是流程生产中的连续流程，而成品药制剂主要是离散型的流水生产。

陈启申先生分析了制造商对于客户需求的响应策略，认为制造商对需求的响应策略有：按订单设计（ETO）、按订单制造（MTO）、按订单装配（ATO）和按库存制造（Make to Stock, MTS）。按订单设计、按订单制造、按订单装配均为依据订单展开制造过程，其差别在于订单所要求的服务范围，因而也可统一为按订单制造。

制造业的制造活动是多种多样的，制造类型划分涉及产品形态、产品组成结构（成分）、物料性状和转送特点、制造工艺流程和制造过程的组织与管理等因素，是一个多维度分类的复杂问题，需要对其中包含的要素进行全面考虑。

综合以上各方面的观点，本书建议从产品构成和物料性状维度、制造工艺技术维度、制造组织管理维度、客户响应方式维度进行综合分析。

按制造产品的形态，产品可以划分为无形产品（知识产品和服务）和有形产品，有形产品又分为固体产品和流体产品；按制造的工艺流程性质，制造过程可划分为离散制造和连续制造；按制造过程中物料的形态变化，可划分物料组装（混合）与物料分解过程；按制造（订单所包含）产品的种类、数量及其生产组织方式，可划分为单件（项目）、单品种批量、多品种小批量、单一品种重复（大批量）生产；按客户响应模式，制造可划分为面向库存和面向订单。表 2-1 从多个视角进行了制造类型的划分。

表 2-1 制造类型划分

制造环境	产品性质	物料性质	客户需求响应模式	典型制造行业	特点
离散制造	单件（项目）	固体、组装	MTO（ETO）	造船	设备专用，材料库存小
	单品种批量	固体、组装	ATO、MTO/MTS	汽车制造	设备和工艺流程相对固定，材料库存较大
	多品种小批量	固体、组装	ATO、MTO	家电	设备、工艺流程按品种变化，材料库存较小
	单品种重复	固体、组装	MTS	通用机械机床	设备和工艺流程固定，材料库存大
流程制造	单品种批量	流体、混合	MTO/MTS	制药	设备和工艺流程按品种变化，库存大
	单品种重复	流体、混合	MTS	化工原料	设备和工艺流程相对固定，库存大
混合制造	多品种小批量	固体、流体、混合、分解	MTO/MTS	钢铁	设备和工艺流程按品种变化，库存较小

我国的制造业总体上可分为 3 类。

1）轻纺工业：包括食品、饮料、烟草加工、服装、纺织、皮革、木材加工、家具、印刷等，约占我国制造业比重为 30.2%。

2）资源加工业：包括石油化工、化学纤维、医药制造业、橡胶、塑料、黑色金属等，约占我国制造业比重为 33%。

3）机械、电子制造业：包括机床、专用设备、交通运输工具、机械设备、电子通信设备、仪器等，约占我国制造业比重为 35.5%。

按行业详细分类见表 2-2。

表 2-2 制造业的行业分类

01 农副食品加工业	02 食品制造业	03 酒、饮料和精制茶制造业
04 烟草制品业	05 纺织业	06 纺织服装、服饰业
07 皮革、毛皮、羽毛及其制品和制鞋业	08 木材加工和木、竹、藤、棕、草制品业	09 家具制造业
10 造纸和纸制品业	11 印刷和记录媒介复制业	12 文教、工美、体育和娱乐用品制造业
13 石油加工、炼焦和核燃料加工业	14 化学原料和化学制品制造业	15 医药制造业
16 化学纤维制造业	17 橡胶和塑料制品业	18 非金属矿物制品业
19 黑色金属冶炼和压延加工业	20 有色金属冶炼和压延加工业	21 金属制品业
22 通用设备制造业	23 专用设备制造业	24 汽车制造业
25 铁路、船舶、航空航天和其他交通运输设备制造业	26 电气机械和器材制造业	27 计算机、通信和其他电子设备制造业
28 仪器仪表制造业	29 其他制造业	30 废弃资源综合利用业
31 金属制品、机械和设备修理业		

2.1.3 制造业的地位和作用

制造业是国民经济发展的支柱，是创造物质财富的关键性源泉。产业革命以来世界各国的经济发展史表明，制造业的发展及其内部结构升级对于提高国家的综合国力起着重要的作用。

（1）制造业是国家综合竞争力提升的基础 制造业涉及全部工业产品和日用消费品的生产，在国民经济中居于核心地位，是国民经济中其他行业高速发展和人民消费水平提高的重要保障，也是国家竞争力的重要基础。纵观世界历史，无论哪个国家具有了先进的制造业，其国家综合竞争力就会飞速提升，在政治、经济、军事和外交等各方面占据世界领先的地位。第一次工业革命后，英法等国以蒸汽机为主要动力进行工业化生产，大大提升了制造能力和生产效率，成为 18~19 世纪的世界强国。20 世纪初，美国开始采用流水生产线，大大提高了制造效率，使国家经济迅速发展。

（2）制造业是技术进步的重要源泉 制造业不仅是经济增长的引擎，还与国家的科技发展水平密切相关。强大而先进的制造业能为科学研究与技术创新提供更加广阔的研究空间和资金支持，同时科学技术的发展也将反过来促进制造业的进一步发展。据美国制造业协会估计，20 世纪 90 年代美国全部研究与发展投资的 57%来自制造业，其中来自交通设备、电子和化学三个行业的投资占 38%。据美国商务部 2019 年的统计，美国大约 2/3 的私人研发支出是由制造业提供的。

（3）制造业对于扩大就业，提高国民素质和国民收入水平具有重要的作用 制造业需要大量具有各种技能的劳动力，不仅可以增加就业岗位，也对从业人员提出了较高的知识、技能素质要求。同时，由于就业人数增长，国民平均收入水平也将得到提高。据美国制造业协会的估计，每 100 万美元的制成品销售额可以支持 10 个制造业部门的就业岗位和 6 个其他部门的就业岗位。

（4）制造业是国防建设的重要基础 国防工业本身就是制造业的重要组成部分。先进的制造业不仅为国防需要提供各种装备和物质基础，也为国防提供大量的技术；国防建设中的某些关键技术问题也成为制造业科技研究的重要问题，进一步促进了制造业的发展和技术进步。

2.2 制造系统的演进

制造是人类社会创造物质财富的最基本实践活动，是人类文明发展的基础。在人类社会发展过程中，社会、经济和科学技术等诸多因素，对制造业生产方式的进化和发展产生重要的影响，可以说制造方式进步是人类科技发展水平的一种映射。近几十年来，制造业的生产方式和管理模式发生了巨大的变化，出现许多新的概念和理念。当今，世界正处于信息技术日新月异、市场竞争日益激烈和全球一体化的知识经济时代，制造业生产方式和管理模式的变化不仅极大影响了制造企业的发展，同时对整个社会发展也产生了巨大的影响。

2.2.1 制造技术的发展及其作用

制造的历史是人类发展历史的重要组成部分。伴随人类社会的进步与发展，人类创造物质财富的手段——生产方式和制造技术也在不断地进步与发展。从总体发展过程来看，制造业经历了手工制造和机器制造两个阶段。进一步从技术层面分析，考虑制造中使用工具、使用动力源和作业方式、经营和组织管理方式的区别，制造技术的发展主要经历了如下几次重大变革。

1. 机器生产代替手工劳动（第一次工业革命，18世纪中后期到19世纪中期，英国）

第一次工业革命之前，人类的制造活动主要依赖于手工，制造的产品比较粗糙简单，例如手工制作的日用品和简单工具。制造过程的动力来源主要是生物力和自然力，例如人力、畜力和水力。由于工具和动力的限制，制造效率低下，制造场所往往受到自然环境和条件的限制。

18世纪30年代后，在英国手工业较为发达的棉纺业出现了代替手工操作的机器。1733年，英国机械师约翰·凯伊发明了飞梭，大大提高了织布的速度；1765年，织布工詹姆士·哈格里夫斯发明了"珍妮纺织机"。棉纺织业中陆续出现了骡机、水力织布机等先进机器，技术革新的连锁反应揭开了工业革命的序幕。此后，采煤、冶金等许多行业也都陆续出现了机器生产。随着机器生产越来越多，原有的自然动力源已经无法满足生产的需要。1785年，瓦特改良了蒸汽机并投入使用，为机器生产提供了更加便利的动力，大大推动了机器生产的普及和发展，人类社会由此进入了"蒸汽时代"。随着机器生产逐渐取代手工劳动，蒸汽动力代替自然力，不仅生产效率大大提高，生产的场所也不再受到地理位置的限制。为了充分发挥机器生产的优势和效率，更好地进行生产管理，一种集中进行生产制造的新型生产组织形式——工厂出现了。工厂的出现进一步促进了机器生产的发展，同时也带动了交通运输业的革新。为了快捷地运送原料和货物，急需交通工具的创新。1807年美国人富尔顿制成以蒸汽为动力的汽船并成功试航，1814年英国人史蒂芬逊发明了"蒸汽机车"，1825年史蒂芬逊的蒸汽机车成功试车，从此人类的交通运输进入了一个以蒸汽为动力的时代。蒸汽机的广泛使用，推动了各个行业的机械化，生产领域各个环节的革新环环相连，相互促进。由纺织业革新开始，引起系列变革，出现了用机器制造机器的近代工业，促使新兴工业部门兴起，实现了社会生产力的第一次飞跃。工业生产的飞跃又带动了农业技术革新和科学技术与文化的发展，创造出以往任何时代都无法比拟的巨大的社会财富。

1840年前后，英国的大机器生产基本上取代了传统的工场手工业，英国建立了强大的纺织工业、冶金工业、煤炭工业、机器工业和交通运输业，成为世界上第一个工业化国家，第一次工业革命基本完成。18世纪末，工业革命逐渐从英国向西欧大陆、北美和亚洲传播。

第一次工业革命是一次大规模的生产技术变革，不仅对英国本国的社会、政治、经济发展具有重大影响，而且对整个人类社会的发展都产生了重大的影响，其影响涉及人类社会生活的各个方面，使近代人类社会发生了巨大的变革。

生产工具由手工工具转变为机器，手工工场转变为大机器生产的工厂。通过工业革命，创造和掌握工具的人也发生了改变，个体的劳动农民和手工业工人变成了产业工人。以工资雇佣劳动的制度开始建立，这种新型生产关系促进了经济组织和管理经营制度发生变化，实现了生产的社会性、统一性、标准化，为资本主义制度和经济体系建立奠定了基础。资本主义经济体系和统一市场的建立，使得商品经济代替了自然经济，这样不仅促进了经济的发展，而且改变了世界的经济地理结构，各个国家和地区之间的联系日益加强，形成了新的世界政治经济格局。同时，由于资本的扩张，也带来了先进工业生产技术、科学知识和先进的思想观念的广泛传播。

2. 高效能源代替低效能源（第二次工业革命，19 世纪下半叶到 20 世纪初，美国、德国等）

第一次工业革命之后，欧洲资本主义国家经济飞速发展的同时，自然科学研究也取得重大进展。1820 年丹麦物理学家奥斯特发现了电流的磁效应，1831 年英国科学家法拉第发现电磁感应现象，由此开启了对电的深入科学研究。1866 年德国科学家西门子研制成第一台发电机，几经改进和逐渐完善，19 世纪 70 年代实际可用的发电机问世。1834 年德国的雅可比发明了直流电动机，1888 年塞尔维亚裔美国人尼古拉·特斯拉发明了交流电动机。电动机的发明实现了电能和机械能的相互转换，电成为补充和取代以蒸汽为动力的新能源。随后，电灯、电车、电钻、电焊机、电影放映机等诸多电气产品相继问世，第二次工业革命蓬勃兴起，人类从此进入了"电气时代"。

内燃机的研制和使用是第二次工业革命的又一项重大成果。1876 年，德国人奥托制造出第一台以煤气为燃料的四冲程内燃机；1883 年，德国工程师戴姆勒制成以汽油为燃料的内燃机；1885 年德国机械工程师卡尔·本茨制成第一辆汽车；1897 年德国工程师狄塞尔发明了一种结构更加简单，燃料更加便宜的内燃机——柴油机。此后，内燃汽车、远洋轮船、飞机等也得到了迅速发展。内燃机的发明，推动了石油开采业的发展，加速了石油化工工业的发展。1870 年，全世界只生产大约 80 万吨石油，而 1900 年石油生产量猛增到了 2000 万吨。化学工业是这一时期新出现的工业类别，从 19 世纪 80 年代起，人们开始从煤炭和石油中提炼氨、苯、人造燃料等化学产品，塑料、绝缘物质、人造纤维、无烟火药也相继发明并投入了生产和使用。原有的工业类别如冶金、造船、机器制造以及交通运输的技术革新也在加速进行。

科学技术的进步同时带动了电信事业的发展。19 世纪 70 年代，美国人贝尔发明了电话，19 世纪 90 年代意大利人马可尼进行无线电报试验取得了成功，为迅速传递信息提供了方便。世界各国的经济、政治和文化联系进一步加强。

第二次工业革命从 19 世纪 60 年代开始，到 20 世纪初基本完成，极大地推动了生产力的发展，对人类社会的经济、政治、文化、军事，科技产生了深远的影响。第二次工业革命具有以下特点：

1）科学技术与工业生产紧密结合。第一次工业革命时期，能工巧匠扮演了重要的角色，许多技术发明都来源于工匠的实践经验。能工巧匠成为新技术的带头人，但是他们并没有对科学理论进行深入研究，科学与技术还没有真正地结合起来。第二次工业革命中，自然科学的新发展开始同工业生产紧密地结合，科学在推动生产力发展方面发挥出重要的作用，几乎所有的工业部门都受到科学研究的影响。科学理论的发展推动了技术的发展，技术的发展又推动了生产的发展，因此这一时期是科学、技术、生产依次推进发展的。第二次工业革命的多数发明与技术进步是建立在科学理论的基础之上，而不是主要依靠能工巧匠的实践经验。科学与技术的结合使技术成果应用到生产实践的时间大大地缩短，没有物理学、热学、化学、生物学等方面理论的发现，第二次工业革命是不会有如此巨大成就的。

2）多个国家同步进行，相互促进，发展更迅速，扩张范围更广。与第一次工业革命中英国几乎垄断了所有重要的新机器发明和新生产方法的出现不同，第二次工业革命中多个国家在不同的领域都做出了贡献，英国人、美国人、德国人、法国人等都在不同的领域有所发明和创造。英国人贝塞麦、托马斯等发明的炼钢技术曾经引领欧洲；德国人西门子、戴姆勒、本茨等人在发电机、内燃机、电动机、汽车的制造和改进中功勋卓著；美国人爱迪生、贝尔等人发明了电灯、电话、电影、收音机等；法国人发明了人造纤维、橡胶轮胎等。这些先进的科学技术相互促进，在一国获得重大的突破性的成果后，很快被其他国家所吸收。同时，各国也在积极争取能够获得某一方面的领先技术，加快技术的改进与更新。1900 年，英、美、德、法 4 国已占到全世界工业产值的 72%。

19 世纪 60 年代第二次工业革命开始时，除英国、美国北部和法国已经完成和接近完成第一次工业革命之外，世界上的其他国家和地区，或正处于第一次工业革命的高潮期，如美国的南部、德国和俄国；或刚刚起步，如亚洲的日本。在世界上大多数的国家还没有实现第一次工业革命的情况之下，第二次工业革命已经开始了。对于相对落后的国家，不管是哪次工业革命中出现的先进技术成果，都是十分有吸引力的，这些国家可以根据自己的情况和财力选择购买这些先进的技术和产品，同时吸收两次工业革命的成果。因此经济技术发展速度显得更加迅速，其中有些国家还呈现出了跳跃式的发展，直接从第一次工业革命的生产力水平过渡到第二次工业革命的水平。这方面的代表是德国和日本。刚刚统一的德意志（1871 年）正好赶上了两次工业革命，充分吸收了两次工业革命的成果，到 19 世纪末一跃成为欧洲最具实力的国家之一。亚洲的日本在明治维新的推动下，学习并掌握了两次工业的革命的先进的成果。

此外，第二次工业革命中诞生的先进交通工具与通信技术的兴起，大大促进了信息的流通，先进的技术得以很快传播，加速了第二次工业革命的扩展。

3）主要集中发生在重工业领域，是工业化过程的第二次飞跃。第二次工业革命从重工业的变革开始，以电力的应用为标志，带来了产业结构的巨大变化。经过第一次工业革命，人类社会迸发出极大的生产力，生产的发展一方面创造出日益丰富的产品，另一方面也创造出对新产品、新工业部门、先进机器与先进生产技术的需求。第二次工业革命中兴起的许多工业部门植根于第一次工业革命的成果，在第二次工业革命期间，不仅传统的钢铁工业、机械加工业发生了根本性的变化，这些行业的发展变化又导致石油、电气、化工、汽车、航空等新兴工业部门的出现，从而使整个工业的面貌焕然一新。这是工业化过程中的第二次飞跃，使人类的物质生活得到了巨大的改善，超过了第一次工业革命的成果。第二次工业革命是在大机器工业内部进行的，这种工业内部的技术发展和结构变化对社会的影响是渐进的，没有立刻导致社会生产方式发生根本性的变化，这与第一次工业革命是不相同的。

4）从自由资本主义发展到垄断资本主义。在第二次工业革命的推动下，世界经济开始发生重大变化。生产社会化的趋势加强，推动了企业间竞争的加剧，促进了生产和资本的集中。例如在第二次工业革命中出现的电力、石油、化工和汽车等行业都要求进行大规模集中生产。在竞争中壮大起来的少数规模较大的企业之间，就产量、产品价格和市场范围达成协议，形成了垄断。垄断最初产生在流通领域，如卡特尔、辛迪加等，后来又深入到生产领域，产生托拉斯等垄断组织。托拉斯等高级形式的垄断组织，更有利于改善企业经营管理，降低成本，提高劳动生产率。垄断组织的出现，实际上是资本主义生产关系的局部调整，加快了资本主义经济发展的速度。控制垄断组织的大资本家越来越多地干预国家的经济、政治生活，资本主义国家逐渐成为垄断组织利益的代表者。同时，垄断组织还跨出国界，形成国际垄断集团，要求从经济上瓜分世界，促使各资本主义国家加紧了对外侵略扩张的步伐。

5）世界经济新格局产生，资本主义世界市场最终形成。第二次工业革命在美国和德国最先开始，并以新兴的钢铁、石油、电气、化工、航空等工业领先。美德两国的工业经过了这次变革之后，后来居上，远远地走在了英法的前面。整个世界的工业布局形成了西欧和北美两大工业地带，以欧美等国家为主导的资本主义世界体系建立起来。

3. 自动化技术在生产中广泛应用（第三次工业革命，20 世纪后半期至今）

社会的需要是自动化技术发展的动力，自动化技术是紧密围绕着生产和军事设备的控制以及航空航天工业的需要而形成和发展起来的。自动化技术的发展历史，大致可以划分为自动化技术形成（20 世纪 40 年代之前）、局部自动化（20 世纪 40—50 年代）和综合自动化（20 世纪 60 年代至今）三个时期。

自古以来，人类就有创造自动装置减轻或代替人力的想法。最早的自动装置可追溯到公元前 14 世纪—公元前 11 世纪中国、埃及和巴比伦出现的自动计时装置——漏壶，中国三国时期具有自动指向功能的指南车也是一种具有代表性的古代制造的自动装置。1788 年瓦特为解决蒸汽机的速度控制问题，将离心式调速器与蒸汽机的阀门连接起来，构成蒸汽机转速调节系统，使蒸汽机变为安全实用的动力装置。瓦特的这项发明是近代自动调节装置研究和应用的典范，具有划时代的意义。此后，在解决自动调节装置稳定性问题的过程中，数学家们提出了判定系统稳定性的判据，积累了设计和使用自动调节器的经验。

20 世纪 40—50 年代是自动化技术和理论形成的关键时期，也称为局部自动化时期。第二次世界大战中一批科学家为解决火炮控制、鱼雷导航、飞机导航等技术问题，逐步形成了以分析和设计单变量控制系统为主要内容的经典控制理论与方法。同时，机械、电气和电子技术的发展也为生产自动化提供了技术手段。1946 年，美国福特公司的机械工程师 D. S. 哈德首先提出用"自动化"一词描述生产过程中的自动操作。

20 世纪 50 年代末期进入综合自动化时期，自动控制作为提高生产率的一种重要手段开始推广应用。自动化技术在机械制造中的应用形成了机械制造自动化；在石油、化工、冶金等连续生产过程中应用，对大规模生产设备进行控制和管理形成了过程自动化。随着计算机的推广和应用，自动控制与信息处理相结合，形成了企业管理自动化。20 世纪 60 年代中期以后，现代控制理论应用于航空航天领域，产生一些新的控制方法，如自适应和随机控制、系统辨识、微分对策、分布参数系统等。现代控制理论和计算机在工业生产中的应用，使生产过程的控制和管理向综合最优化方向发展。20 世纪 70 年代中期，自动化的应用开始面向大规模、复杂的系统，如大型电力系统、交通运输系统、钢铁联合企业、国民经济系统等。随着计算机网络的迅速发展，管理自动化取得显著进步，出现了管理信息系统（Management Information System，MIS）、决策支持系统（Decision Support System，DSS）、计算机集成制造系统（Computer Integrated Manufacturing System，CIMS）等。此后，柔性制造系统、各种制造机器人系统、企业资源计划（ERP）和制造执行系统（Manufacturing Execution System，MES）等高级自动化系统也相继出现。与此同时，人类开始综合利用传感技术、通信技术、计算机、系统控制和人工智能等新技术和新方法来解决工厂自动化、办公自动化、医疗自动化、农业自动化以及各种复杂的社会经济问题。

自动化技术的发展历史是一部人类以自己的聪明才智延伸和扩展器官功能的历史，自动化是现代科学技术和现代工业的结晶，充分体现了科学技术的综合作用。自动化技术在工业生产和社会各领域的广泛应用，不仅极大提高了生产和工作效率，减轻人类的体力和脑力劳动强度，也使一些单纯采用人力难以精确进行和无法进行的工作得以高效完成。自动化技术的广泛应用，本身也创造出了新的科学技术研究门类和新的产业类别，自动化作为一种使能技术，带动了相关传统行业的科学技术进步，创造出大量的新产品、新技术、新行业，对整个人类社会的发展产生巨大的影响。

4. 绿色制造和智能制造，可持续发展目标代替单纯效率和效益指标（第四次工业革命，现在至未来）

关于第四次工业革命的概念目前众说纷纭、见仁见智，主流的观点主要有以下 3 种：

第一种观点最早出现于20世纪90年代,是随着互联网技术大规模应用浪潮应运而生的,该观点认为第四次工业革命就是信息技术革命。

第二种观点认为第四次工业革命是互联网和可再生能源的有机结合。美国学者杰里米·里夫金是该观点的提出者和倡导者。他认为：化石燃料时代经济发展的不可持续性日益暴露,可再生能源取代化石燃料已是大势所趋,而互联网技术可以将分散在全球各地的可再生能源进行收集储存并实现余缺调剂,从而实现人类发展的绿色化和低碳化。

第三种观点认为第四次工业革命是制造业的数字化革命。英国《经济学人》在2012年4月21日发表的封面文章认为：全球制造业领域正在发生一系列深刻的数字化变革,将使现有制造业的生产模式发生颠覆性的变化,传统大规模、集中式和标准化的工业生产时代可能一去不复返,代之而起的将是分散化且满足个性化需求的工业生产模式,其中增材制造技术将是这场革命最引人注目的核心元素。

杰里米·里夫金的观点目前接受度和影响力是较大的。结合以上各种观点,本书以描述性的方式给出第四次工业革命的定义：第四次工业革命是以可再生能源技术、信息和人工智能技术、新材料和智能制造技术、基因生物技术为核心的综合性技术革命。其中,可再生能源技术是第四次工业革命成功的关键性目标；以物联网、云计算、大数据、人工智能为核心的新一代信息和人工智能技术是驱动其他技术的大脑和神经中枢；新材料是第四次工业革命的物质基础,以数字化、增材制造、工业机器人应用等为标志的智能制造是实现第四次工业革命的手段和方式；基因生物技术则是提高人类健康和生活水平的有力保障。

第四次工业革命是新一代信息技术向经济社会各领域全面渗透、扩散的过程,这一过程不仅将推动一批新兴产业的诞生与发展,还会使社会生产方式、制造模式和全球产业组织模式等方面出现重要变革,重塑世界经济地理和国家比较优势,形成新的技术经济范式,最终使人类社会进入生态和谐、绿色低碳、可持续发展的阶段。

第四次工业革命在制造领域的特征主要表现在以下3个方面。

1）超越大规模定制、具有柔性化和个性化的制造模式逐步确立。第二和第三次工业革命追求的是产品低成本、标准化的批量生产,主要目标是尽快实现规模经济,提升生产效率。随着生产能力的提高,出现了产品相对过剩的现象,人们对产品差异化、个性化的需求逐渐增强,效率的提升逐渐转变为能够高效且低成本地满足人们不断变化的个性化需求。随着新材料、智能机器人、增材制造、智能管理软件等技术的出现,工厂将逐渐改变大批量制造的方式,追求以低成本生产出绿色环保、个性化的产品来满足社会的需求。

传统的制造模式是减材制造（Subtractive Manufacturing,SM）,一般是在原材料基础上采用切割、磨削、腐蚀、熔融等方法去除多余部分得到零部件,再以焊接、装配等方法组合成最终产品。这种生产方式要求集中式的生产组织和管理,只有达到一定的规模才能大幅度降低生产成本,生产过程中会产生大量的原材料浪费。而建立在虚拟制造技术基础之上的增材制造技术（Additive Manufacturing,AM）无需原坯和模具,直接根据计算机图形数据和编写的软件,通过层叠增加材料的方法形成产品,可以在产品设计阶段充分体现客户的个性化需求,产品制造也是根据个性化的设计进行,客户甚至可亲身参与产品的设计并直接成为产品生产者,而不再被动接受或仅从企业给出的产品清单中选择产品。这种生产方式不仅大大提高了原材料的利用率,而且缩短了产品的研发周期,简化了产品的制造程序,达到提高效率、降低成本的目的。随着数字化制造、物联网、云计算、人工智能等技术的逐步发展,大规模定制的生产方式将向全球化、个性化制造模式转变。具有柔性化的制造系统将进一步解决降低生产成本、增加产品多样性、提高产能和缩短生产周期等多个目标之间的冲突问题,使企业能够更好地适应千差万别的客户需求和快速变动的市场环境。

2）基于模块化虚拟再整合的"社会制造"模式逐步形成，第四次工业革命引发全球产业组织模式变革。第一次工业革命将分散的家庭作坊、手工工场制造转变为纵向一体化的工厂制造模式，第二次、第三次工业革命则形成了大型企业和企业集团。在第四次工业革命中，随着信息技术的飞跃式发展，大量物质流被虚拟为信息流，生产组织中的各环节将进一步被细分，生产方式呈现出社会化生产的重要特征。

模块化生产网络是第四次产业技术革命形成的一种重要制造模式。20世纪末，随着产品设计、研发、生产的模块化和组织形式的模块化，模块化生产网络成为一种新型的产业组织模式。借助模块化的组织柔性，企业可以更加专注于自身的核心业务，将非核心业务外包，大量面向外部供应商的外包子系统的出现，促成了专业代工的兴起。全球性的领导厂商以外包为基础，以产品设计为龙头，以开放共享为标准，在全球经济范围内重新建立战略体系，将分布在不同地区的企业或企业集群连接为一个有机的整体，以实现资源的共享和优势的互补，形成了模块化虚拟再整合的新型产业组织模式。因此，产业组织模式也将在虚拟再整合的模块化生产网络模式的基础上，充分汲取产业组织网络化和产业集群虚拟化的优势，形成"社会制造"这一新型产业组织模式。

所谓"社会制造"模式是在互联网、物联网和物流网与增材制造无缝连接组成的社会制造网络中，通过众包等方式让社会民众充分参与产品制造全生命周期的过程。"社会制造"的关键是主动、实时地将社会需求与社会制造能力有机衔接起来，从而有效地实现需求和供应之间的相互转化过程。"社会制造"最大的特色就是客户可以将需求直接转化为产品，即"从想法到产品"，使得任何人都能通过社会媒体和众包等形式参与产品设计、改进、宣传、推广、营销等过程，并可以分享产品的利润。

在"社会制造"的产业组织模式中，技术要素和市场要素配置方式发生了革命性的变化。随着互联网、物联网和物流网的建立，企业可以获得低成本的可再生能源和低廉快捷的物流服务，通过在线获取生产所需要的各类协作服务，使生产要素的配置成本降低。同时各类个性化的产品销售可以通过互联网、新能源交通工具等传播，使拥有最新款式的消费品能在很短的时间内行销全球。

随着第四次工业革命的推进，每个建筑物都可能是能源的生产者，每个人都可能是某种产品的生产者。"社会制造"模式下大型企业将从集中化的产业链的垄断者转变成平台的提供者，以核心技术构建平台化解决方案将是大型企业生存的主要商业模式。这些平台型大企业将提供全球范围内的服务、平台、基础设施，而小微企业在平台的支撑下将会更快速地发展。新产业革命中的网络化制造和网络化新能源，将进一步增强平台型企业的重要性，成为产业内部和产业之间关联互动的重要支撑，大型和中小微企业将实现产业链共赢。

3）制造业和服务业深度融合，第四次工业革命将推动新型产业体系加快形成。由于制造业的生产制造主要由高效率、高智能的新型装备和软件系统来完成，与新型装备和软件系统相关的生产性服务业将成为制造业的重要业态，研发、设计、物流和市场营销等占据整个产业价值链的核心。服务业和制造业之间的关系变得越来越密切，融合程度将越来越高。传统制造业中的每一个环节都会与新一代信息技术交叉融合，从而使研发设计、加工制造、营销服务3个产业链环节在共同的网络化云计算平台上进行一体化深度整合，呈现出制造服务化的发展特征。制造业和服务业的深度融合，将导致原有服务业部门的重构。随着服务活动成为制造业的主要活动，制造业的主要从业群体将转变成为制造业提供服务支持的专业人士。

通过以上内容可以清楚看出，这四次工业革命的作用和影响是综合性的，既有技术方面的进化，也有产业结构和制造模式的改变。从技术层面看，工业革命带来了生产技术和使能技术的飞跃，机器代替了人力，高效能源代替了低效能源，自动化代替了人工操作，智能化将进一步发挥和扩展人的智力，实现了从工业 1.0 到工业 4.0 的逐步进化；从产业结构变化的角度看，新的产品、新兴产业不断出现，一方面丰富了制造业的产品范畴，另一方面也不断改变了制造业中各种产业的分布比例；从制造模式的改变来看，从手工作坊过渡到大规模工厂制造，从模块化网络制造过渡到社会化、服务化制造，实现个性化、柔性化、低碳化、智能化制造，快速适应市场需求和环境的不断变化，最终达到生态和谐且可持续发展的社会。

2.2.2 制造模式的演进

无论哪种制造模式（生产方式），其本身都有相应的优点和局限性。制造模式不仅依赖于科学技术的发展，还要与市场环境变化及需求相适应。

1. 单件生产方式

19 世纪及其之前，制造业主要采用单件生产方式。这是一种基于客户订单、一次仅能制造一件产品的生产方式。这种生产方式主要采用简单的通用设备和具有高度技艺的工匠进行手工生产，其特点是灵活性强，生产的产品可具有较多个性化特征。由于手工制作的产品几乎没有两件是完全相同的，产品的零部件互换性很低，难以进行更换修理，生产过程缺乏一贯性和可靠性，产品的质量主要依赖于生产者的技艺和责任心。这种生产方式的生产效率较低，生产成本较高，产量很难提高，且产量的提高也不会带来生产成本的降低。

2. 大批量生产方式

20 世纪初，美国福特汽车公司的创始人亨利·福特（Henry Ford）以零部件互换原理、作业单一化原理以及移动装配法思想等为基础，发明了流水式生产线，实现了大批量生产。大批量生产方式开创了制造业的新纪元，引发了制造业生产方式的根本性变革，拉开了现代化大生产的序幕。

大批量生产基于产品或零件的互换性、标准化和系列化，采用专用设备构成生产线，雇佣熟练工人进行生产，大大提高了生产效率，降低了生产成本，其特点是产品结构稳定、标准化程度高，利于实现自动化。随着制造业产品越来越复杂，且自动化技术和各种加工技术的发展，使这种生产方式在形式和内容上也在不断地发展变化。这种生产方式的基本业务模式是：以单一品种（或少数品种）的大批量生产降低成本，通过成本降低来刺激需求，进一步带来批量的扩大。其优点是实现了产品的大量、快速生产，并且成本随着生产量的扩大而降低。

大批量生产带来了产品生产数量的提高和成本的降低，其经济效益是显而易见的。大批量生产方式极大地推动了工业化进程和经济的高速发展。不可否认，即便在市场瞬息万变的现在，大批量生产仍是制造业的一种"以量取胜"的重要生产方式，对于具有长期稳定性、对市场变化反应较慢、生命周期较长的产品，比如大宗生产资料，大批量生产仍然是能够产生经济效益的制造模式。

需要注意的是，在市场需求日益多样化的今天，制造业竞争的焦点已经从产品产量转到如何满足顾客个性化需求方面，大批量生产方式也日渐显露出其缺乏柔性、不能迅速适应市场变化的弱点，其在制造业生产中所占比重也在逐渐减少。大批量生产方式以牺牲产品的多样性为代价，生产线的建设投资大、周期长，且生产线建立后很难做出调整和改变，无法适应激烈的市场竞争和多变的市场需求。同时，大批量生产要求细化劳动分工，产品的设计和投产以及工艺制定等由工程技术人员负责，工人无法参与设计和管理，只被要求按图纸和指令生产，工人的专业技能范围狭窄，缺乏灵活性和能动性，某种意义上成为"机器的延伸"。因此，工人缺乏主动性、积极性和对生产过程的整体性理解，产品质量和劳动生产率难以进一步提高。

3. 精益生产方式

精益生产源于日本丰田汽车公司的丰田生产方式，是第二次世界大战后日本汽车工业遭到"资源稀缺"和"多品种、小批量"市场制约的产物。在总结了美国大量生产方式和日本市场的特点后，丰田汽车公司的丰田英二和大野耐一开创了丰田生产方式，采用通用性大而且自动化程度高的机器，雇佣多技能工人进行操作，生产可以有多种变化的大宗产品。为避免额外库存，节约资源，在生产控制上采用准时生产（JIT）或"拉式"（Pull）方法，即任何一道工序只有在其后续工序需要且发出指令时才进行生产。丰田生产方式后来由美国麻省理工学院组织世界上14个国家的专家学者进行理论化总结提炼，称为精益生产方式。

精益生产方式是一种全新的管理思想且已在实践中取得成功，它并非简单地应用几种新的管理手段，而是拥有一套与企业环境、文化以及管理方法高度融合的管理体系。精益生产方式既有大批量生产方式成本低的优点，又避免了大批量生产方式僵化的缺点，是生产方式的又一次变革。

精益生产方式通过对生产系统的结构、人员组织、运行方式和市场供求等方面进行变革，消除或精简生产过程中所有环节上的非增值活动，达到降低成本、缩短生产周期、改善产品质量和快速适应用户需求不断变化的目的。具体优势体现在以下方面：

1）精益生产方式以优化整个生产系统为目标，按产品生产工序组织相关的供应链，这样一方面保证了稳定需求与及时供应，另一方面降低了企业协作中的交易成本。

2）在生产制造过程控制方面，精益生产方式推行生产均衡化和准时制，实现零库存与柔性化生产。精益生产方式的库存管理追求零浪费的目标，它一方面强调供应对生产的保证，另一方面强调对零库存的要求，从而不断暴露生产过程中各环节的矛盾并加以改进。

3）精益生产方式推行生产全过程（包括整个供应链）的质量保证体系，它采用全新的质量观念，摒弃了传统质量管理将一定的次品量看成生产过程中的必然结果的观念，认为产品质量问题产生的原因本身并非概率性的，可以通过改善产生质量问题的生产环节，由生产者自身保证产品质量且不牺牲生产的连续性。

4）在产品开发与设计方面，产品品种和功能应尽量满足顾客的要求，并通过在制造的各个环节中采用杜绝一切浪费（人力、物力、时间、空间）的方法满足顾客对价格的要求，以最优品质、最低成本和最高效率对市场需求做出迅速的响应。

5）精益生产方式强调个人对生产过程的干预，发挥人的能动性，同时强调协调，对员工个人的评价也是基于长期的表现。这种方法更多地将员工视为企业团体的成员，充分发挥了基层的主观能动性。

4. 计算机集成制造模式

随着社会经济的发展和科学技术的进步，商品市场发生了深刻的变化，人们对产品的品种、质量、成本和响应速度要求越来越高，产品更新换代速度加快，生命周期越来越短，市场竞争日益激烈。这就对生产系统提出了新的要求，即必须具有快速反应能力，及时提供多品种、高质量、低成本的产品，因此生产系统的柔性成为关键。同时计算机技术应用于制造领域，各种新技术、新方法不断出现，极大改变了人们对于制造概念的认识。

在加工设备和产品制造方面，1952年美国研制成功数控（Numerical Control，NC）机床，成为计算机辅助制造的开端。1958年随着刀具库的发明，出现了能在一台机床上通过自动更换刀具，实现铣、钻、镗及攻丝等多种加工的数控加工中心，使数控机床的自动化由分散式向集中式发展。1962年美国研制出第一台可编程的工业机器人，1963年美国制造出第一条可以加工多种柴油机零件的数控生产线。1966 年美国制造出计算机数控（Computer Numerical Control，CNC）系统，实现了一台计算机控制多台机床。1967 年由英国首先研制，由美国成功实施了数控机床构成的多品种加工自动化生产线——柔性制造系统（Flexible Manufacture System，FMS）。随着计算机微型化，20 世纪 70 年代数控机床得以迅速发展，开启了计算机辅助制造（Computer Aided Manufacturing，CAM）的发展进程。

在产品设计和制造工艺设计方面，20 世纪 50 年代开始了计算机辅助设计（Computer Aided Design，CAD）的研究，主要包括计算机制图、设计计算和数据库建立。随着计算机性能提高和成本大幅度下降，出现了用于三维设计和工程分析的 CAD 系统，可以完成产品设计、材料分析、制造要求分析、优化产品性能以及工具、模具和专用零部件设计等工作，提高了产品设计效率、质量和技术水平。20 世纪 60 年代末期，开始了计算机辅助工艺过程计划（Computer Aided Process Planning，CAPP）研究，其基本功能是工艺路线设计、工序加工工艺设计、时间定额制定等。

在生产经营管理方面，计算机应用于企业管理，由单纯业务的电子数据处理（Electronic Data Processing，EDP）逐步发展为计算机综合业务管理的管理信息系统（MIS）。1961 年美国提出了物料需求计划（Material Requirement Planning，MRP）管理系统，将生产和库存中有关物料的管理思想融入计算机管理系统，后来又进一步将资金、设备、技术、市场、时间、人力等要素作为企业的制造资源纳入计算机管理系统，开发了制造资源计划（MRPⅡ）系统。

科学技术的进步，特别是信息技术的迅速发展及其与生产技术的密切结合，为柔性化和自动化生产提供了巨大的技术可能性。制造系统本是一个开放的复杂系统，但由于认识和研究能力的局限，人们往往将其人为地划分成不同的子系统分别进行研究，自动化和计算机的应用也受此局限的影响。这样在制造企业内部产生了一个个技术"孤岛"，尽管投入了大量的资金和人力，但难以形成整体效益。1974 年美国约瑟夫·哈林顿（Joseph Harrington）博士提出计算机集成制造系统（CIMS）的概念，将从市场分析、产品设计、加工制造、经营管理到售后服务的全部生产活动看成一个不可分割的整体，从系统化的角度进行统一考虑。CIMS 源于过去发展起来的一系列单元技术和系统集成技术，通过信息技术与生产技术的综合应用，对从市场分析、产品设计、加工制造、经营管理到售后服务的全部生产过程进行整体优化，实现企业在时间、成本、质量和服务全方位的提升。

5. 大规模定制（批量客户化）生产方式

随着市场竞争的日益激烈，客户越来越需要既能满足其个性化需求同时价格又相对合理的产品。在这种情况下，迫切需要对传统的大批量生产方式进行变革。1970 年，美国未来学家阿尔文·托夫勒（Alvin Toffler）在 *Future Shock* 一书中提出了一种全新生产方式的设想：以类似于标准化和大规模生产的成本和时间，提供客户特定需求的产品和服务。1987 年，斯坦·戴维斯（Start Davis）在 *Future Perfect* 一书中首次将这种生产方式称为 "Mass Customization"，即大规模定制（Mass Customization，MC）。由此，大规模定制生产方式获得正式命名。

大规模定制生产方式也称批量客户化生产方式，是一种集企业、客户、供应商和环境于一体，采用系统思想和整体优化的观点，充分利用企业已有的各种资源，在标准技术、现代设计方法、信息技术和先进制造技术的支持下，根据客户的个性化需求，以大批量生产的低成本、高质量和效率提供定制产品和服务的生产方式。

批量客户化生产方式能够存在的一个最重要的原因是，尽管客户对产品的功能需求存在差异,但也有共性。实施批量客户化生产方式的关键在于,真正从本质上明确客户的个性化需求,并从产品设计、生产、装配、供应以及销售等整个生命周期和活动环节上进行规划,从而决定在哪些环节上根据客户的个性化需求进行生产,在哪些环节上沿用批量生产方式,以达到既满足客户化需求又保证一定生产规模的目标,其基本思路是基于产品族内零部件和产品结构的相似性、通用性,利用标准化模块化等方法降低产品的内部多样性,增加客户可感知的外部多样性,通过产品和过程重组将产品定制生产转化或部分转化为零部件的批量生产,从而迅速向客户提供低成本、高质量的定制产品。施行批量客户化生产可以有不同的作法,延迟制造（Postponed Manufacturing）是典型的方式之一。延迟制造实质上是通过定制化需求或个性化需求在时间和空间上的延迟,实现供应链的低成本生产、高反应速度和高客户价值,即在产品初始制造时只生产通用化或可模块化的部件,尽量使产品保持中间状态,以实现规模化生产;尽量在产品制造末端考虑客户化生产,使客户化活动在时间和地点上更接近客户,使恰当的产品在恰当的时间到达恰当的位置,增强了应对个性化需求的灵活性;同时,通过集中库存减少库存成本,缩短提前期。

6. 敏捷制造模式

20 世纪 70—80 年代美国经济严重衰退,其原因之一是美国将制造业列为"夕阳产业",不再予以重视。为重回世界制造业领先地位,美国把制造业发展战略目标瞄向 21 世纪。通用汽车公司（GM）和里海（Lehigh）大学,组织了百余家公司,分析研究 400 多篇文献,于 1988 年提出《21 世纪制造企业战略》报告。这份报告中首次提出敏捷制造（Agile Manufacturing）的概念,1990 年向社会半公开以后,立即受到世界各国的重视。1992 年美国政府将敏捷制造这种全新的制造模式作为 21 世纪制造企业的战略。

敏捷制造中的敏捷具有反应迅速快捷的含义,基本思想是要提高企业快速响应市场变化和满足客户个性化需求的能力,除了必须充分发挥企业内部的资源作用外,还必须利用其他企业的资源。企业之间的相互关系是不断变化的,合作与竞争共存。在"竞争—合作/协同"机制作用下,企业与市场/用户、合作伙伴之间的这种动态关系将导致它们所构成的制造系统进行自组织、自调整,并逐渐趋于有序化,有利于整个社会经济系统熵值的减少。合作将使得企业风险减少,资金、技术、设备、人力以及信息资源得到充分共享和利用,而竞争又促进了企业的创造性和积极性,在此基础上,整个社会的资源配置将逐渐达到最优化。

随着经济社会的发展和人类生活水平的日趋提高,对产品的需求和评价标准从质量、价格、功能转变为最短交货期、最大客户满意度、资源保护和污染控制等方面。敏捷制造是一种继大量生产时代后的制造产品、分配产品和提供服务的新的制造模式,强调将柔性、先进、实用的制造技术,高素质的劳动者以及企业之间和企业内部灵活的管理有机地结合起来,对客户需求产品和服务驱动的市场,迅速做出快速响应。一个敏捷制造企业应该具备多种能力,在战略层面上着眼于快速响应市场/客户的需要,使产品设计、开发、生产等各项工作并行进行,不断改进老产品,迅速设计和制造能灵活改变结构的高质量的新产品,以满足市场/客户不断提高的要求;在战术层面上强调自身的技术能力和人员素质,重视企业之间的竞争—合作关系,其敏捷的制造能力主要包括企业间的协作能力、制造柔性化和快速制造能力、快速市场反应能力,这些敏捷性在不同的层面上有其各自的内涵。

1) 敏捷制造企业应具有高度的制造柔性和组织管理柔性。制造柔性主要是指企业能够针对市场的需求迅速转产,转产后能够实现多品种、变批量产品的快速制造。组织柔性主要是指在"竞争—合作/协同"机制下,采用灵活多变的动态组织结构,改变过去以固定专业部门为基础的静态不变的组织结构,以最快的速度从企业内部某些部门和企业外部不同公司中选出设计、制造该产品的优势部分，组成由项目驱动的经营实体。企业应淡化金字塔型的管理模式，强调扁平式管理，项目团队具有决策能力，充分发挥每个人的主观能动性，随时发现问题，随时解决。

2）敏捷制造企业应具有先进的技术手段和可以快速重组、柔性化的加工设备或生产线，以及有效的质量保证体系，保证设计、制造出来的产品满足用户需求。

3）敏捷制造企业应拥有高素质的核心人员。敏捷制造模式的一个显著特征就是以其对机会的迅速反应能力参与激烈的市场竞争。这就要求企业核心人员积极有效地掌握新技术和新信息，充分发挥主动性和创造性，能够组织和管理项目，做出适当决策，并与动态组织中各类人员保持良好的合作关系。

4）敏捷制造模式下客户可以参与产品的设计和制造过程，整个设计制造过程对客户都是透明的，甚至销售服务方面都应有客户的参与。

2.2.3 制造过程组织结构和管理方式变化

伴随制造技术发展和制造生产方式的进化，制造过程的组织结构和管理方式也在不断地发展。第一次工业革命使机器生产代替了手工劳动，也使得沿袭几千年的个体手工或手工作坊式的制造组织变为集中生产的工厂模式，这是一次组织结构上的飞跃。随着科学技术尤其是制造技术的发展、市场需求不断变化，工厂模式下的制造业先后出现了大批量生产、精益制造、批量客户化生产、敏捷制造等生产方式或制造模式，对企业组织结构和管理方法提出新的要求，使得工厂模式下制造业的组织形式和管理方法不断改进。

美国的迈克尔·哈默（Michael Hammer）和詹姆斯·钱皮（James Champy）于 1993 年在其著作《公司再造》（*Reengineering the Corporation*）中提出了企业流程重组（Business Process Reengineering，BPR）的思想。他们认为：长期以来建立在英国经济学家亚当·斯密的"劳动分工论"基础之上的生产经营方式及组织管理方式，已经不能适应当代急剧变化的商品市场需求，传统的"分工越细，效率越高，效果越好"的观念，以及金字塔式的逐层递阶控制、部门条块分割、分工巨细的组织结构必须抛弃。应在重新审视企业的整个生产经营过程后，根据企业的工作流程（业务流、信息流、物流、资金流等），利用信息技术，对企业组织结构和工作流程进行"彻底的、根本性的"重新设计，以适应市场发展和信息社会的要求。这实质上是要求将企业组织结构和工作设计由传统的"面向功能"转变为"面向过程"，强调以作业流程为依据，重构企业的组织结构和工作内容。企业流程重组思想引起了全世界企业界和学术界的高度重视，对制造业的企业管理产生了深远的影响。

近年来，发达国家将先进的制造技术与先进的生产经营方式相结合，以快速响应市场需求为导向，依托信息技术为核心的管理方法，对企业体制、生产组织、经营管理、技术系统的形态和运作进行整合，实现技术、组织、人力三大资源的系统集成，推动了现代制造模式的应用和发展。

在现代制造模式的推动下，企业生产经营方式发生深刻变化。主要表现为：企业管理的重点从内部控制性管理转向外部适应性管理；管理目标由注重提高效率向注重提高适应能力发展。以人为本，加强人力资源管理成为企业管理的重要领域；企业的组织形式由层级化和显性化转向扁平化、网络化和虚拟化，出现了动态（虚拟）、网络制组织、学习型组织、无界限组织等新型企业组织形式。

1）扁平化：信息技术的高度发展和应用将会极大改变企业内部信息的沟通方式和中间管理层的作用。中层管理人员作为信息传递和监督的传统功能完全可以由计算机和网络技术取代，因此减少企业层级不仅在技术上是可行的，同时由于层级的减少，提高了信息传递和沟通效率，对于企业快速响应市场变化也是十分必要的。

2）网络化与虚拟化：在敏捷制造模式下，传统的企业组织结构概念发生了根本性变化，主要表现在：企业接受订单或任务后，可将信息发布到互联网上并通过网络进行协商谈判，形成一个包括不同公司不同部门，由信息网络连接、以任务为核心驱动的临时网络组织，这一组织打破了传统企业之间的界限，甚至可以超越国界。

3）不完整化和多样化：敏捷制造模式下企业之间的"竞争—合作"机制，使得企业在竞争中只能保留其优势组织或部门，企业的组织结构可能会不完整，因而呈现出多样化的特征。

4）团队化和多元化：企业流程重组要求根据企业的实际流程构建其组织结构和工作内容，因此以业务流程为基础而形成的专门团队将取代传统的以功能进行划分的组织结构。同时，由于信息技术的深入发展应用和全球一体化市场的形成，团队组织中的员工越来越多地跨越国家和地区进行协作，形成了跨文化的多元化工作环境。

2.3 世界制造业发展格局变化

1. 美国制造业的衰退和复兴

20世纪初，美国将大规模流水线生产方式引入工业生产，大大提高了制造业的生产效率，使美国的经济和军事迅速发展。第一次世界大战以后，美国成为世界制造业的大国和强国，在全球制造业中具有不可动摇的领先地位。20世纪50年代以后，美国对制造业的发展重点进行了调整，更偏重于高新技术和军用技术的发展，忽视了一般制造业的发展。进入20世纪70年代中后期，由于信息产业的兴起，制造业在美国受到了前所未有的冷遇，甚至大学里都很少开设关于制造技术和制造科学方面的课程，其带来的直接后果是20世纪80年代中期后美国经济发展缓慢，与日本、欧洲各国同期的迅速发展形成了鲜明对比，美国制造业和美国经济在国际竞争格局中发生了地位上的改变。例如1986年美国一半以上的机床需要进口，20世纪90年代初，美国汽车行业遭受了严重的打击，1/4以上的美国汽车市场被日本汽车所占领。在反思因产业政策的失误而付出惨痛代价后，20世纪80年代末期，美国推出了促进制造业发展的计划。美国振兴制造业的计划产生了明显效果，在许多领域，通过创新重新夺回领先优势，逐渐步入了稳定发展的时期。

2. 日本和欧洲制造业强势发展

20世纪70—80年代，日本把主要精力投入到先进制造技术的开发和应用上。同时，欧洲的传统制造强国德国、法国、英国在装备制造和电子方面也开始发力，在国际竞争中后来居上，动摇了美国的技术领先地位。进入21世纪后，日本依然坚信制造业是立国之本，信息化离不开发达制造业的支撑，在大力发展信息技术的同时持续保持着对制造技术的重视。

3. 以中国为代表的发展中国家的制造业悄然崛起

随着经济全球化进程的加快，发达国家大量的制造业生产基地外移，这种外移一定程度上促进了发展中国家的制造业发展，提高了发展中国家在世界制造业中的地位。发展中国家制造业增加值占世界制造业增加值的比重由1980年的14.5%，增加到2002年的23.6%。中国是世界制造业中地位提升最快的国家，中国制造业总产出在2005年超越了德国，随后在2008年超越日本，2010年超越美国。中国制造业增加值占全球比重从2012年的22.5%提高到2021年的近30%。中国在加工制造领域的崛起，不仅争得全球范围内产品市场以及能源和原材料的议价权，同时加快了标准零部件及组装和整机成本的下降。这不但激励了最终消费，更重要的是降低了处于高端技术领域经济体的生产和研发成本，推动了技术进步。这个过程在不断通过正反馈推动中国经济发展的同时，也深化了全球制造业部门之间及主要生产国和经济体之间的专业化分工，形成了全球范围内的生产供应链，并正在以前所未有的速度和深度塑造全球制造业。

尽管 20 世纪 80 年代以来，发展中国家制造业增加值的比重提高较快，使得发达国家制造业增加值占世界总制造业增加值的比重有所下降，但总体而言，支配世界制造业的依然是发达国家。虽然工业化国家制造业增加值占世界制造业增加值的比重，2002 年比 1980 年下降了 10 余个百分点，但仍然达到 73.3%，远远高于发展中国家。这 73.3% 当中，欧盟和北美地区占据主导地位。美、欧、日等制造业强国均以装备制造为制造业的核心支柱，在全球化趋势冲击下，与新兴工业化国家和部分发展中国家相比，美国在传统制造业的技术管理上的优势渐小，同时生产成本方面居高不下，也成为美国等国家需要面对的问题。许多传统产业，如纺织、服装、石油提炼、橡胶、玻璃制品、钢铁等行业在美国制造业中已退居次要地位，而电气设备、运输设备、食品和印刷等成为美国制造业的主导产业，尤其是化学工业、医药、生物制品和遗传工程等，发展前景可观。在美国的制造业中，装备制造业仍为主力，机械和运输设备制造在制造业中占据十分重要的地位，其增加值比重超过 40%。日本的制造业仅次于美国，日本制造业的特点是以民用为主的应用制造业。20 世纪 70 年代，在电子技术迅速发展的背景下，日本政府提出了机械技术与电子技术密切结合的机电一体化政策，使日本的机械制造业发生了根本的变化，日本的机电一体化产品大量进入国际市场，并在工业机器人、数控机床、电子控制器等方面获得了很大成功。制造业的发展，确定了日本的经济霸主地位。日本的制造业结构与美国相似，机械和运输设备制造增加值占制造业增加值的比重达到了 40%。其他制造业强国，如德国和英国等，机械和装备制造业在制造业中也都占有十分重要的地位，其增加值占制造业增加值的比重，德国约 40%，英国约 30%。在发展装备制造业的过程中，各发达国家根据本国国情和比较优势形成了一定的产业分工，它们各在 2~3 个产业中占有较大的比较优势，如瑞典的工程机械、日本的电气机械、德国的运输机械、美国的飞机制造和集成电路等都具有较强的竞争优势。

发达国家向发展中国家不同程度地转移制造业生产基地，而其自身正日益集中于高附加值的制造业，新的制造业国际分工模式开始形成。

2.4 制造业技术发展趋势

1. 重视发展高新技术产业和先进制造技术

以技术优势创造竞争优势。美国制定了促进科技发展的一系列政策，如设立国家技术银行，帮助公司利用政府、大学和民间等各级研究机构拥有的技术；扶持半导体等重点产业，提高产品的国际竞争力；大幅度增加对关键技术的投资，保证"信息高速公路"规划的按时实施；成立一个与国防高级研究计划局相类似的民用高级技术局，改进联邦政府的研究与开发计划，将重点放在信息技术、新材料和新工艺等诸多关键技术领域；为中小企业技术计划投资，促进中小企业研发新的制造技术；重视人才的开发与合作，积极通过各种方式吸纳外国的科技人员参加科技项目的合作。

日本一直通过技术改进的方式提高工业产品的技术附加值，在 20 世纪 60—70 年代维持着平均高达 8% 的经济增长率，20 世纪 80 年代初日本确立了科技立国的战略决策，日本的《科学技术政策大纲》基本方针为：以基础研究为中心，振兴富有创造性的科学技术，尤其是重点发展基础开创性技术。伴随着有关法律及条例的健全和实施，积极将高新技术应用于民用领域，极大地提高了整个工业的技术水平，科技进步对日本经济增长的贡献率由 20 世纪 50—60

年代的 30%左右提高到 60%。

为发展先进制造技术、提高制造业竞争力,许多国家根据国际经济发展趋势和本国的技术基础、支撑条件选择具有前瞻性和牵动力大、覆盖面广的关键技术进行重点研究开发,并将此作为国家的事业和政府行为,采取直接投资、税收鼓励、改善贸易条件和行政指导等一系列措施。近十年来,发达国家纷纷调整产业政策与技术政策,将高新技术发展的重点转向先进制造技术领域。从国家目标的高度,相继制定了一系列先进制造技术发展计划,投入巨大的财力和物力,以确立技术领先基础和抢占竞争制高点。美国政府出台了"先进制造技术计划""制造技术中心计划"和"下一代制造——行动框架计划"。日本实施了"智能制造技术计划",2001年制定了信息技术国家战略,2004 年启动"新产业创造战略",着力保持制造技术优势和世界高技术产品供应基地的地位。欧盟将基于信息技术的先进制造技术作为首要研究领域,德国1995 年出台了"制造 2000 计划",2002 年分别推出了"IT2006 研究计划"和"光学技术——德国制造"计划,2013 年又推出了"工业 4.0"的概念,掀起了智能制造的浪潮。

2. 重视信息技术与工业生产深度融合

第三次工业革命促进了自动化和信息化技术在工业生产和社会各领域的广泛应用,不仅极大地提高了生产和工作效率,减轻了人们的体力和脑力劳动强度,也使一些采用人力难以精确进行和无法进行的工作得以高效完成。自动化和信息化技术带动了相关传统行业的科学技术进步,创造出大量的新产品、新技术,并发展出很多新行业,对整个人类社会的发展产生巨大的影响。因此,所有工业化国家均致力于自动化、信息化与工业过程的深度融合,以期进一步促进制造业技术的进步和快速发展,实现既能快速满足市场个性化需求,又能实现资源节约的绿色制造目标。

3. 注重制造模式与管理体制的创新

为适应制造技术进步和市场环境的变化,制造模式和管理体制也在不断地变革。发达国家将先进的制造技术与先进的生产经营方式相结合,以快速响应市场需求为导向,依托信息技术为核心的管理技术,对企业体制、生产组织、经营管理、技术系统的形态和运作进行整合和创新,实现技术、组织、人力三大资源的系统集成,推动了现代制造模式的应用和发展。

在现代制造模式的推动下,企业生产经营方式也发生深刻变化。主要表现为:企业管理的重点从内部控制性管理转向外部适应性管理;管理目标由注重提高效率向注重提高适应能力发展。以人为本,加强人力资源管理成为企业管理的重要领域;企业的组织形式由层级化和显性化转向扁平化、网络化和虚拟化,出现了动态(虚拟)、网络制组织、学习型组织、无界限组织等新型企业组织形式。

思 考 题

1)阐述制造业的作用和地位。
2)分析具体行业案例,并确定其所属的制造类型。
3)比较和分析不同制造类型对于信息化管理系统的要求。
4)阐述历次工业革命的特点、作用和意义。
5)阐述对第四次工业革命或智能制造的理解。
6)分析各种制造模式的特点。
7)阐述制造业的发展趋势。

第 3 章 智能制造系统理论基础

智能制造系统是信息技术与先进制造技术进行有机融合,形成贯穿于设计、生产、管理、服务等制造活动的各个环节,具有自感知、自学习、自决策、自执行、自适应等功能的高度灵活、人性化、数字化的产品生产与服务系统。本章将介绍与智能制造系统密切相关的基本概念及其作用,包括信息、系统、控制、管理和决策,为深入理解智能制造系统的构成和技术内涵奠定基础。

3.1 信息的概念、性质和作用

信息是现代社会使用频率最高的词汇之一,但其确切的定义却并不广为人知。不同的人处于不同场合,出于不同的目的使用信息一词,往往随意性较大,对其确切的含义和性质并未做深入了解。信息作为智能制造系统的核心概念,需要进行明确的辨析和定义。下面内容会介绍信息论的产生,对创建信息论的关键人物的核心观点进行阐述,以此为基础归纳出信息的定义和性质。

3.1.1 信息论的形成

伴随着人类的出现和人类社会的发展,人类开始对信息有所认识和有所应用。从远古时期开始,人们在生产和生活中逐渐建立了人与人之间的关系,这种关系的建立、维系和发展需要在不同的人之间进行沟通,这种沟通就是通信,而沟通的内容就是信息。人类的通信离不开语言,语言是人类通信最简单的要素基础。语言是从劳动中产生出来的,早期的人类直接面对面使用口头语言进行通信,交流劳动中所获得的信息。后来出现了用图形、象形文字等存储、传递信息,比如早期的地中海文明使用一些简单图形表示物体,古埃及和古代的中国使用象形文字。随着人类文明的发展,这些图形和象形文字逐渐演变为较正规的文字符号——各种文字语言。

人们为了传递、存储和利用信息不仅需要文字符号,也需要语言外的其他各种载体,如利用声音的高低、火光燃起等。中国古代著名军事家孙子曾讲过,"知己知彼,百战不殆",即指交战双方要想取得战斗的胜利,必须了解敌我双方的兵力、装备、战略、战术和地理、天气等有关信息,经过分析、研究做出正确的判断和决策。长期以来,人们获取信息、传递信息、利用信息,但对信息的认识还处于感性认识阶段,没有形成科学的理论。

据科学史记载,对通信的研究很早就开始了。费马(P. Fermat)、惠更斯(C. Huygens)和莱布尼兹(G. Leibniz)的著作中出现过对基于光学的视觉形象通信问题的阐述。信息论作为一门科学理论,其形成和产生可以溯源到 19 世纪。19 世纪中叶到 20 世纪 40 年代是信息论产生的准备阶段。美国物理学家吉布斯首先将统计学引入物理领域，使物理学研究开始考虑客观世界中存在的不确定性和偶然性，为信息理论的创立提供了方法论的前提；奥地利物理学家玻尔兹曼将熵函数引入统计物理学，对"熵"进行了微观解释，指出"熵"是关于物理系统分子运动状态的物理量，表示分子运动的混乱程度，并且把"熵"和信息联系起来，提出"熵是一个系统失去了信息的度量"，为信息论的产生提供了思想前提。

20世纪20年代，出于通信实践的需要，奈奎斯特（H. Nyquist）和哈特莱（R. V. Hartley）研究了通信系统的传输效率问题。1924年奈奎斯特发表了"影响电报速度的某些因素"（*Certain Factors Affecting Telegraph Speed*），提出电信信号的传输速率与信道频带宽度之间存在比例关系。1928年哈特莱发表了"信息传输"（*Transmission of Information*），区分了消息与信息在概念上的差异，提出消息是信息的载体，而信息是包含在消息中的抽象量，且可用消息出现概率的对数测度其中所包含的信息量，为信息理论的建立奠定了基础。

随着雷达、无线电通信、自动控制系统的相继出现和发展，很多科技人员在各自的工作领域从不同角度对信息相关的一些概念和理论问题展开了研究。1948年香农（C. E. Shannon）发表了著名的论文"通信的数学理论"（*A Mathematical Theory of Communication*），1949年又发表了"噪声中的通信"（*Communication in the Presence of Noise*）。香农为了解决信息编码问题，提高通信系统的效率和可靠性，对信息进行数学处理，舍弃了通信系统中消息的具体内容（如信息的语义），把信源发生的信息量看作是一个抽象的量。由于通信的对象——信息，具有随机性的特点，香农将数学统计方法移植到通信领域，提出了信息熵的数学公式，从量的方面描述了信息的传输和提取问题。香农的这两篇论文确立了现代信息理论的基础，而其本人也因此成为信息论的奠基人。

20世纪40年代，通信工作中遇到的另一个突出的问题是如何从收集到的信号中将各种噪声滤除，以及在控制火炮射击的随动系统中如何跟踪一个具有机动性的活动目标，由于各种噪声的瞬时值以及火炮跟踪目标的位置信息都是随机的，带有偶然性，需要用概率和统计的方法进行研究。维纳（N. Wiener）在研究这类问题的基础上，几乎与香农在同时发表了两篇著作：《控制论》（*Cybernetics*，1948年）和《平稳时间序列的外推、内插和平滑》（*Extrapolation, Interpolation, and Smoothing of Stationary Time Series*，1949年）。维纳从自动控制的角度研究了噪声干扰下的信号处理问题，建立了滤波理论。维纳在《控制论》发表不久，于1954年又发表了另一篇著作《人有人的用处》（*The Human Use of Human Beings*）。在这些著作中，维纳提出了信息量的概念和测量信息量的公式，阐述了信息概念形成的前提，进一步扩展了信息的概念，认为信息不仅是通信领域的研究对象，而且与控制系统有着密切的联系。维纳抓住了通信与控制系统的共同特点，从更为概括的理论高度揭示信息的概念。此外，美国统计学家费希尔对实验数据所包含的信息进行了估计，从古典统计理论的角度对信息的度量问题也进行了研究。

从以上过程可以看出，尽管最初香农、维纳、费希尔分别从编码角度、滤波角度和古典统计理论角度对于信息理论进行的研究是出于不同目的，但却得到共同的认识：通信必须以随机事件为对象，通信和控制系统所接收的信息带有某种随机性质，通信的目的在于消除收信人的不确定性。而消除通信中收信人的不确定性，需要抽取各种消息（信号、代码等）的共同特征，略去其相应的具体内容，从量的方面进行定量化研究，给出信息量的数学公式，用统计数学方法处理通信的理论问题。信息量等于被消除的不确定性数量，任何一个事件，只要知道它的各个可能独立状态的概率分布，就可以求出它的熵值，从而求出它所能提供的信息量。香农等人奠定了信息论的理论基础，从此，信息论成为一门独立的科学。

3.1.2 信息的定义

在日常用语中信息经常指消息、情报、指令、密码等，是通过符号（如文字、图像等）、信号（如声音、手势动作、电磁波）等具体形式表现出来的。由于研究背景和应用目的不同，不同的专家对信息的理解并不完全一致，据不完全统计，有关信息的概念定义有几十种之多。因而，具有一般性的、科学性的信息概念至今尚没有统一公认的定义，以下仅选择几个具有代表性的观点进行介绍。

信息论的创始人香农认为"信息是用于消除信息接收者某种认识上不确定的东西"；控制论创始人维纳认为"信息是人们在适应客观世界，并使这种适应作用于客观世界的过程中，同客观世界进行交换的内容和名称"。这两种定义经常被看作是信息的经典性定义加以引用。我国学者钟信义认为信息可以从本体论及认识论两个方面去理解：从本体论角度看，信息是事物运动状态与状态变化方式的自我表述；从认识论角度看，信息是主体感知或表述的关于事物的运动状态及其变化方式。美国信息管理专家霍顿（F. W. Horton）给信息下的定义是："信息是为了满足用户决策的需要而经过加工处理的数据"。

综合以上观点，本书将信息的概念定义如下：信息是存在于客观世界中的确定事实，是对客观事物的某种反映，可以通过某种方式为人们所获得，是对社会、自然界的事物特征、现象、本质及规律的描述，它具有一定的含义，用以消除人们行动过程中的某些不确定性。

按照定义可知，信息是由发生源发出的、以多种形式表现出来的各种信号和消息的统称，是客观事物普遍联系的表现形式。从实际生活角度来观察，信息普遍存在于自然界和人类社会之中。例如电闪雷鸣、鸟语花香反映了大自然及其变化的信息，而语言文字、新闻报道则反映了人类社会各种活动的信息。

按照反映的内容，可将信息划分为自然信息和社会信息，其中自然信息包括宇宙信息、物理信息、化学信息、生物信息等；社会信息包括政治信息、经济信息、军事信息、文化信息、科技信息、社会生活信息等。按照信息的效用，信息又可划分为广义信息和狭义信息，广义信息指的是一切可以感知的客观存在，往往是某种客观事实，例如糖是甜的，盐是咸的，地球绕太阳公转等；狭义信息指的是那些经过加工处理后才对接收者具有某种使用价值的数据、消息和情报的总称，例如汽车的行驶速度为100km/h，物料的液位高度为1.5m等。

狭义信息往往被裹挟在浩如烟海的广义信息之中，如果不进行加工处理，很难发挥信息的实际使用价值，而从广义信息中将狭义信息提取出来并进行加工处理往往要借助于信息系统。所谓信息系统就是对信息进行采集、传输、存储、加工处理的人工或机器系统。经过信息系统的加工和处理，信息才能对接收者的行为产生影响。从这个意义上说，数据并不是信息，而经加工处理后，对接收者行为产生影响的数据才是信息。例如行驶中汽车速度表盘上的数据不是信息，只有当驾驶者看了速度表盘后决定进行加速或减速时，这个数据才变为信息；股票交易厅中大屏幕上显示的股票价格数据也不是信息，当交易者根据此数据对自己后续的交易行为进行决策时，这些数据才成为信息。图3-1给出了数据与信息的区别。

智能制造系统中的信息大都是狭义信息，来源于整个制造过程中各个环节的数据。这些数据是一些表示目标、行为、状态、数量的可鉴别符号，既可以是数字、字母或符号，也可以是图像、声音等。具体如原材料的成分、性能、价格等，加工过程中物料的温度、压力、流量等，产品的数量、质量、价格、交货时间等。当这些数据被用于对制造过程进行控制和管理时，就变为制造系统中的信息。这里需要注意的是在不同的系统之间和不同的控制和管理层次上，数据和信息是不完全相同的。有些数据对于较低的控制和管理层次来说是信息，但对于较高的层次就只是数据。比如一个阀门的开度对于管道的流量和压力控制系统来讲就是信息，但对于车间生产管理系统来讲可能只是一个数据，只有当这个阀门开度数据对车间生产管理产生作用时，它才变为信息。图 3-2 说明了不同层次之间数据与信息的关系。

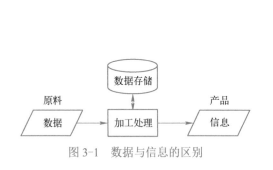

图 3-1　数据与信息的区别

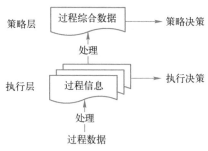

图 3-2　不同层次之间数据与信息的关系

3.1.3　信息的性质

信息具有如下基本性质。

（1）真实性　信息的中心价值是其具有真实性和事实性，不符合事实的信息不仅没有价值，而且可能会产生负价值。因此在收集和掌握信息时，首先要注意信息的真实性，任何不实的信息都会给管理和决策带来错误，维护信息的真实性就是保证信息的客观性、准确性和精确性，从而提高信息的可靠性。

（2）等级性　不同的管理层次要求不同的信息，对应管理的不同层次，信息可以划分为不同的等级。管理一般可分为战略级、策略级和执行级，信息也可对应分为战略级信息、策略级信息和执行级信息。战略级信息是关系企业长远命运和经营全局的信息，如企业的长远规划、企业转产信息等；策略级信息是关系到企业运营管理的信息，如生产计划、质量和成本信息等；执行级信息是关系到企业具体运作的信息，如物资的仓储位置、仓储数量、设备的状态等。不同等级的信息具有不同的特点，具体可参见表 3-1。

表 3-1　不同等级信息的特点

	来源	生命周期	保密/价值	加工处理方法	使用频率	精度
战略级信息	外部	长	高	不固定	低	低（相对粗略）
策略级信息	内部和外部	中	中	相对灵活	中	中（准确）
执行级信息	内部	短	低	基本固定	高	高（精确）

（3）可压缩性　信息可以进行浓缩、集中、概括以及综合，且不丢失信息的本质和内涵。人们经常采用公式来表示某种客观规律就是一种信息的概括方式，比如牛顿第二定律可以表达为一个简单的公式。在科学研究中，人们可以将很多实验数据归纳成一个经验公式，把很长的程序清单表达为程序框图，将很多现场运行的经验编成运行手册。在信息压缩过程中无疑会丢失某种信息，因此需要保证信息压缩过程丢失的信息是无用的或是不重要的。无用的信息一般包括两种：一种是噪声或干扰信息，它对正常的信息使用是有害的，需要采用滤波等手段进行消除；另一种是冗余信息，尽管本质上是多余的，但在信息传输过程中可能起到补充作用，可以用来进行校验和纠错。信息压缩在现实中是很有必要的，因为人们没有能力和必要收集、传输、处理、存储某个事物的全部信息，适当保持信息的不完全性，舍弃一些无用或不重要的信息，不仅不会影响信息的本质和内涵，还有助于提高信息处理和使用的效率。

（4）扩散性　信息具有扩散的本性，它总是力图冲破信息保密及各种约束，通过各种渠道和手段向外传播。信息量越大，信息源和接收者之间的梯度越大，信息的扩散力度也越大。信息的扩散具有两面性：一方面促进了知识的推广和传播，另一方面也造成信息价值的贬值，不利于保密，不利于保护信息所有者的权益。因此，合理把握信息的扩散性，对于充分发挥信息的作用是至关重要的。

（5）传输性　信息是可以传输的，其传输成本远远低于传输物质和能量的成本。随着科技的发展，利用电报、电话、通信卫星、计算机网络等技术手段可以实现全球的信息传输，不仅可以传输文字、声音，还可以传输图片和动态影像。因此，在实际的生产和生活中，为了减少消耗、提高效率，应尽量采用信息的传输代替物质的传输，利用信息流减少物流。

（6）共享性　信息是可以交流共享的，例如告知信息并没有使告知者失去信息，反而使接收者得到了信息。信息的交流与物质和能量的交换具有本质的不同，物质和能量的交换是零和的，"你之所得必为我之所失"，而信息的共享具有非零和性。信息共享的非零和性带来了信息交流和共享的复杂性。例如当"我"告知"你"信息时可能会有以下几种情况出现："我"不失"你"得、"你"得"我"也得、"你"得"我"失、"你"未得"我"未失。因此信息的交流共享既可以带来效益，也有可能带来损失。

（7）增值性　随着时间的推移，信息用于某种目的的价值可能耗尽，但相对于另一种目的又可能显示出价值。例如天气预报信息在预报期到达以后就失去了价值，但与各年度同期天气进行比较，对于总结天气变化规律，验证预报模型又是有价值的。信息的增值在量变的基础上可能产生质变，在积累的基础上可能产生飞跃。增值性和再生性使信息的生命周期得以延长，信息的使用价值得到转移。

（8）转换性　信息、物质和能量是人类使用的宝贵资源，这三者有机联系在一起，不能相互分割。有物质的存在，必有促使它运动的能源存在，也必有描述其存在和运动状态的信息存在。对于制造企业来讲，没有物质就没有原材料和产品，没有能量就不能驱动机器运转，没有知识和技术，也就是没有信息就不能进行成功的生产。物质和能量可以换取信息，而信息也可用于对物质和能量进行有效的使用和调度，并通过这种方式节约物质和能量。

3.1.4　信息的价值

信息论的创始人香农指出：信息可以消除或减少接收者认识上的不确定性，信息的核心价值也正在于此。如何衡量信息的价值是信息定义和基本性质以外另一个重要的问题。

衡量信息价值一般有两种方法，一种是按所花费的社会必要劳动量来计算信息产品的价值，另一种是按信息的使用效果，即减少不确定性的多少来计算信息的价值。

（1）按照社会必要劳动量计算信息产品的价值　这种方法和计算其他一般产品价值的方法是一样的，即：

$$V=C+P \tag{3-1}$$

式中　V——信息产品的价值；
　　　C——生产该信息产品所花费的成本；
　　　P——利润。

（2）按信息的效用计算信息的价值　这种方法认为信息的价值等于在决策过程中用了该信息所增加的收益。这里所说的收益指的是，在设计选择方案时，由于采用了信息进行方案比较，在多个方案中选出了一个最优方案，比不采用信息随便选择一个方案能够带来更多的效益。

$$P=P_{max}-P_i \qquad (3-2)$$

式中　P——信息的价值；

　P_{max}——最佳方案带来的效益；

　P_i——任选方案 i 带来的效益。

3.1.5 信息及信息科学技术的作用

由信息的定义和性质可以看出，信息主要有以下几方面功用：

（1）认识功用　信息是人们所获得的关于客观世界的确定事实，是对客观事物的某种反映。辩证唯物主义认识论认为人是认识的主体，人通过自己的意识去把握物质世界，信息则是物质与意识作用过程中的中介。人们通过获得的信息，来区别和认识各种事物。自从现代信息技术被运用于人的认识过程，大大地增强了人的认识能力。

（2）知识功用　信息是对社会、自然界的事物特征、现象、本质及规律的描述，它是一种社会化、系统化的知识，可以消除人们行动过程中的某些不确定性。借助知识信息，人们不仅可以深化对客观世界的认识，还可以进一步通过各种实践活动发现新的知识，形成新的认识，满足社会生产和生活发展的各种需要。

（3）资源功用　20 世纪初，现代物理学革命引起了一系列自然科学的创新性发现，其中一个伟大成就就是发现信息是客观世界中唯一能够与物质和能量并列的第三种自然要素形式，因此信息和物质、能量一起构成了客观世界的三大资源。在现代社会中，信息的作用越来越突出，信息已经成为加快社会、经济和文化发展的关键性资源。

（4）管理功用　管理行为的本质就是根据获得的信息做出决策，使某个过程达到期望的目标。以抽象的观点来看，管理过程就是信息的输入、处理、输出和反馈的过程。信息是决策和计划的基础，是监督、调节的依据，是各管理层次、环节互相联络沟通的纽带。

信息科学技术是进行信息获取、传输、处理、存储、输出和应用的理论与方法，也是人类科技发展史上伟大的创新，其快速发展和广泛而深入地应用，对人类社会的发展产生了巨大的影响，突出表现在以下几个方面：

1）改进并提升了人类信息处理的方式和效率。

2）对人类社会生活方式产生巨大影响。

3）带动了许多高新技术的快速发展。

4）改变了企业生存发展的经济环境。

5）引起世界政治经济格局的变化。

3.2 系统的概念与性质

系统的存在是客观事实，现实存在的系统都是具体的，如物理系统、生物系统、社会系统等。人们对系统的认识经历了漫长的岁月，由于研究对象、研究目的和研究方法不同，人们对于系统有不同的理解和定义。关于系统的科学性概念的形成，可以追溯到 20 世纪 30 年代。当时人们在科学研究中，尤其是在生物学、心理学和社会科学中，发现了系统的一些固有性质与所研究的个别系统的特殊性无关，由此开始了对系统所具有的共同性质的研究，逐渐形成了一般系统论。一般系统论来源于生物学中的机体论，是在研究复杂生命系统中诞生的。1924—1928 年奥地利理论生物学家路德维希·冯·贝塔朗菲（Ludwig Von Bertalanffy）多次发表文章，提出生物学中有机体的概念，强调必须把有机体当作一个整体或系统来研究，才能发现不同层次上的组织原理。他在 1932 年和 1934 年发表的《理论生物学》和《现代发展理论》中，提出了用数学模型研究生物学的方法及其有机体系统论的概念，把协调、有序、目的性等概念用于研究有机体，形成研究生命体的 3 个基本观点，即系统观点、动态观点和层次观点。1937 年贝塔朗菲在芝加哥大学的一次哲学讨论会上首次提出一般系统论的概念。1947—1948 年贝塔朗菲在美国讲学时进一步阐明了一般系统论的思想，指出不论系统的具体种类、组成部分的性质和它们之间的关系如何，存在着适用于综合系统或子系统的一般模式、原则和规律。1954 年贝塔朗菲发起成立一般系统论学会，出版《行为科学》杂志和《一般系统年鉴》。1968 年贝塔朗菲发表了专著《一般系统理论基础、发展和应用》（General System Theory: Foundations, Development, Applications）。虽然系统论几乎与控制论、信息论同时出现，但直到该著作发表，系统论作为一门科学学科的地位才得以确立。

3.2.1 系统的概念

在基础科学层次上，通常采用贝塔朗菲提出的定义：系统是相互联系、相互作用的诸多元素组成的综合体。而在技术科学层次上，通常采用钱学森提出的定义：系统是由相互制约的各部分组成的具有一定功能的整体。这两种定义的着重点有所区别，贝塔朗菲强调的是元素之间的相互作用和系统对元素的整（综）合作用，以及由此形成的系统整体特性；钱学森在贝塔朗菲定义的基础上补充强调了系统的功能，从技术科学角度看，研究、设计、组织、计划等都是为了实现系统特定的功能或目标。

综合上述分析，可以将系统定义如下：系统是由相互联系、相互作用的多个要（元）素为了实现某种功能或目标构成的整体。

系统具有以下特点：①系统由两个及以上组分（亦可称为要素或元素）构成；②系统的组分之间存在联系和制约关系；③系统组分及其相互关系是处于运动状态的，系统状态可以相互转换，系统状态的转换是可以控制的；④系统的功效表现为整体性，各组分的行为和功能由其对系统整体功能和目标的贡献体现，系统的整体功效不等于各组分功效的简单相加。

3.2.2 系统的性质

1. 组分多元性和相关性

按系统的定义，系统是由多个组分相互作用构成的整体。所以，一般来讲，系统由多个组分组成，这样的系统称为多元系统；最小的系统由两个组分组成，称为二元系统；有些系统包含无穷多组分，称为无限系统。同一系统内部，不同组分之间按一定方式相互联系、相互作用，不存在与其他组分无任何联系的孤立组分，也不能把系统划分为若干彼此孤立的部分。所谓"按一定方式"，是指系统组分之间的联系和作用具有某种确定性，人们可以据此辨认该系统，并与其他系统进行区别。组分之间的联系具有统计规律，可以用概率方法进行描述，这种具有统计确定性联系的组分可以组成系统，而组分之间只有偶然联系的多元集合不是系统。

2. 系统的层次性

系统具有层次性，系统的层次性是由其构成组分可以继续分解决定的。构成系统的组分一般可以划分为更小的组分，而更小的组分可能还是系统的组分。构成系统的最小组分或基本单元，即不可再分或无须再分的组成部分，称为系统的元素。需要注意的是，这种系统元素的不可再分性是相对于它所隶属的系统而言的，脱离了所隶属的系统，则元素本身又有可能是由更小组分构成的系统。因此，对一个系统进行研究的时候，必须要明确是在系统的哪个层次上进行研究。例如机床作为一个系统，其系统元素是不可再用机械方法进行分解的机器零件，而每一个零件又是由多种更小的物质元素分子构成，在设计和使用机床时，只需考虑零件之间力学或电磁学的相互作用，没有必要考虑机器的分子构成。但在研究零件性能时，零件作为一个系统，则必须要考虑构成零件的物质分子的排列结构和相互作用。另如人体作为一种生物学系统以细胞为元素，但细胞没有社会性，细胞之间只有生物学和物理学的相互作用，在研究社会问题时，无须以细胞为系统元素来讨论，而研究人体的某些生理问题时，则必须考虑以细胞作为系统的元素进行探究。

3. 系统的结构性

系统组分或元素之间相互联系的方式是多种多样的，有空间的联系和时间的联系，有持续的联系和瞬时的联系，有确定性联系和不确定性联系等。广义上讲，元素之间的一切联系方式的总和称为系统的结构，结构不能离开元素而单独存在。元素和结构是构成系统的两个缺一不可的方面，只有同时给定了元素和结构，才算给定了一个系统。元素之间不同的联系方式即系统结构对于系统的运行和性能等会有很大影响，将系统元素之间的所有联系都做考虑，既不可能也不必要。因此，可行的办法是略去无关紧要的、偶发的、无任何规律可循的联系，把相对稳定、有一定规则的联系的总和看作系统的结构。一般可以从以下几个角度考察和分析系统的结构。

1）空间结构和时间结构。空间结构是指元素在空间中的排列分布方式，如晶体结构、建筑物结构等；时间结构是指系统在运行过程中呈现出来的时间节律，如生物钟、地月系统运动周期。也有一些系统还会呈现出时空混合结构，如树的年轮。在考察空间结构时，往往关注其是否具有对称性；考察时间结构时，往往关注其是否具有周期性或阶段性。

2）深层结构与表层结构。系统具有多层结构，既有物理形态上的结构，也有逻辑意义上的结构。无论从物理上还是逻辑上都可进一步划分为深层结构和表层结构。一般来说，深层结构相对稳定，表层结构相对易变，深层结构决定表层结构，表层结构反映并反作用于深层结构。例如社会制度是社会系统的深层结构，而社会运行机制则是社会系统的表层结构。对于计算机软件系统来讲，其功能结构一般是表层结构，而实现各个功能所采用的算法和数据结构则是深层结构。

3）硬结构与软结构。一般来说，空间排列、框架构建属于硬结构；细节关联，特别是信息关联属于软结构。比如一个球队成员的职责分工是硬结构，而比赛中的默契配合、对战术的灵活运用则是软结构。人们往往重视硬结构，忽视软结构。但硬结构问题相对容易解决，软结构问题往往隐藏较深，难以捉摸。同类企业的生产装备、工艺技术、职能分工大致相同，但业绩却有显著差异，原因就在于管理方式、方法和管理水平不同，即软结构不同。

4. 环境相关性与开放性

每一个具体的系统都是从普遍联系的客观事物中划分出来的，与外部事物有着千丝万缕的联系，既有元素或子系统与外部的联系，也有系统作为整体与外部的联系。这种联系不仅影响系统和外部事物的关系，也会改变系统内部组分的相互关系，甚至会改变组分本身。例如市场的变化会导致企业调整结构，改变经营方式，改变组织结构和人员配置。

广义上来说，一个系统之外的一切事物或系统的总和称为这个系统的环境。令 U 表示宇宙全系统，S 表示所要考察或研究的系统，S'表示它的广义环境，则：$S'=U-S$。实际上，不可能也没有必要列举出 S 与 S' 之间事物的所有联系。因此，狭义上将 S 的环境记为 E，指 U 中一切与 S 有不可忽略的联系的事物总和。环境本身也有可能是一个系统，但环境中的事物联系要弱于系统内部组分之间的联系。把系统与环境分开的某种界限称为系统的边界，从空间结构看，边界是把系统与环境分开的所有点的集合，从逻辑上看，边界是系统构成关系从起作用到不起作用的界限。

任何系统不能处于环境之外，一切系统都在一定的环境中形成、运行和演变。因此，环境意识或环境观念是系统思想的重要内容，环境分析是系统分析不可或缺的环节。把握一个系统，必须了解它处于什么环境，环境对它有何影响，它又如何回应这种影响。系统与环境相互作用，相互联系是通过交换物质、能量、信息实现的。系统能够与环境进行交换的特性，称为系统的开放性。系统自身抵制与环境交换的特性，称为系统的封闭性。一般来讲，一个系统只有对环境开放，与环境相互作用，才能生存和发展，而封闭性则是系统生存发展的必要保障。比如企业需要了解市场信息、吸收先进技术、购买原材料、销售产品等，这些都表现出系统的开放性；但企业出于安全的考虑又需要对输入/输出的物资、信息等加以管理和控制，表现出系统的封闭性。因此，系统性是封闭性与开放性的对立统一。

5．系统行为、功能与结构和环境的关联性

行为是心理学和行为科学的概念，原指人类生活中所表现出的一切动作。维纳等人把行为的概念推广应用于一切系统，如动物、机器、人类社会组织等。系统的行为可以定义为相对于系统环境所做出的任何变化行为，如适应行为、学习行为、自组织行为、平衡行为、演化行为等。行为是系统特性的表现，属于系统自身的变化，不是它所引起的环境变化，但行为是系统相对于环境变化的表现，因此系统行为刻画了系统与环境的相互关系，同时系统的行为可以通过外部进行探测。

系统性能是系统在内部联系和外部联系中表现出来的特性和能力；系统行为所引起的环境中某些事物的有益变化，称为系统的功能；被改变了的外部事物，称为系统的功能对象。性能和功能的含义是不同的，功能是特殊的性能，性能是功能的基础，为功能提供了发挥的可能性。功能在系统行为中体现，并通过它所引起的环境变化进行衡量。例如流动是河水的性能，利用这一性能运输木材却是河水的功能；燃烧效率是发动机的性能，提供动力才是发动机的功能。

一般来讲，系统可能会具有多种功能和多种性能，每种性能都可能被用于发挥相应的功能，或者综合集中性能发挥某种功能。环境中的功能对象往往不止一种，同一系统对不同的对象可以有不同的功能。例如车辆可以用来运输货物，但也可作为货物存储的仓库。

系统的功能与结构存在一定的对应关系，但本质上系统的功能是由元素和结构共同决定的。一方面，只有具备必要素质或性能的元素，才能构成具有一定功能的系统，体现了元素对功能的决定作用；另一方面，将相同或相近元素按不同的结构组织起来，系统的功能会有优劣高低之分，甚至会产生性质不同的功能，体现了结构对功能的决定作用。

另外，系统的功能还与环境有关。环境不同，意味着系统运行的条件不同，可能对系统功能的发挥产生影响；同时，系统功能的发挥还取决于环境中的功能对象，功能对象不同系统的功能作用也会有所不同。

6．整体涌现性

若干事物按照某种方式相互联系而形成系统，就会产生它的组分及组分总和所没有的新性质，这种新的性质只能在系统整体中表现出来，一旦将系统还原为组分便不复存在。这种部分及总和没有而系统整体具有的性质称为系统的整体涌现性，凡是系统都具有整体涌现性。例如无生命的原子和分子组成细胞，就具有了生命这种神奇的性质，而当细胞还原为分子和原子时，其生命性质就不复存在了。再如零件组装成机器即具有某种生产加工的功能，而机器还原为零件后，这种加工功能也会随之消失。

3.2.3　系统性能评价标准

（1）目标是否明确　每个系统都是为了实现一定的目标和功能存在的，系统的好坏要看运行后对目标的实现有无实际帮助。因此，目标是否明确以及设定是否合适，是评价系统时首先要考虑的因素。

（2）结构是否合理　一个系统可以划分为若干个子系统，子系统又可划分为更细小的子系统，子系统的联接方式构成了系统的基本框架。系统的架构是否合理、其各组成部分的联接是否清晰、路径是否通畅、有无冗余等是评价系统性能的另一个标准。

（3）接口是否清晰明确　系统的各组分之间存在联系，系统和外部环境也存在联系，这种联系通过接口来实现，好的接口其定义应该是清晰而明确的。系统的接口示意如图3-3所示。

（4）能否观测和控制　通过接口，外界可以输入信息，控制系统的行为，也可通过系统的输出，观测系统的行为。只有系统能观能控，系统才会有效发挥其功用。

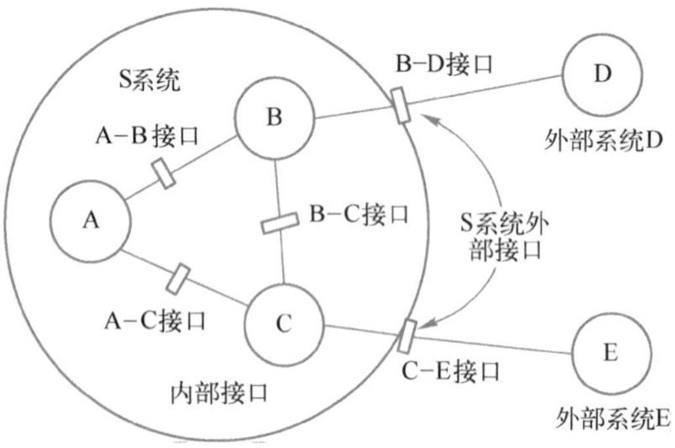

3.2.4 系统集成

图3-3　系统的接口示意

系统集成，是为了一定目的将可用资源有效地组织起来形成系统的过程和结果。集成的结果就是系统的组分联接成系统。但系统集成绝不是组分的简单联接，而是有效组织。这意味着系统的每个组分都必须得到有效的利用。系统集成要达到的目标就是实现系统整体涌现性，达到系统总效益大于各个组分效益之和，即1+1>2的效果。系统的集成有以下3种类型：

（1）按优化程度可将系统集成分为联通集成、共享集成和最优集成　联通集成就是保证设备能相互联通。联通性是指设备在无人干涉下相互通信和共享信息的性能。对于企业而言，联通集成不仅仅是计算机网络的联通，还要实现不同种类、不同性质、不同型号、不同时代的设备，以及不同功能、不同供应商、不同版本的软件之间的联通和兼容。

共享集成是指整个系统的资源可以为系统的所有用户共享。这些资源可以是信息，也可以是软件，甚至可以是硬件。

最优集成是高水平、理想的集成，这是很难达到的一种集成。一般只有新建系统时，通过很好地了解系统的目标，自顶向下，从全面到局部进行整体规划，合理确定系统的结构，从全局到局部合理配置各种硬/软件，才能达到性能最好、经费最少的目标。实际上，随着时间的推移和环境的改变，即使原来性能良好的系统也会慢慢偏离最优。因此，最优系统只是一个相对的概念，但追求最优的努力应该一直持续下去。

（2）按范围可分为技术集成、信息集成、组织人员集成　技术集成主要是达到技术上的联通，解决技术上的合用性、可取性、响应时间、满足要求、便于操作等功能。

信息集成主要要求达到数据共享，解决数据不正确、不一致、时间不匹配、单位不统一、没有索引、难以采集和传输、数据的输出表达等问题。

组织人员集成是将系统融合于组织之中，成为相互依赖不可缺少的部分。使系统目标与组织目标相互对应，系统功能与组织机构和人员的职能相互对应或补充，组织中的人和系统相互密切配合，共同完成组织的目标。

（3）按照具体程度可分为概念集成、逻辑集成、物理集成　概念集成是高度抽象思维的集成，一般具有定性和一定程度的艺术性特征，需要依据经验和知识，它确定了解决问题的总体思路。

逻辑集成是在一定程度上对方式和方法的抽象，它确定了系统的组成结构和解决问题的步骤。

物理集成是系统的具体构成、联接方式和运行过程。从重要性角度，概念集成最为重要，它决定了逻辑集成和物理集成。这 3 种集成之间的关系如图 3-4 所示。

图 3-4　概念、逻辑和物理集成

3.3 控制、管理与决策

3.3.1 控制

1. 控制的定义和性质

控制，顾名思义即把握、掌握、操纵，使对象按操纵者的意愿活动或使对象的活动不超过预设的范围。

关于控制的科学化定义，不同的学者有不同的提法。维纳指出控制论是关于动物、机器和社会的控制与通信的科学。

苏联控制理论专家列尔涅尔进一步给出了控制的一种描述定义：控制是为了改善某个或某些对象的功能或发展，需要获得并使用信息，以这种信息为基础而选出的，并加于该对象上的作用。控制作为一种作用，必然包括作用和被作用两个方面，即具有施控者和受控者。所谓控制就是施控者对受控者施加某种作用，从而引起受控者的反应，如果将施控者看作原因，将受控者看作结果，控制即是由原因导致结果。因此，从一定意义上来说，控制反映了某种因果关系。这种因果关系可以是复杂多样的，并不局限于单一原因决定单一结果。尽管控制的作用可以用因果关系描述，但与因果作用又有所不同。其关键在于：控制需要先有预期的结果，就是控制的目的（目标），然后才能从复杂的原因中找到某种可能达到预期结果的原因，将其施加于受控者，以便得到预期的结果。控制具有 3 种性质：① 目的性，控制是一种使受控者达到预期结果的有目的活动；② 主动性，控制是施控者的主动行为；③ 选择性，控制就是施控者选择适当的方案或手段作用于受控者，以期引起受控者的行为状态发生变化，导致预期结果的出现。

控制的概念在很多领域得到普遍应用，如工程技术中的调节、补偿、校正、操纵，社会过程中的指导、指挥、支配、管理等本质上都是某种特定的控制行为。由此，人们对于控制的概念扩展描述如下：控制就是检查某项活动是否按既定的计划、标准和方法进行，发现偏差分析原因，进行纠正，以确保目标的实现。从某种意义上说，控制包括了为确保实际工作与计划相一致所采取的一切活动。

控制与信息是不可分割的。在控制过程中，必须经常获得对象的运行状态、环境状况、控制作用的效果等信息，控制目标和手段也都是以信息的形态表现并发挥作用的。控制过程是一种不断获取、处理、选择、传送、利用信息的过程。所以维纳认为"控制工程的问题与通信工程的问题是不能区分开的，而且这些问题的关键并不是围绕电工技术，而是围绕更为基本的消息概念，无论这消息是以电、机械或神经方式传递的"。

2. 控制系统及其作用

控制作用的有效实施需要将施控者、受控者以及他们之间的信息获取、传递、处理和使用联系成一个整体，即构成一个系统，这个系统称为控制系统。控制的任务越复杂，控制系统的结构也就越复杂。撇开控制系统的具体特性，仅从信息处理的角度看，控制系统应包括以下环节：

1）检测环节，负责监测和获取受控对象和环境状况的信息，相当于人的感觉器官。

2）决策环节，负责处理相关信息，制定控制指令，相当于人的大脑。简单的系统只需将实际状况与预期达到的状况进行比较，而复杂的系统则需要建立复杂的模型并进行大量运算以做出正确的决策。

3）执行环节，根据决策环节做出的控制指令实施控制，相当于人的执行器官如手、脚等。

4）中间转换环节，在检测环节、决策环节和执行环节之间，常常需要有完成某种转换功能的环节，实现信息的传递、转换、放大等，不仅是其他各个环节联系的纽带，将其组成一个系统，还可用以改善整个系统的性能。控制理论常用方框表示功能环节，用多个功能环节连成的框图表示控制系统。图 3-5 就是一种控制系统的框图。

图 3-5 控制系统框图

3.3.2 管理

1. 管理的定义和性质

管理活动始于人类群体生活中的共同劳动，到现今已有上万年历史。从字面上看，管理有"管辖""治理""管人""理事"等含义，但这种字面意义的解释并不能完整表达出管理的全部含义。对于什么是管理，专家学者们众说纷纭，各抒己见，从不同的角度，可以有不同的解释，下面是两种具有较大影响力的观点。

"科学管理之父"泰勒（F. W. Taylor）认为："管理就是确切地知道你要别人干什么，并使他用最好的方法去干"（《科学管理原理》）。在泰勒看来，管理就是指挥他人能用最好的办法去工作。

现代经营管理理论创始人法约尔（H. Fayol）在 1916 年出版的《一般工业管理》中，将管理定义为计划、组织、指挥、协调和控制。这种对管理的看法受到后人的推崇与肯定，对管理理论的发展产生了重大的影响。

基于法约尔的观点，本书将管理定义如下：管理是指在特定的环境条件下，应用一切思想、理论和方法，以人为中心通过计划、组织、指挥、协调、控制及创新等手段，对组织中所拥有的人力、物力、财力、信息等资源进行有效的决策、计划、组织、领导、控制，以期高效达到既定的组织目标的过程。

从管理的定义可以看出，管理包含以下要素：

1）管理主体：亦称管理者，是行使管理的组织或个人。

2）管理客体：亦称管理对象，是管理主体所辖范围内的一切对象，包括人员、物质、资金、时间和信息，其中人是管理对象中的核心和基础，因为人是社会财富的创造者、物质的掌管者、时间的利用者和信息的沟通者，只有管好人，才有可能管好物质、资金、时间和信息。物质是人类创造财富的原料和结果的具体体现，通过管理才能使物质得到合理而有效地运用，提升物质的价值。资金是人类生产、生活和进行交往的基础，管理者需要考虑如何运用有限的资金，实现更多的经济效益。时间体现了速度和效率，管理必须充分考虑时间资源的利用，在短时间内完成工作，达到更好的结果。信息是管理的根据，及时掌握信息，正确运用信息，才能使管理活动达到预期目标。

3）管理目标：管理主体要达到的预期目的，反映了管理主体的意愿，是管理活动的出发点和归宿点。

4）管理体系和手段：管理主体对管理客体发生作用的途径和方式，包括建立组织机构，制定各种规章制度等，将管理主体、客体及其所有管理要素构成一个系统，规定系统各组成部分的职能和运行准则，通过预测、计划、组织、指挥、监督、协调、控制、教育、激励等手段实现系统的管理目标。

5）管理科学理论和方法：是指导管理的规范、理论和方法，是制定管理方案的工具。

2. 管理的分类与发展

管理可以分为很多种类，因为每种组织都需要对其事务、资产、人员、设备等所有资源进行管理，所以形成了不同的管理。根据管理主体的属性，管理可分为宏观管理和微观管理，宏观管理是政府部门，微观管理是具体业务部门，微观管理是宏观管理的基础。根据管理客体的活动属性，管理可分为社会管理、经济管理和文化管理等。管理主体的管理方式可分为决策管理和实施管理，二者互相渗透，其中决策管理是核心。

在现代社会中，企业管理是最为常见的管理活动。从业务过程和职能角度，企业管理可以划分为人力资源管理、财务管理、生产管理、物流管理、营销管理、成本管理、质量管理、研发管理等；在企业管理层次上，又可划分为企业战略层管理、业务决策层管理、执行层管理等。

管理是人类的各种组织中普遍存在的一种重要活动，人们把研究管理活动所形成的基本原理和方法，统称为管理学。作为一种知识体系，管理学是管理思想、管理原理、管理技能和管理方法的综合。

随着管理实践的发展，管理学也在不断充实其内容，专家学者从不同角度对管理的理论进行探讨，形成了不同的管理学派。目前主要的管理学派有管理过程学派、行为科学学派、经验主义学派、管理科学学派、决策理论学派、权变理论学派等。各学派各抒己见，并依据自己的理论框架，创造出多种多样的管理方法和工具。从管理学的整体知识体系而言，尽管目前还没有形成统一的理论框架，但总体上还是围绕着管理组织、管理方式以及管理经营内容进行研究的。

管理科学学派对于管理理论的发展和企业管理实践具有显著的影响，因此下面简要介绍管理科学学派的主要观点。

管理科学学派又称数理学派，是在泰勒科学管理理论基础上发展起来的。其核心是把运筹学、统计学和计算机用于管理决策，依靠决策程序和数学模型增加管理的科学性。管理科学要求减少管理的个人艺术成分，强调定量化分析，利用数学工具建立数学模型，用以研究各因素之间的相互关系，以客观经济效果作为评价依据和目标，利用计算机寻求定量化的最优管理方案。

从 20 世纪 40 年代开始，利用数学和计算机进行管理逐渐成为管理科学研究的热点。苏联数学家康托洛维奇（Л. Б. Канторович）发表了著名的《生产组织与计划中的数学方法》，将数学模型和方法应用于企业生产管理，提出了线性规划问题。美国的大批运筹学家从军事应用研究转到企业管理领域，对生产、计划、市场、运输等问题进行研究，掀起了运筹学应用于企业管理实践的热潮，1947 年美国数学家丹齐格（G. B. Dantzig）提出线性规划的单纯形求解方法。继 1954 年计算机成功应用于工资计算之后，在企业管理的会计、库存、计划等方面逐渐开始应用计算机。1960 年以后，专门用于企业管理的计算机系统——管理信息系统出现，进一步促进了计算机技术和运筹学理论与方法在企业管理中的应用。此后，企业管理信息系统不断发展，先后出现了物料需求计划（MRP）、制造资源计划（MRPⅡ）、计算机集成制造（CIM）、企业资源计划（ERP）、制造执行系统（MES）等企业计算机应用软件系统。目前，计算机技术、数学模型和运筹学方法在企业管理中已得到广泛应用，其应用程度已经成为衡量企业技术进步和管理科学水平的标志之一。

3.3.3 决策

1. 决策定义和决策过程

所谓决策，简单地说就是做出决定。关于决策的科学化定义有许多不同的描述，美国学者亨利·艾伯斯曾说："决策有狭义和广义之分。狭义地说，决策是在几种行为方案中做出选择。广义地说，决策包括在做出最后选择之前必须进行的一切活动。"管理学教授里基·格里芬指出，"决策是从两个以上的备选方案中选择一个的过程"。管理决策学派的代表性人物赫伯特·西蒙认为"管理就是制定决策"（《管理决策新科学》），提出了有限理性的决策过程模型。由于对经济组织内的决策程序进行的开创性研究，西蒙于 1978 年获得诺贝尔经济学奖。

西蒙的决策过程模型对于管理科学的发展和应用产生了巨大的影响。随着管理科学的发展，人们对决策的认识基本趋于一致。决策就是为了实现某一目的（目标），在获取一定信息基础上，借助科学的方法和工具，对需要决定的问题的诸多因素进行分析、计算和评价，并从若干个可行方案中选择一个满意方案的分析判断过程。

根据决策的定义，决策具有以下特点：

1）决策要有明确的目的。决策或是为了解决某个问题，或是为了实现一定的目标，没有问题就无须决策，没有目标就无从决策。因此，决策所要解决的问题必须是十分明确的，要达到的目标必须有一定的标准可用于衡量比较。

2）决策要有若干可行的备选方案。如果只有一个方案，就无法比较其优劣，更没有可选择的余地，因此，"多方案抉择"是科学决策的重要原则。决策时不仅要有若干个方案相互比较，而且决策所依据的各方案必须是可行的。

3）决策要进行方案的分析评价。每个可行方案都有其可取之处，也存在一定的弊端。因此，必须对每个方案进行综合分析与评价，确定各方案对目标的贡献程度和带来的潜在问题，比较各方案的优劣。（对于方案的分析评价，可以参考这样两条规则：一是在没有不同方案前，不要做出决策；二是如果看来只有一种方案，那么这种方案可能是错误的）。

4）决策的结果是选择一个满意方案。有限理性的决策理论认为，最优方案往往要求从诸多方面满足各种苛刻的条件，只要其中有一个条件稍有差异，最优目标便难以实现。所以，决策的结果应该是从诸多方案中选择一个合理的满意方案。

5）决策是一个分析判断的过程。决策应该具有一定的程序和规则，同时它也受价值观念和决策者经验的影响。在分析判断时，参与决策的人员的价值准则、经验和知识会影响决策目标的确定、备选方案的提出、方案优劣的判断及满意方案的抉择。因此，要做出科学的决策，就必须不断提高决策者的自身素质。

根据西蒙的观点，决策过程应该包括以下 4 个阶段：

第一阶段是情报活动，搜集决策的各种信息。

第二阶段是设计活动，制定决策的各种方案。

第三阶段是选择活动，根据要决策的要求，选择合适的决策方案。

第四阶段是评审活动，评价选定方案的效果，为下一个阶段的决策提供信息。

将上述决策过程进一步细化，可以分为以下步骤，如图 3-6 所示。

1）发现问题。发现问题或明确问题是决策活动的起点，只有分析清楚需要解决问题的关键及其产生的原因，才能保证决策的有效性。

2）确定目标。决策目标是在一定的环境和条件下，根据预测分析所希望能达到的结果。确定目标是科学决策的重要步骤，需要采用综合调查研究和预测技术。只有一个决策目标的决策称为单目标决策，如果有多个决策目标，则称为多目标决策。

3）价值准则。价值准则就是评价体系。有了明确的决策目标之后，还需要制定该目标的评价体系，以此作为评价各个决策方案优劣的基本依据。

4）拟定方案。拟定方案即方案设计，就是根据决策问题拟定多种可能的备选方案。

5）分析评估。分析评估是对拟定的各种方案进行分析比较，这个步骤要充分运用决策技术和可行性分析等方法，建立数学模型，通过定量化比较分析，将各个方案的利弊充分表达出来。

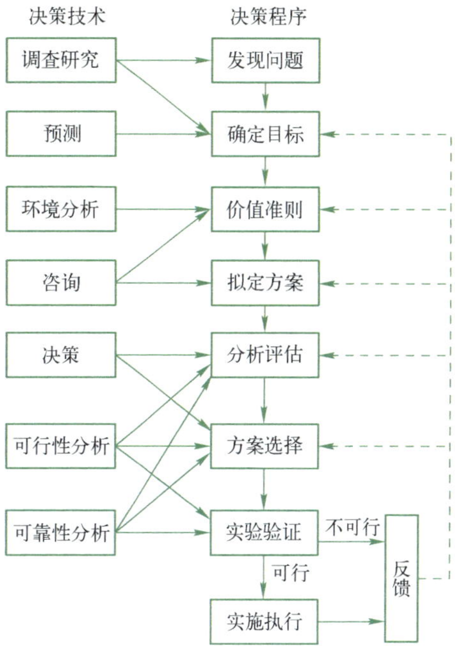

6）方案选择。方案选择即决策者按照个人偏好，权衡利弊，最终从多个方案中选择一个方案，不仅要求决策者具有丰富而扎实的决策理论基础，还需要决策者具有丰富的管理实践经验。决策方案的选择不仅体现了决策者的知识和经验，也体现了决策者性格、胆略和风度，决策者的偏好（风险、中立、保守）会对方案的选择产生较大的影响。

图 3-6 决策步骤

一般来讲，科学的决策过程需要具有以下要素，即可能的决策方案集合 A、影响决策的环境状态集合 S、反映决策效果的决策收益（目标）集合 F、决策准则 R，其中 $F=f(A,S)$，表示不同环境状态下不同决策方案带来的收益。假设运算符 Opt.表示对决策方案进行选优，则一个定量化决策过程 D 可以表达为如下公式：$D = \text{Opt.}_R F = f(A,S)$。

7）实验验证。当决策方案选定后，必须进行实验以验证该方案是否能够达到预期的结果。这种实验要根据决策问题的特点进行，既可以进行实际应用验证，也可通过仿真进行实验验证。

8）实施执行。实施是决策程序的最终阶段，经过实际或仿真验证的决策方案如果是可行的，即可组织实施。在决策实施过程中，可能会由于之前方案设计考虑不周，或者客观情况发生变化，导致实施结果出现偏离目标的情况，需要在实施过程中不断跟踪检查，及时修正决策过程。

2．决策的分类

科学决策的方法和技术可以应用于各个不同的领域和部门的各类问题。由于不同问题的决策具有不同的特点，可以从不同的角度对决策问题进行分类。

（1）按决策的作用范围分类

1）战略决策。战略决策是为了组织全局长期的发展所进行的大政方针的决策，它主要是为了适应外部环境的变化所采取的对策，其特点一般表现为：关系组织全局的重大问题；实施时间较长，对组织起着比较长远的指导作用；风险性较大，多由组织高层管理者负责制定。

2）管理决策。管理决策又称为战术决策或策略决策，是为了实现战略目标而做出的带有局部性的具体决策，它直接关系着为实现战略决策所需要的资源的合理组织和利用。

3）业务决策。业务决策也称日常管理决策，是组织为了解决日常工作和业务活动中的问题而做的决策。它是针对短期目标，考虑当前条件做出的决定，大部分属于影响范围较小的常规性、技术性的决策，直接关系到组织的生产经营效率和工作效率的提高，所以它往往和作业控制结合起来进行。

（2）按决策时间长短分类

1）中长期决策。中长期决策是指在较长时间内，一般是 3～5 年或更长时间才能实现的决策，它多属于战略决策，需要一定数量的投资，具有实现时间长和风险较大的特点。

2）短期决策。短期决策是指在短时间内，一般是一年以内实现的决策，它多属于战术决策或业务决策，具有投资少和时间短的特点。

（3）按决策者的层次分类　按决策者的层次分类情况如图 3-7 所示。

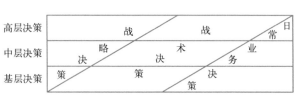

图 3-7　不同层次的决策

1）高层决策。高层决策是指由组织高层管理者所做的决策，它要解决的是组织全局性的、与外界环境相关的重大问题，大部分属于战略决策、战术决策，极少数属于日常业务决策。

2）中层决策。中层决策是指由组织内中层管理人员所进行的决策，它所涉及的问题多属于安排组织一定时期的生产经营任务，或者是为了解决一些重要问题而采取必要措施的决策，一般属于战术决策，一部分属于业务决策，个别情况下也参与战略决策的制定。

3）基层决策。基层决策是指组织内基层管理人员所进行的决策，它要解决的是作业任务中的问题，主要包括两方面的内容：一是经常性的作业安排，二是生产经营活动中偶然要解决的问题。这类决策问题技术性强，要求及时解决，不能拖延时间。

（4）按决策问题的不同性质或决策的重复程度分类

1）程序化决策（Programmed Decision Making）。程序化决策又叫规范性决策或重复性决策，是指对常规的、经常重复发生的问题进行决策。这种决策多属于业务决策，由于这类决策问题是重复出现的，涉及一些例行活动，因而可以规定出一定的程序，建立决策模式，按规定的程序、方法和标准进行处理，可以采用计算机处理。程序化决策是管理人员按照上级制定的规章进行的决策，相对简单，一般在基层工作中最为常见。

2）非程序化决策（Nonprogrammed Decision Making）。非程序化决策通常为一次性决策，是指对不经常重复发生的业务工作和管理工作所做的决策。这种决策不是经常反复进行的，多为偶然发生或首次出现而又非常重要的问题，缺乏准确可靠的统计数据和资料，没有先例，无章可循，由于解决这类问题的可参考资料不足，很大程度上依赖于决策者的知识、经验、洞察力和逻辑思维。一般说来，高层管理者所做的决策多属于非程序化决策。

（5）按决策问题所处的条件分类

1）确定型决策。确定型决策是指各方案实施后只有一种自然状态的决策。在这类决策中，各种可供选择的方案的条件都是已知和确定的，而且各种方案未来的预期结果也是非常明确的，只要比较各个不同方案的结果，就可以选择出满意的方案。

2）风险型决策。风险型决策的各种备选方案都存在着两种以上的自然状态，不能肯定哪种自然状态会发生，但可以测定各种自然状态发生的概率。对于这种决策，决策者无法准确判断未来的情况，无论选择哪个方案都有一定的风险。

3）不确定型决策。不确定型决策是指各种方案都存在两种以上可能出现的自然状态，而且不能确定每种自然状态出现的概率的决策。在这种决策中，存在着许多不可控的因素，决策者不能确定每个方案的执行后果，需要凭个人的经验估计进行决策。

（6）按决策目标分类　可以分为单目标决策和多目标决策两种决策问题。单目标指决策所要达到的目标只有一个，而多目标则要求决策达到两个或两个以上的目标，且这些目标是相互联系又相互制约的。多目标决策有时可以通过目标加权的方式转换为单目标决策，更多时则需要采用特定的多目标决策方法进行处理，同时考虑和权衡多个目标的达成。

除此之外，按不同的标准，决策还有其他分类方法。例如按决策的依据，可分为经验决策和科学决策；按决策的主体，可分为群决策和个体决策。

3. 决策的作用

正如西蒙所言：管理就是决策，决策在管理活动中具有十分重要的地位和作用。

首先，决策是管理工作的核心，一切管理工作都是围绕管理目标进行的，而目标的选取需要依靠决策。没有决策，就没有管理目标。

其次，决策贯穿于管理的全过程，计划工作的每一个环节都涉及决策，如目标的确立、预测和分析方法的选取、行动方案的选择等都离不开决策，同时，组织、领导、控制等管理职能的发挥也离不开决策，如组织结构形式、领导方式的选取以及如何控制等，都需要通过决策来解决，决策渗透于管理的每个职能之中。

最后，决策关系到组织的生存和发展，是衡量管理水平高低的重要标志。决策规定了组织在未来一定时期内的活动方向和活动方式，它提供了组织中各种资源配置的依据，因而在组织活动尚未开始之前决策就已经在一定程度上决定了组织的活动效率。组织行动的成败得失与决策是否正确密切相关，一项成功的重大决策可能会使组织转败为胜，而一项错误的决策也可能使组织陷入困境。决策的正确性、合理性对组织的生存和发展是至关重要的。

3.4 信息系统

信息系统是以信息加工为目标的一类系统，具有信息采集与输入、信息输出、信息处理、信息存储、信息传播以及信息管理等功能。信息系统是一种人造系统，可以由自动化和（或）人工的方式来实现。

（1）信息采集与输入　信息系统的第一个任务是采集信息并将其输入到系统内，采集的手段可以是自动的，也可以是人工的。信息经采集后通过信息系统的输入接口进入，采集的信息一般作为信息系统的初始信息。

（2）信息输出　信息经信息系统加工后输出，信息输出经信息系统的输出接口输出，是信息加工的最后阶段。系统输出可以有多种方式和多种形式，既可以通过输出设备，也可以通过网络输出，其输出形式可以是文字、图表及图像和声音等。

（3）信息处理　信息处理是信息加工的核心部分，负责对信息进行转换和处埋，包括排序、分类、归并、统计以及计算、推理、分析等操作过程。

（4）信息存储　信息系统中的信息，包括初始信息、中间信息以及最终结果信息都需要进行存储，信息的存储包括长期存储和短期存储。

（5）信息传播　在信息系统内部，信息是可以流动的，这种流动称为信息传播。信息传播除包括系统组分之间和组分内部流动，还包括系统与环境和外部系统的信息流动。

（6）信息管理　信息系统内部的信息需要进行控制和管理，包括信息存取、信息输入/输出的效率，以及信息的完整性、准确性、一致性和安全性等方面。

3.5 信息物理系统

3.5.1 CPS 的概念

信息物理系统（Cyber-Physical System，CPS）是一个综合计算、网络和物理环境的多维复杂系统，通过 3C（Computing，Communication，Control）技术的有机融合与深度协作，实现大型工程系统的实时感知、动态控制和信息服务，如图 3-8 所示。CPS 实现了计算、通信与物理系统的一体化设计，可使系统更加可靠、高效、实时协同，具有重要而广泛的应用前景。CPS 通过人机交互接口实现和物理进程的交互，使用网络化空间能够以远程的、可靠的、实时的、安全的、协作的方式操控一个物理实体。

上述 CPS 的标准定义，并不能让大家清晰理解该系统。其实，CPS 概念最早由美国国家基金委员会在 2006 年提出，被认为有望成为继计算机、互联网之后世界信息技术的第三次浪潮。当初，CPS 主要是指 3C 的融合。

按现在普遍的观点，CPS 是由信息（Cyber）世界和物理（Physical）世界实体组成的系统。CPS 概念是从 20 世纪 80 年代的嵌入式系统演变而来，经历 1990 年的泛在计算、1994 年的普适计算、2000 年的环境智能，直到 2006 年才发展为 CPS，如图 3-9 所示。

图 3-8　3C 技术图例

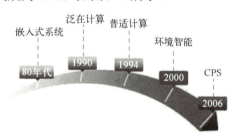

图 3-9　信息物理系统历史演变

在制造领域，信息世界是指工业软件和管理软件、工业设计、互联网和移动互联网等；物理世界是指能源环境、人、工作环境、工厂以及机器设备、原料与产品等。这两者一个属于实体世界，一个属于虚拟世界；一个属于物理世界，一个属于数字世界，将两者实现一一对应和相互映射的是物联网，因其是物联网在工业中的应用，人们又称之为工业物联网，如图 3-10 所示。人们通常又将其等同于美国提出的工业互联网。

2005 年 5 月，美国国会要求美国科学院评估美国的技术竞争力，提出维持和提高这种竞争力的建议。基于此项研究的报告《站在风暴之上》随后发布。在此基础上于 2006 年 2 月发布的《美国竞争力计划》则将 CPS 列为重要的研究项目。2007 年 7 月，美国总统科学技术顾问委员会（PCAST）在题为《挑战下的领先——竞争世界中的信息技术研发》的报告中列出了关键的信息技术，其中 CPS 位列首位，其余分别是软件、数据、数据存储与数据流，网络，高端计算，网络与信息安全，人机界面，NIT 与

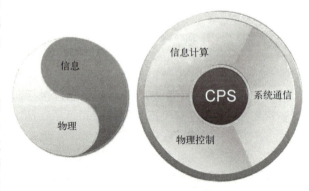

图 3-10　CPS 的工业物联网解读

社会科学。欧盟从 2007—2013 年在嵌入智能与系统的先进研究与技术（ARTMEIS）上投入 54 亿欧元，在 2016 年成为智能电子系统的世界领袖。

《信息物理系统白皮书（2017）》（以下简称 CPS 白皮书）给出对 CPS 的定义，即 CPS 通过集成先进的感知、计算、通信、控制等信息技术和自动控制技术，构建了物理空间与信息空间中人、机、物、环境、信息等要素相互映射、适时交互、高效协同的复杂系统，实现系统内资源配置和运行的按需响应、快速迭代、动态优化。

CPS 的意义在于将物理设备联网，是连接到互联网上，让物理设备具有计算、通信、精确控制、远程协调和自治等五大功能。CPS 本质上是一个具有控制属性的网络，但它又有别于现有的控制系统。CPS 把通信放在与计算和控制同等地位上，因为 CPS 强调的分布式应用系统中物理设备之间的协调是离不开通信的。CPS 对网络内部设备的远程协调能力、自治能力、控制对象的种类和数量，特别是网络规模上远远超过现有的工控网络。美国国家科学基金会（National Science Foundation，NSF）认为，CPS 将让整个世界互联起来。如同互联网改变了人与人的互动一样，CPS 将会改变人们与物理世界的互动。

3.5.2 CPS 的本质

CPS 是典型的开放智能系统，理解 CPS 的特征不能从单一方面、单一层次来看，要结合 CPS 的层次分析，在不同的层次上呈现出不同的特征。CPS 作为支撑两化深度融合的一套综合技术体系，构建了一个能够联通物理空间与信息空间，驱动数据在其中自动流动，实现对资源优化配置的智能系统。这套系统的灵魂是数据，在系统的有机运行过程中，通过数据自动流动对物理空间中的物理实体逐渐"赋能"，实现对特定目标资源优化。CPS 发展的较高层次应具有开放智能系统的 5 个基本特征：状态感知、实时分析、自主决策、精准执行和学习提升，即"20 字箴言"。

CPS 通过软/硬件配合，可以完成物理实体与环境、物理实体之间（包括设备、人等）的感知、分析、决策和执行。设备将在统一的接口协议或者接口转化标准下连接，形成具有通信、精确控制、远程协调能力的系统。通过实时感知分析数据信息，并将分析结果固化为知识、规则保存到知识库、规则库中。知识库和规则库中的内容，一方面帮助企业建立精准、全面的生产图景，企业根据所呈现的信息可以在最短时间内掌握生产现场的变化，做出准确判断和快速应对，在出现问题时得到快速合理的解决；另一方面也可以在一定的规则约束下，将知识库和规则库中的内容分析转化为信息，通过设备网络进行自主控制，实现资源的合理优化配置与协同制造。

CPS 将企业无处不在的传感器、智能硬件、控制系统、计算设施、信息终端、生产装置通过不同的设备接入方式（例如串口通信、以太网通信、总线模式等）连接成一个智能系统，构建形成设备网络平台或云平台，在不同的布局和组织方式下，企业、人、设备、服务之间能够互联互通，具备了广泛的自组织能力、状态采集和感知能力，数据和信息能够通畅流转，同时也具备了对设备实时监控和模拟仿真能力，通过数据的集成、共享和协同，实现对工序设备的实时优化控制和配置，使各种组成单元能够根据工作任务需要自行集结成一种超柔性组织结构，并最优和最大限度地开发、整合和利用各类信息资源。

CPS 是实现制造业企业中物理空间与信息空间联通的重要手段和有效途径。在生产管理过程中通过集成工业软件、构建工业云平台对生产过程的数据进行管理，实现生产管理人员、设备之间无缝信息通信，将车间人员、设备等运行移动、现场管理等行为转换为实时数据信息，对这些信息进行实时处理分析，实现对生产制造环节的智能决策，并根据决策信息和领导层意志及时调整制造过程，进一步打通从上游到下游的整个供应链，从资源管理、生产计划与调度来对整个生产制造进行管理、控制以及科学决策，使整个生产环节的资源处于有序可控的状态。

CPS 的数据驱动和异构集成特点为应对生产现场的快速变化提供了可能，而柔性制造的要求就是能够根据快速变化的需求变更生产，因此，CPS 契合了柔性制造的要求，为企业柔性制造提供了很好的实施方案。CPS 对整个制造过程进行数据采集并存储，对各种加工程序和参数配置进行监控，为相关的生产人员和管理人员提供可视化的管理指导，方便设备、人员的快速调整，提高了整个制造过程的柔性。同时，CPS 结合 CAX（Computer Aided Technology 的简称。其中 X 代表任意技术，包括 CAD、CAM、CAE、CAPP 等）、MES、自动控制、云计算、数控机床、工业机器人、射频识别（Radio Frequency Identification，RFID）等先进技术或设备，实现整个智能工厂信息的整合和业务协同，为企业的柔性制造提供了技术支撑。

3.5.3 CPS 的层级

CPS 白皮书指出：CPS 具有层次性，一个智能部件、一台智能设备、一条智能产线、一个智能工厂都可能成为一个 CPS。同时 CPS 还具有系统性，一个工厂可能涵盖多条产线，一条产线也会由多台设备组成。因此，对 CPS 的研究要明确其层次，定义出一个 CPS 的最小单元结构。

CPS 白皮书尝试给出了 CPS 最小单元结构，从最简单的 CPS 入手，对其基础特征进行分析，逐渐扩展过渡到 CPS 的高级形态。在这一逐渐递增的过程中，CPS 应逐渐需要相关技术实现相关功能，同时表现出更高级的特征。可见，CPS 的层级增长是一个不断扩容和赋能的过程。

关于 CPS 层级，白皮书给出了 3 个基本概念，并将 CPS 划分为单元级、系统级、系统之系统级（System of System，SoS）3 个层次。单元级 CPS 可以通过组合与集成（如 CPS 总线）构成更高层次的 CPS，即系统级 CPS；系统级 CPS 可以通过工业云、工业大数据等平台构成 SoS 级的 CPS，实现企业级层面的数字化运营。

然而，CPS 体的层次向外可以不断包容新的对象、新的内容，向内则可不断细分，因此准确的定义层次是不现实的，按照需求将复杂系统进行合适分层则是可行的。比如从炼钢过程来分析，一台钢包车（运送钢水的设备）是个智能设备 CPS 单元，其作为运输工具可以是精炼炉（系统级 CPS）的一个必要组成设备，而精炼炉又可以和电弧炉、连铸等上下游设备构成更大的 CPS（SoS 级），当然还可以进一步扩展。但从钢包车本身来说，其又是由较多设备组成的，如电动机、制动器、机械传动部件等，电动机可以被认为是带有控制、故障诊断、优化等功能的更小一级的 CPS 单元。进一步讲，电动机供电线路上的一个断路器也可以是具有智能功能的 CPS 单元，因此 CPS 层次划分应该具有灵活性、实用性和简洁性。

思 考 题

1）阐述对信息概念和性质的理解。
2）举例说明信息的处理过程和信息的作用。
3）阐述对系统概念和性质的理解。
4）举例说明一个系统并分析其构成和特点。
5）选择一个熟悉的控制系统并简述其控制过程。
6）阐述对管理的理解。
7）选择熟悉的决策事例，确定其决策类型并简述决策流程。
8）简述信息物理系统的构成和特点。

第 4 章 企业信息化系统的体系结构与功能

4.1 企业信息化系统及其演进

1946 年 2 月，世界上第一台电子计算机 ENIAC 诞生于美国。计算机的出现具有划时代的历史意义，标志着人类的计算工具进入了电子时代。总体上，计算机应用经历了数值计算和信息处理两个阶段，早期的计算机主要用于数学计算，随着科学技术的发展，计算机已经发展成为综合处理数字、符号、文字、语音、图像等信息的多功能处理系统，目前正向知识处理阶段发展。从应用系统角度看，计算机应用经历了管理信息系统和计算机集成制造系统两个阶段，目前正在向智能制造系统阶段发展。

4.1.1 早期企业信息化系统

1. 管理信息系统

随着计算机技术和管理科学的发展，计算机开始逐渐应用于企业管理之中。最早应用于企业管理中的计算机系统只能处理一些企业管理过程中的单项业务数据，称为电子数据处理系统（Electrical Data Process System，EDPS）。第一个 EDPS 出现于 1954 年，用于处理工资数据。此后，在操作系统、数据库管理系统、计算机网络、高级编程语言发展的基础上，单项业务数据处理系统开始向综合业务管理方向发展，20 世纪 50 年代末 60 年代初，出现了管理信息系统（MIS）的初级形态。

管理信息系统一词最早出现于 1970 年，由瓦尔特·肯尼万（Walter T. Kennevan）给它下了一个定义："以书面或口头形式，在合适的时间向经理、职员以及外界人员提供过去的、现在的以及未来的有关企业内部及其环境的信息，以帮助他们进行决策。"这个定义是从管理角度提出的，它强调了信息支持决策，并没有强调一定使用计算机，也没有强调应用数学模型。实际上，如肯尼万的定义所描述的人工信息系统很早就出现了，简单的系统如古代用烽火传递信息，复杂的系统如古代郡县体制中，官员之间的逐级奏报和高层官员向皇帝进行口头或书面的奏报。因此，这一定义描述的管理信息系统还停留在比较初级的阶段。1985 年管理信息系统的创始人，明尼苏达大学的高登·戴维斯（Gordon B. Davis）教授给出了较完整的管理信息系统的定义："它是利用计算机硬件和软件，手工作业，分析、计划、控制和决策模型，以及数据库的用户——机器系统。管理信息系统能提供信息，支持企业或组织的运行、管理和决策的功能。"这个定义说明了管理信息系统的目标、功能和组成，反映了当时的管理信息系统的技术水平。随着管理信息系统应用的深入，管理信息系统的环境、目标、功能和内涵都在不断发生变化。下面引用薛华成主编的《管理信息系统》一书对管理信息系统的定义："管理信息系统是一个以人为主导，利用计算机硬件、软件、网络通信设备以及其他办公设备，进行信息的收集、传输、加工、存储、更新和维护，以企业战略竞优、提高效益和效率为目的，支持企业高层决策、中层控制、基层运作的集成化人机系统。"

根据管理信息系统的定义，可以给出其概念结构，如图4-1所示。

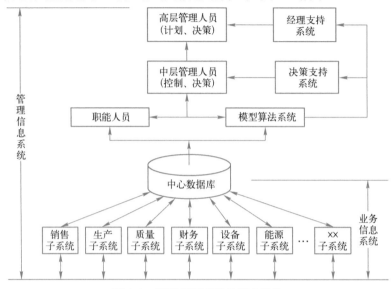

图4-1 管理信息系统的概念结构

由图4-1可以看出，管理信息系统是一个人机集成的一体化系统，其中机器部分包括硬件和软件，硬件由计算机、网络和通信设备、各种办公设备等构成；软件由操作系统、数据库管理系统、模型算法系统、各种业务信息系统、决策支持系统等组成；其中人的部分由高层管理决策人员（计划、决策）、中层管理人员（控制、决策）、职能人员和基层业务人员组成。管理信息系统从总体出发，全面考虑，保证各种职能部门数据共享，减少数据的冗余，保证数据的一致性和完整性，在数据共享的基础上，应用数学模型和相应算法对数据进行分析，辅助各管理层次的各种职能进行决策。

2. 决策支持系统

企业经营生产过程涉及销售、生产、质量、设备、能源、供应、人力等多种业务，其中一部分管理决策问题可以进行清晰定量化描述，采用数学模型和相应算法进行求解，这一类问题称为结构化决策问题。一般的管理信息系统在实现采集、传输、存储和处理数据信息的基本功能之外，还具有解决结构化决策问题的功能。但是，企业管理过程中还涉及大量具有不确定性和动态特性的问题，很难或不能直接采用数学模型进行刻画和描述，也不能采用某种事先预定的固定算法进行求解，根据问题的不确定程度和难度，这类问题称为半结构化或非结构化决策问题。结构化、半结构化和非结构问题的特点见表4-1。

表4-1 结构化、半结构化和非结构问题的特点

	结构化	半结构化、非结构化
识别程度	问题是确定的，能定量化表示	问题是不完全或不确定的，难以定量化表示
复杂程度	问题较简单直接	问题具有随机性、动态性、非重现性
模型难易	一般具有通用的数学模型	需开发研究特定的模型和方法

(续)

	结构化	半结构化、非结构化
决策数据	主要来源于系统内部或决策者内部	部分数据来自于系统外部，难以搜集
决策方式	能大部分或全部实现决策自动化	不能实现决策自动化，需采用人机交互和启发式解决
应用举例	库存管理、工资计算、设备折旧计算等	新产品销售预测、产品的成本控制、质量分析、投资效益预测和分析等

为了解决企业经营生产中的半结构化和非结构化管理决策问题，一种建立在管理信息系统基础之上的新型应用软件系统——决策支持系统（DSS）应运而生。

DSS 是以计算机为基础，辅助决策者利用数据和模型解决半结构化或非结构化问题的人机交互式的信息系统。它是建立在管理信息系统基础之上，根据管理者对某个半结构化或非结构化问题决策的需要，收集相关数据，确定模型和方法，通过定量计算和定性分析，采用人机对话方式，为管理决策人员提供一个分析问题、建立模型、模拟决策过程及生成决策方案的计算机信息系统。一般来讲，企业管理中的事务性工作，如仓库管理、工资管理等都属于结构化的管理问题；而对某个项目的投资效益分析、产品销售预测等则属于半结构化和非结构化管理问题，解决这类问题只依靠计算机是不行的，需要管理决策人员的经验、知识和判断力。所以，DSS 需要采用人机对话的方式，辅助管理人员决策，而不是代替管理人员决策。

DSS 是管理信息系统不断发展的产物，所以多数人认为管理信息系统中应该包含 DSS 的功能，当然也有人认为管理信息系统是 DSS 的组成部分。实际上这两者的界限并不是十分明显的，尽管在解决管理决策问题的性质上有所差别，但基础都是收集和存储信息，DSS 经过反复使用，不断完善，所建立的半结构化问题的数据、模型和方法，可以逐步近似为结构化，使之成为管理信息系统的工作模式和工作范围。

DSS 一般由数据库及其管理系统（Data Base Management System，DBMS）、模型库及其管理系统（Model Base Management System，MBMS）、方法库及其管理系统（Method Base Management System，MEBMS）和人机接口系统（Dialogue Generation Management System，DGMS）构成。这种由数据库、模型库和方法库组成的 DSS，称为 DSS 的三库结构。1985 年 R. Kbelew 在三库结构的基础上，增加了知识库及其管理系统（Knowledge Base Management System，KBMS），将 DSS 的三库结构扩展为四库结构，称之为智能 DSS。图 4-2 给出了四库结构 DSS 的组成结构框图。

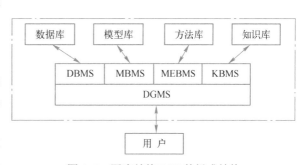

图 4-2 四库结构 DSS 的组成结构

（1）数据库及其管理系统　DSS 的数据库中存储的数据是专为决策所用的数据，并不是管理信息系统中的中心数据库，通常将其从 MIS 的中心数据库中独立出来，存储组成一个相对较小的专用数据库供决策使用。数据库管理系统（DBMS）负责管理和维护 DSS 所需的各类数据，实现与模型库、方法库、知识库及人机接口的联接，使 DSS 结构中的各个部件能方便有效地调用各种数据，完成各种数据操作和分析计算工作。

（2）模型库及其管理系统　模型库是用来存储辅助决策所需要的各种模型，如线性规划模型、整数规划模型、非线性规划模型、网络模型、表格模型、曲线模型、投入产出模型等。在计算机中存储模型常用两种方式：一是将一个模型作为一个子程序，这样模型库实际上就成了程序库；二是将模型的结构形式表达为数据库结构，使得模型库和数据库能用统一的方法进行管理，便于模型的修改和更新。模型库管理系统（MBMS）的功能就是实现对模型的增减、维护、修改，以及实现模型库与方法库、知识库、数据库和人机接口的联接。

（3）方法库及其管理系统　方法库是用来存放各种方法的，例如各种预测方法、最优化方法、风险分析方法等。在计算机中，各种方法通常是以子程序的形式存放，这样来看，方法库实质上也是一种程序库。因此，也有人建议将方法库与模型库合二为一，统称为模型库；或将方法模型化、模型数据化，将其与数据库进行统一，这需要新型的数据库系统进行支持。

（4）知识库及其管理系统　知识库用来存放各种规则、专家经验、有关的知识及因果关系等。另外，还需要有一个推理机来模拟决策者的思维推理过程。决策者通过人机交互系统提出决策问题，由推理机利用知识库中的各种规则和知识进行推理运算，得到结果，再通过人机接口反馈给决策者，如此往复，最终得到决策问题的结果。

（5）人机接口系统　人机接口用来联系决策者和 DSS，一方面用户可通过其提交问题，输入指令；另一方面可以输出中间或最终结果，这种输出可以有多种形式，既可以是数据或图形，也可以是文字或报告。同时，人机接口还要协调和管理数据库、模型库、方法库和知识库的运行，保证各部件之间高效协调工作。人机接口除键盘、屏幕等输入/输出硬件设备外，其软件部分一般包括人机界面/对话模块、解释器模块、协调器模块等。

3. 物料需求计划

最初的企业信息化系统通常是根据企业的管理流程量身定做，着重点是将人工管理的作业方式转变为自动化作业方式，构建的信息化系统并未强调整体管理思想和理念的支持。随着计算机在企业管理中的深入应用，管理科学与运筹学的思想方法也开始应用于企业信息系统之中，形成了围绕某种核心管理理念和方法的企业管理信息系统。

生产是制造企业最重要的功能，企业管理的核心就是如何进行生产管理，即如何合理有效地制定产品的生产计划。生产计划是安排各种产品的生产数量和生产时间，它涉及产品的订货量、库存量、生产量，以及根据产品构成确定所需的各种物资的数量，即考虑物资的库存和采购，是一个综合性决策问题。为保证产品生产和销售，需要列入生产计划的一切不可缺少的物资称为物料，它不仅是通常理解的原材料或零件，还包括配套件、毛坯、在制品、半成品、成品、包装材料、产品说明书，甚至工装工具、能源等。

20 世纪 60 年代初，一种为制定生产计划而确定库存和订货的计算机化方法——物料需求计划（Material Requirement Planning，MRP）在美国出现。MRP 是在产品结构（构成）的基础上，根据产品结构各层次物料的从属和数量关系，以每个物料为计划对象，以完工日期为时间基准倒排计划，按提前期长短区别各个物料下达的时间顺序，即在需用时刻所有物料都能配套备齐，而在不需用的时刻又不积压，达到减少库存量和占用资金的目的。这是生产与库存管理的最基本要求，也就是说，既要保证生产又要控制库存，保证生产是为了满足市场需求，控制库存是为了降低成本。MRP 不仅说明了供需之间品种和数量的关系，也说明了供需之间的时间关系。同时 MRP 不仅说明了需用时间，还要根据提前期说明下达计划（采购）的时间。MRP 的逻辑结构如图 4-3 所示。

MRP 的主要功能是回答以下问题：采购或制造什么？采购或制造多少？何时开始采购或制造？何时完成采购或制造？这些是任何制造企业都必须回答的问题，因此问题具有普遍性。MRP 的处理流程如图 4-4 所示。

第4章　企业信息化系统的体系结构与功能

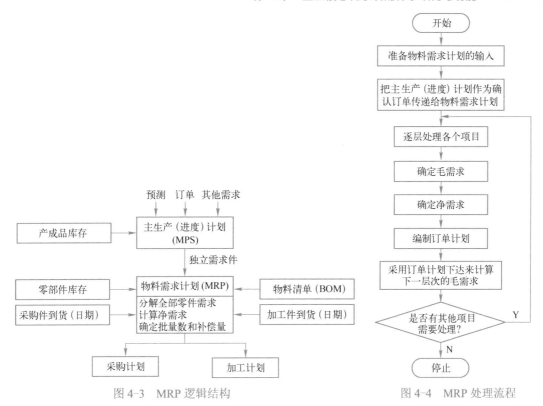

图 4-3　MRP 逻辑结构　　　　　　图 4-4　MRP 处理流程

MRP 的输入信息包括 4 个方面，即主生产（进度）计划、物料清单、独立需求和库存信息。主生产（进度）计划表示了一个企业在一个时期内（计划展望期内）计划生产的产品名称、数量和日期。物料清单说明了产品是由什么组成的，各需要多少，即为装配或生产一种产品所需要的零部件、配料或原材料清单。当物料清单中的某一个项目需求不能直接从另一个项目的需求计划得到，这样的需求称为独立需求。库存信息主要包括物料清单中的每一项的现有库存、计划入库量、已分配量、采购提前期、安全库存等。

根据图 4-4 的 MRP 处理流程，针对每一个项目进行处理时，遵循以下公式和规则：

1）项目毛需求=项目独立需求+父项的相关需求。
2）预计库存量=前期库存+计划接收量-毛需求-已分配量。
3）净需求=安全库存-预计库存（当预计库存<0 时生产）。
4）利用批量规则确定订单数量。
5）利用提前期确定订单下达日期。
6）利用计划订单数量计算同一周期内更低一层相关项目的毛需求。

以一个简单例子说明 MRP 的处理过程。编制产品 A 的物料需求计划，产品 A 的结构和物料清单如图 4-5 所示，MRP 计划的输入信息见表 4-2。按照 MRP 计算规则，得到 MRP 处理过程见表 4-3。

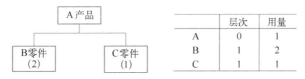

图 4-5　产品 A 的结构和物料清单

表 4-2 MRP 输入信息

周期	1	2	3	4	5	6	7	8
主生产（进度）计划								
项目 A	10	10	10	10	10	10	10	10
独立需求								
项目 C	5	5	5	5	5	5	5	5
库存信息								
B 计划收到				40				
C 计划收到			30					

现有库存	安全库存	已分配量	提前期	订货批量
B 65	5	0	2 周期	固定批量：40
C 43	6	0	3 周期	固定批量：30

表 4-3 MRP 处理过程

周期	1	2	3	4	5	6	7	8
项目 A								
毛需求								
计划入库								
预计库存								
净需求								
计划订单入库								
计划订单下达	10	10	10	10	10	10	10	10
项目 B（每个 A 需要 2 个 B）								
毛需求	20	20	20	20	20	20	20	20
计划入库				40				
预计库存:65	45	25	5	25	5	-15	5	-15
净需求	0	0	0	0	0	20	0	20
计划订单入库						40		40
计划订单下达				40		40		
项目 C（每个 A 需要 1 个 C+独立需求 5 个 C=15）								
毛需求	15	15	15	15	15	15	15	15
计划入库			30					
预计库存:43	28	13	28	13	28	13	-2	13
净需求	0	0	0	0	0	0	8	0
计划订单入库				30			30	
计划订单下达	30			30				

4. 闭环 MRP 和 MRP Ⅱ

MRP 系统要能正常运行，首先需要有一个相对稳定、现实可行的主生产计划。但是，企业内部和外部的各种因素都处于不断变化之中，人们无法预测也无法阻止，只能及时调整计划，以适应各种变化的情况。MRP 在应对企业内部和外部因素变化方面存在以下缺陷：

1）MRP 的前提条件是资源无限，即在资源无限条件下做物料需求计划，而实际上企业的生产资源是有限的，因此 MRP 做出的物料需求计划不一定与企业的生产能力相匹配。

2）MRP 的另一个前提条件是采购提前期已定，而实际上提前期受到很多因素影响，是很难准确确定的。

3）MRP 做出的物料需求计划是零件级别的期量计划，并不是车间的作业计划，而实际生产是依据车间作业计划实施的，就是说只有经车间检验过的计划才具有可行性。

4）MRP 只是反映了生产、库存和采购之间的关系，没有覆盖企业的全部生产经营活动。

基于上述 MRP 的缺陷，在 MRP 的基础上增加了能力计划和执行计划的功能，进一步发展成为闭环 MRP。这里的闭环主要指信息的闭环和管理运作的闭环。闭环 MRP 的逻辑流程如图 4-6 所示。

MRP 生成的需求计划，只是一种建议性计划，是否有可能实现还不能确定。需求计划必须与能力计划结合起来，经反复运算，平衡后才可能执行。20 世纪 70 年代能力管理的概念被提出，即根据对所有物料的需求，计算各时段每个能力单元（工作中心）的能力需求，做出能力计划。能力计划并不是用已有的能力去限制需求，而是对能力进行规划和调整，使之尽可能地满足物料需求，也就是满足订单的需求。此外，能力管理也包括在各个时间段内合理搭配组合各个产品品种的产量，提高设备和设施的利用率。

能力管理包括对能力的计划和控制两个方面。计划阶段不同，能力计划的详尽程度也不相同。例如在

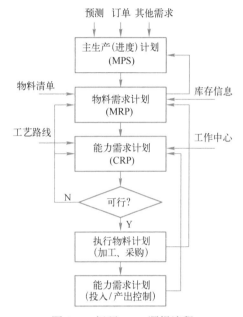

图 4-6 闭环 MRP 逻辑流程

远期产品规划阶段，可运用资源需求计划（Resource Requirement Planning，RRP）对企业能力、资金等做出规划。在中短期的主生产计划（Master Production Schedule，MPS）阶段，运用粗能力计划（Rough-Cut Capacity Planning，RCCP）对关键工作中心进行负荷——能力平衡，闭环 MRP 阶段运用能力需求计划（Capacity Requirement Planning，CRP）对全部工作中心进行负荷——能力平衡。闭环 MRP 把需求与供给结合起来，体现了一个完整的计划与控制系统，使计划的稳定性、灵活性和适应性得到了统一。

闭环 MRP 虽然是一个比较完整的计划与控制系统，但它还没完全阐明执行计划后给企业带来什么效益，这些效益是否实现了企业的目标。20 世纪 70 年代末期，在闭环 MRP 施行近 10 年后，由于企业管理工作的需要，提出了对闭环 MRP 进行功能扩展的需求。要求系统在处理物料计划信息的同时，同步处理财务信息。也就是说，把产品的销售计划用金额表示以说明销售收入；对物料赋予货币属性以计算成本并方便报价；用金额表示库存量和采购、外协等以反映资金占用和编制预算等。总之，要求财务系统能同步地从生产系统获得资金信息，随时控制和指导经营生产活动，使之符合企业的整体目标。为此，在闭环 MRP 的基础上，一方面将反映企业远期经营目标的经营规划（Business Planning，BP）和反映当前企业运行情况的销售收入和产品销售的标准操作规程（Sales and Operations Planning，SOP）纳入系统，另一方面将对产品成本的计划与控制纳入系统，这样既能明确企业宏观规划的目标和可行性，同时又能对照企业的总目标，检查计划的执行效果。闭环 MRP 的物料和能力控制与资金流动结合起来，形成了一个完整的经营生产管理信息系统。这个系统称为制造资源计

划系统（Manufacturing Resource Planning），为区别以前的 MRP，称之为 MRPⅡ。

MRPⅡ的逻辑流程如图 4-7 所示。流程图的右侧部分是企业管理中的计划与控制过程，包括了战略决策层、计划层和控制执行层，是企业经营生产计划管理的流程；中间部分是业务数据，这些数据是信息的集成，把企业各部门的业务沟通起来，存储在管理信息系统的数据库中，供各部门共享使用；左侧部分是简化的财务管理过程，体现了财务管理的核心作用；流程图中的有向线段表示了信息的流向和相互之间的集成关系。流程图上的"业绩评价"指的是对实施 MRPⅡ的效果进行评价，以便进一步改进和提高。MRPⅡ的闭环系统所遵循的基本思想与美国著名质量管理学家戴明（W. Edwards Deming）教授倡导的戴明环（Deming Circle）——PDCA 的思想是一致的，即计划（Plan）——执行（Do）——检查（Check）——处理（Act）。

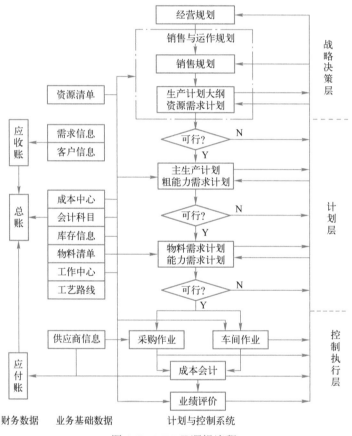

图 4-7 MRPⅡ逻辑流程

MRPⅡ中涉及了多种制造资源，不仅包括了传统的人力、物资、设备、能源、资金，还包括了空间和时间。各种资源在 MRPⅡ系统中以信息的形式表现，通过信息的传递、处理和集成对各种资源进行有效的计划与合理的使用，实现提高企业的竞争力，达成企业目标的目的。MRPⅡ具有以下特点：

1）计划的一贯性和可行性。MRPⅡ是一种以计划为主导的管理模式，始终保持与企业经营战略目标的一致性。MRPⅡ强调统一的计划，由计划和物料管理部门统一编制计划，计划层次从战略到战术，由粗到细逐层细化，车间和班组负责执行计划和控制计划的实施，并反馈信息。每层计划下达前都必须进行需求与供给或负荷与能力的平衡，使下达的计划是可执行的，这样保证了计划的一贯性和可行性。

2）管理的系统性。MRP Ⅱ 将企业中所有与经营生产活动直接相关部门的工作联成一个整体，每个部门的工作都是整个系统的组成部分，其作用不仅在于本部门的工作绩效，更在于对整体系统目标的贡献。

3）数据共享性。MRP Ⅱ 是一种管理信息系统，企业各部门依据统一数据库提供的信息，按照规范化的处理程序进行管理和决策，解决了由于信息不通和不一致所导致的问题。

4）动态应变性。MRP Ⅱ 是一个闭环系统，它要求不断地跟踪、控制和反馈，管理人员可随时根据企业的内部/外部环境和条件的变化，迅速做出响应，修正管理和决策，保证计划的执行。

5）模拟预见性。根据 MRP Ⅱ 系统提供的各种信息，管理决策人员不仅可以制定计划，还可以对未来或未发生的情况进行模拟和预测，进行多种管理和决策方案的比较，为科学合理决策提供支持。

6）物流与资金流的统一。MRP Ⅱ 包括了成本管理和财务会计功能，可以由生产活动生成财务数据，把实物形态的物料流动转换为价值形态的资金流动，保证生产与财务数据的一致性。各级管理人员和财务人员可以利用资金流动信息，及时准确分析企业生产经营状况，参与企业决策，指导和控制企业的经营生产活动。

4.1.2 计算机集成制造系统

生产方式的演变和信息技术的进步是促进制造企业发展的两个基本动因。随着信息科学与技术的发展，信息技术在企业的应用也不断地深化和扩展。20 世纪 70 年代初期，出现了许多有代表性的信息技术应用系统，主要体现在几个方面：在加工设备和产品制造方面，计算机数字控制（CNC）系统、柔性制造系统（FMS）和计算机辅助制造（CAM）系统相继出现；在产品设计和制造工艺设计方面：计算辅助设计（CAD）和计算机辅助工艺计划（CAPP）系统出现并得到应用；在生产经营管理方面，以 MRP Ⅱ 为核心的管理信息系统开始推广使用。

由于制造系统的复杂性和人们认识的局限性，加上各种信息技术出现时间的差异性，在制造业信息化的早期阶段，工厂业务管理的信息化与生产设备的自动化通常被作为两个独立的领域而分别进行开发。由不同部门，针对企业的某些局部特定问题或需求，基于不同观点，建成了一系列单一功能的信息技术应用系统，形成了多个技术孤岛。企业中的多个（多种）信息技术系统相对独立，生产调度、工艺管理、质量管理、设备维护、物料管理、过程控制等系统之间缺乏信息通信和信息共享，难以相互支撑和协作，不能构成有机的整体，所以不能完全体现对企业整体目标的作用；同时由于多个系统分立，还引起了功能重叠、数据矛盾等问题。这些技术孤岛造成了企业中的制造信息在水平方向的阻断，严重地制约了工厂内各种系统间的协调，降低了制造领域信息化的整体作用。

现代的企业信息化系统一方面强调信息技术在制造过程中各个环节的应用，另一方面更加强调将这些局部的应用联接成一个系统，发挥出整体的效用。因此，1974 年美国的约瑟夫·哈灵顿博士提出了计算机集成制造（Computer Integrated Manufacturing，CIM）的概念，将市场分析、产品设计、加工制造、经营管理到售后服务的全部经营生产活动看成一个不可分割的整体，从系统化的角度进行统一考虑。计算机集成制造系统（CIMS）源于前期发展起来的一系列单元信息技术和系统集成技术，通过信息技术与生产技术的综合运用，对经营生产过程进行整体优化，实现企业在时间、成本、质量和服务全方位的提升。

CIMS 通常是由经营管理信息系统（MIS）、产品设计与制造工程设计自动化（CAD/CAE/

CAPP/CAM）系统、制造和仓储自动化系统（Factory Automation&Automated Storage/Retrieval System，FA&AS/RS）、计算机辅助测试/质量保证系统（Computer Aided Test/Quality Assurance System，CAT/QAS）以及计算机网络（NET）和数据库（DB）系统有机集成起来的。一般也可认为 CIMS 是由 MIS、CAD/CAE/CAPP/CAM、FA&AS/RS、CAT/QAS 四个功能分系统和 NET、DB 两个支撑分系统组成。这些功能分系统和支撑分系统之间的逻辑关系如图 4-8 所示。

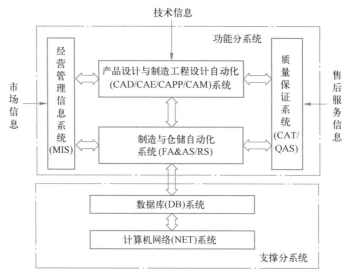

图 4-8　CIMS 逻辑关系

CIMS 以计算机辅助企业管理为核心，通过集成技术和手段将制造过程的各个环节连接成为一个系统，协调各环节运作，使其充分发挥优势，实现企业的整体目标。图 4-9 表示了企业管理的核心作用及其与其他环节的关系，其中 OPT（Optimized Production Technology）为最优生产技术，JIT 为准时制生产，分别是制定生产计划和作业计划时采用的技术方法；BOM（Bill of Material）为物料清单，是制定生产计划的基础数据。

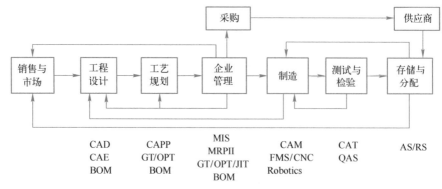

图 4-9　企业管理的核心作用及其与其他环节的关系

由图 4-9 可以看出，企业管理在 CIMS 中的核心位置和作用。进一步细化 CIMS 各部分的构成，可反映出 CMIS 内部的信息流程及其与其他各功能系统的信息接口。CIMS 一般包括以下功能子系统，其简要功能结构如图 4-10 所示。

第 4 章　企业信息化系统的体系结构与功能　67

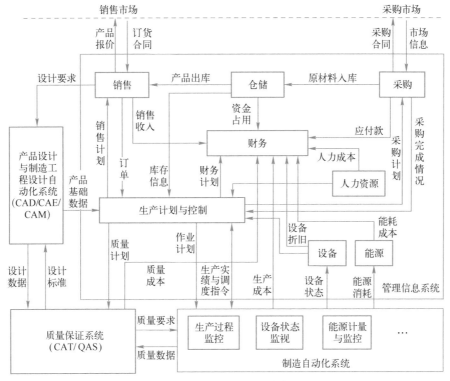

图 4-10　CIMS 功能结构

(1) 经营管理子系统　根据外部市场数据、生产销售历史数据、同行业及其相关行业现状，以及企业内部资源、生产技术数据等确定生产经营目标，对产品需求、生产能力等进行预测，制定企业经营计划和生产计划大纲等。

(2) 销售管理子系统　主要功能包括编制销售计划、销售合同签订及其档案维护、销售统计与分析、销售合同执行监督、客户档案管理、售后服务等。

(3) 生产计划子系统　根据经营计划或生产计划大纲、销售计划、客户订单编制主生产计划，主要包括主生产计划的编制、生产资源计划编制与平衡、主要技术经济指标核算等。

(4) 作业计划子系统　根据主生产计划和设备状况，考虑作业工序和时间约束，进行能力负荷测算与平衡、合理分配生产作业资源，编制各工序（工作中心）的作业计划。

(5) 生产监控子系统　采集生产过程中的各种参数，包括工艺、设备、能源、质量等数据，形成生产实绩报告，监控生产作业计划执行，进行生产作业统计等。

(6) 库存管理子系统　对各种物料包括产成品、原材料、备品备件等进行仓储管理，分析库存占用资金，保证物资供应等，为各级计划提供信息。

(7) 采购管理子系统　根据生产需要，按时、按质、按量组织物资的供应，以最小的物资储备达到最佳供应效果，避免物资积压和短缺。包括供应商信息管理、采购计划编制、采购合同管理、采购合同执行监督等。

(8) 设备管理子系统　对企业内部的各种设备进行档案管理，进行设备维修计划编制，分析设备运行状态等，为各级计划提供依据。

(9) 质量管理子系统　建立质量标准体系，对生产过程中各阶段物料和产品（原材料、外协件、在制品、半成品、成品）的质量进行检验、统计和分析，形成质量分析报告，反馈质量信息。

（10）能源管理子系统　对生产过程中各工序能源消耗情况进行计量、监视、统计和分析，形成能耗分析报告并及时反馈。

（11）财务管理子系统　以价值形式对企业的经营生产活动进行全面、连续、系统地核算，并根据核算结果进行分析，快速准确反映经营生产情况，包括会计账目管理、成本管理、财务管理、固定资产管理等。

（12）人力资源管理子系统　对企业全体职工进行管理，主要包括人事档案管理、薪资管理、教育培训、人力资源管理等。

（13）产品研发设计子系统　对企业科技研发和产品设计过程进行管理，包括产品设计管理、技术标准管理、研发项目管理等。

（14）综合信息子系统　对企业经营生产过程活动中的基础数据进行维护和管理，建立集中、统一、准确的数据库，保证数据的一致性，减少冗余，按不同管理层级和权限实现数据查询，保障数据的安全。

4.1.3　现行企业信息化体系结构

1. 信息化系统架构模型

CIMS 的概念提出以后，在全世界范围内掀起了建设 CIMS 的热潮。由于各企业所处行业、环境和技术水平的不同，同时对 CIMS 内涵的理解也有所差异，导致 CIMS 的开发各有千秋。为了统一认识，1989 年美国普渡大学基于企业的业务逻辑层次，提出了制造企业综合自动化五级架构模型。这一模型也称为普渡企业综合自动化参考架构（Purdue Enterprise Reference Architecture），如图 4-11 所示。

在这个架构模型中，按业务逻辑分层定义的信息系统分别是：

L0——检测与执行，检测和操纵生产过程，如传感器、分析仪、执行器等。

L1——单元控制，对单元/单个生产过程中的某些参数进行监控。

L2——过程控制，对整个生产流程中的主要参数进行监视，并通过数学模型等对生产过程进行优化控制。

L3——区域协调控制，对多个生产流程进行运作调度，使之生产协调、节奏匹配。

L4——经营与生产计划管理，管理与制造业务有关的业务活动。

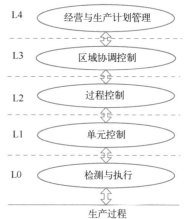

图 4-11　普渡企业综合自动化参考架构

普渡架构（模型）从宏观上将企业的业务活动划分为不同层次，每一层次赋予比较清晰的目标和功能，给出了比较规范的 CIMS 逻辑体系结构，对于企业研发 CIMS 起到了指导性作用。不过在企业推行 CIMS 的过程中也逐渐发现这个架构模型还存在一些不足，需要在研发工作中不断进行改进和拓展，这些不足主要有：

1）企业管理的对象局限于企业内部资源，即以 MRP II 为核心的 CIMS 涉及的主要对象均为企业内部因素，而企业系统处于外部经济环境之中，必须考虑外部资源因素及其约束对企业的影响。因此，供应链管理（Supply Chain Management，SCM）和客户关系管理（Customer Relationship Management，CRM）应当被纳入企业管理的范围。

2）MRP II 的管理作用范围主要处于计划层次，缺乏对作业计划和制造过程的管理与控制的支持,导致了信息断层的出现。企业的业务管理系统无法及时准确地得到生产实绩信息,无法把握生产现场的真实情况;而生产现场人员与设备也得不到切实可行的生产计划与生产指令。信息断层造成了企业经营生产计划信息在垂直方向的阻断,制约了业务管理与制造过程控制的集成。因此,必须将生产计划与生产作业排程结合起来,开发先进的计划与排程(Advanced Planning and Scheduling,APS)系统,同时对生产实绩信息进行高效的反馈与管理。

3)这个架构模型对 CIMS 内涵和功能还缺乏细节的阐释,需要进一步从逻辑上明确企业各种业务活动之间的相互联接和支撑关系。

基于对 CIMS 框架模型存在缺点的认识,对 CIMS 架构模型进行了扩充和改进,形成了现代企业综合自动化体系结构,如图 4-12 所示。

图 4-12 中的基础自动化系统(Basic Automation System,BAS)将原架构模型中的检测与执行(L0)和单元控制(L1)进行集成,实现数据采集、信号处理和参数监测,利用各种控制器,对生产过程中的设备进行直接控制。过程控制系统(Process Control System,PCS)接收基础自动化系统上传的有关生产工艺

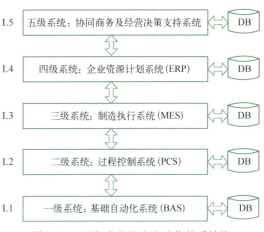

图 4-12　现代企业综合自动化体系结构

和设备状态等信息,利用各种先进控制方法,实现优化控制,使生产过程在最佳状态下运行。

MES 是在 MRPⅡ的基础上,进一步增加了作业和运作计划编制、生产实绩监视等内容,把生产计划、作业计划与生产作业现场控制联系成为一个整体,加强了对计划执行过程的监控。

ERP 系统是在原来以 MRPⅡ为核心的经营生产管理信息系统基础上,进一步增加了供应链管理和客户关系管理等内容,将对企业内部制造资源的管理功能扩展到对企业内部资源和外部资源进行统一管理。

除此之外,新的架构模型还增加了企业间协同商务管理和经营管理决策支持功能,解决企业间的协作和企业经营管理过程中的各类决策问题。

2. 企业资源计划(ERP)系统

ERP 是美国 Gartner 公司于 1990 年提出的 MRPⅡ的下一代信息系统,其核心是进一步通过内部集成和外部集成实现整个企业资源的有效管理。

内部集成就是实现企业内部各种制造资源的集成,主要包括产品研发与设计、企业核心业务和数据 3 方面的集成。通过数据集成将企业的技术数据、业务管理数据和生产数据构成有机整体;通过对企业核心业务活动进行功能集成,使得企业的销售、设计、生产、供应和财务等核心业务活动相互连接,相互支撑,将物料流、信息流和资金流统一起来,形成企业的制造资源。外部集成是指将企业所处的各种环境因素,包括合作伙伴、供应商、代理/分销商、客户等,这些均可作为企业的外部资源纳入企业管理的范围。

ERP 的内部集成和外部集成是以系统的观点看待企业系统内部要素与外部环境要素,将企业内部资源和外部资源进行统一管理,最终实现企业与环境即整个供需链的集成管理。图 4-13 给出了 ERP 系统的概念结构。

从图 4-13 中可以看出,MRPⅡ是 ERP 的核心,它集成了企业内部的各种业务活动,实现了对企业制造资源信息的管理。以企业为核心分别向供应市场和销售市场扩展,可以实现企业

整个供应链的信息管理，其中从企业的制造到销售、销售到分销的管理，构成了企业分销资源计划（Distribution Resource Planning，DRP）管理；从企业的供应、制造与销售到客户的管理构成了客户关系管理（CRM）；从企业的外部供应商到企业内部的供产销活动，再到企业外部的分销与客户的管理形成了企业的整个供应链管理（SCM）。

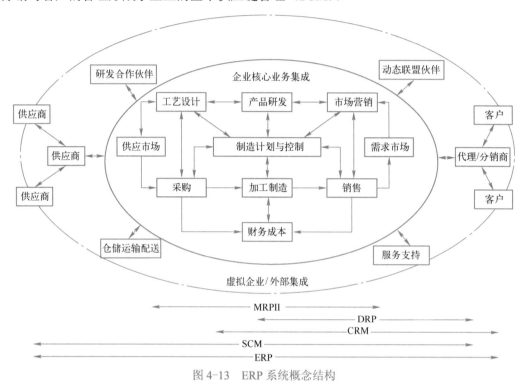

图 4-13 ERP 系统概念结构

3. 制造执行系统（MES）

生产计划与生产过程的脱节一直是困扰生产管理人员的难题，它不仅直接影响工厂的生产效率，而且成为制约现代企业内部信息集成和企业之间供应链优化的瓶颈。基于 MRP II 的传统企业管理信息系统注重企业制造资源的计划管理，但在作业计划编制和计划执行过程的监控与管理方面存在不足。美国的 AMR（Advanced Manufacturing Research）公司于 1990 年 11 月提出了 MES 的概念，将 MES 定义为"位于上层的计划管理系统与底层的工业控制之间的面向车间层的管理信息系统"，为操作人员和管理人员提供计划的执行、跟踪以及所有资源（人、设备、物料、客户需求等）的当前状态。进而，制造执行系统协会（Manufacturing Execution System Association，MESA）对 MES 给出进一步定义、功能组件和集成模型。

制造执行系统协会将 MES 定义为："MES 能通过信息传递对从订单下达到产品完成的整个生产过程进行优化管理。当工厂发生实时事件时，MES 能对此及时做出反应、报告，并用当前的准确数据对它们进行指导和处理。这种对状态变化的迅速响应使 MES 能够减少企业内部没有附加值的活动，有效地指导工厂的生产运作过程，从而使其既能提高工厂及时交货能力，改善物料的流通性能，又能提高生产回报率。MES 还通过双向的直接通信在企业内部和整个产品供应链中提供有关产品行为的关键任务信息。"MESA 对 MES 的定义强调了以下 3 点：

1）MES 是对整个车间制造过程的优化，而不是单一的解决某个生产瓶颈。
2）MES 必须提供实时收集生产过程中数据的功能，并做出相应的分析和处理。
3）MES 需要与计划层和控制层进行信息交互，通过企业的连续信息流来实现企业信息全集成。

1997 年，MESA 提出了 MES 功能组件和集成模型，如图 4-14 所示。

从图 4-14 可以看出 MES 不是一项单独的功能，它考虑到了工厂中的各种绩效评价指标，具有支持、指导、跟踪各项主要生产活动的功能。MESA 定义的 MES 适用于各种生产类型的工厂，包括以下 11 种功能：

1）资源分配与状态（Resource Allocation and Status），管理人员、设备、物料等各项资源，指示、跟踪并记录各项工作。

2）作业计划（Operations & Detailed Scheduling），确定各项生产活动的顺序和时间，实现资源约束条件下的工厂绩效优化。

3）生产调度（Dispatching Production Units），调整作业计划、进行动态调度、控制在制品库存。

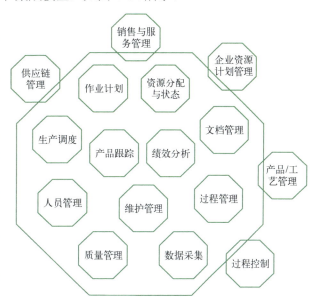

图 4-14　MES 功能组件和集成模型

4）文档管理（Document Control），控制与生产单元相关的记录，编辑和下达生产指令。

5）数据采集（Data Collection & Acquisition），监测、采集和组织生产数据。

6）人员管理（Labor Management），指导人员的使用，跟踪和提供人员的有关状态。

7）质量管理（Quality Management），记录、跟踪和分析质量数据。

8）过程管理（Process Management），根据生产计划和实际生产活动指导生产进程。

9）维护管理（Maintenance Management），计划和执行设备维护活动，维护历史数据。

10）产品跟踪（Product Tracking and Genealogy），跟踪并显示产品的时空位置，生成历史记录，以便对产品生产过程溯源。

11）绩效分析（Performance Analysis），通过对信息的汇总分析，以离线或在线的形式提供对当前生产绩效的评价结果。

MES 系统的这 11 项功能为工厂的运作提供了信息基础的核心，所有这些功能在逻辑上都是相辅相成的。质量、维护、文档以及计划等各方面的管理者都可以在 MES 平台上找到相应的工具。例如，数据采集能够自动地为产品跟踪、设备维护等提供输入数据，质量管理可以为绩效分析以及维护管理等提供趋势数据，作业计划则驱动生产调度和资源分配。

2004 年，MESA 进一步提出了协同 MES 体系结构（c-MES）。MES 是企业 CIMS 信息集成的纽带，是实施企业敏捷制造战略和实现车间生产敏捷化的基本技术手段。MES 是面向车间层的生产管理技术与实时信息系统，可以为客户提供一个快速反应、有弹性、精细化的制造管理工具，帮助企业减低成本、按期交货、提高产品和服务质量。

4.2　企业现行信息化系统功能结构

企业现行信息化系统是将企业各种业务功能模块按层次进行组织，形成功能的纵向与横向集成。其纵向集成体现在从企业经营计划管理到基础自动化的管控一体化，横向集成体现在企业内部与外部资源的统一管理。企业现行信息化系统的功能结构如图 4-15 所示。

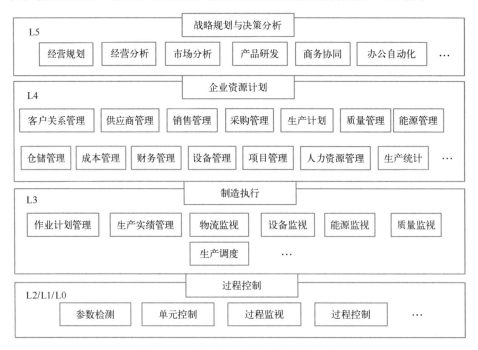

图 4-15　企业现行信息化系统功能结构

1．战略规划与决策分析

战略规划与决策分析位于企业信息化系统的最高层次，通过决策模型和数据分析技术，分析市场、产品、经营中的问题和机遇，完成企业发展战略决策，主要包括经营分析、经营规划、市场分析、产品研发、商务协同、办公自动化等。

1）经营分析。根据企业运行实绩，利用贯通企业的供应、销售、生产、采购、财务、产品、质量、设备、研发等信息，以及社会环境、国家政策、市场和客户等信息，通过统计分析手段给出有价值的经营分析信息，从多种角度给公司决策提供辅助支持。

2）经营规划。结合经营分析结果，利用多种预测方法和工具，预测市场发展趋势，制定企业的经营计划，并对多种情况进行模拟，为企业领导层决策提供辅助支持。

3）市场分析。利用数据分析及预测模型和工具，分析及预测市场发展趋势，评估市场开发计划。

4）产品研发。根据市场预测结果，结合企业经营状况和经营计划，分析和预测产品及市场发展趋势，制定新产品研发计划。

5）商务协同。依据市场和环境变化情况，与伙伴企业形成联盟，实现企业动态联盟管理。

6）办公自动化。支持企业各种事务性工作的开展，包括各种文档的流转审批与存档，企业文化宣传、内部资讯和信箱服务等。

2．企业资源计划

企业资源计划体现了企业经营和运营管理的主要功能，通过各功能模块的协调，合理安排生产、采购、销售等活动及相关资源，提高制造资源利用率、降低成本，从而提高企业的经济效益和市场竞争力。

1）客户关系管理。客户关系管理贯穿从市场营销、销售到客户服务的整个过程，主要包括客户信息管理、客户评价、客户关怀等。基于多种数据分析工具，提升客户满意度，挖掘潜在客户，让现有的客户关系变得更加稳固，新客户关系进展更加快速，从而服务于企业总体销售业务和品牌价值的进步。

2）供应商管理。建立供应商档案，通过供应商评价，对供应商进行有效管理，保证企业供应渠道畅通，提高供应物资品质，有效降低供应成本、缩短采购提前期、降低库存。

3）销售管理。销售管理包括销售计划、销售价格管理、销售合同、发货管理、结算等内容，详见国标——《企业资源计划 第3部分：ERP功能构件规范》（GB/T 25109.3—2010）。

4）采购管理。采购管理包括采购计划、供应商管理、比价采购、采购合同、到货管理、付款结算等内容，详见国标——《企业资源计划 第3部分：ERP功能构件规范》（GB/T 25109.3—2010）。

5）生产计划。根据经营计划或生产计划大纲、销售计划、客户订单编制主生产计划，主要包括主生产计划的编制、生产资源计划编制与平衡、主要技术经济指标核算、生产统计等。

6）质量管理。建立质量标准体系，对生产过程中各阶段物料和产品（原材料、外协件、在制品、半成品、成品）的质量进行检验、统计和分析，形成质量分析报告，反馈质量信息。

7）能源管理。对生产过程中各工序能源消耗情况进行计量、监视、统计和分析，形成能耗分析报告并及时反馈。

8）仓储管理。对各种物料包括产成品、原材料、备品备件等进行仓储管理，分析库存占用资金，保证物资供应等，为各级计划提供信息。

9）成本管理/财务管理。成本管理/财务管理是企业为达到既定经营目标和实现预期的利润目标所需要的资金的筹集和形成、投放和周转、收益和成本，以及贯穿于全过程的计划安排、预算控制、分析考核等所进行的全面管理。包括典型的总账管理、应收账款、应付账款、固定资产、存货核算、现金管理、薪资福利、预算管理等。成本管理主要包括各类成本管理体系、成本核算、成本差异分析等。制定精细的成本计划和成本计算方法，对成本波动及差异进行有效分析。

10）设备管理。对企业内部的各种设备进行档案管理，进行设备维修计划编制，分析设备运行状态等，为各级计划提供依据。

11）项目管理。对企业产品研发、技改工程等进行管理。

12）人力资源管理。对企业全体职工进行管理，主要包括人事档案管理、薪资管理、教育培训、人力资源配置管理等。

3. 制造执行

制造执行系统是管理信息系统与过程控制系统之间联系纽带，它的主要功能包括根据生产计划、库存和物料供应等信息制定作业计划，对反映生产过程的信息包括生产实绩、物流、质量、能源、设备等进行监视和报告，同时根据生产过程的实际情况进行生产调度。

4. 过程控制

过程控制由参数检测、单元控制、过程监视和过程控制4个层次构成，主要完成对实际生产过程中各类参数的检测、监视，并通过数学模型对生产过程进行优化控制。

4.3 现行企业信息化系统存在的问题和改进方向

企业信息化系统建设是一个复杂的系统工程，涉及产品、设备、技术、管理等诸多方面的因素。经过几十年的开发与应用实践，企业信息化系统的建设已积累了大量的经验，形成了以计算机集成制造为主要模式的信息化体系结构。随着社会发展、科技进步和管理理念的创新，智能制造系统的概念被提出，结合智能制造系统的要求，目前现行的企业信息化系统还存在一些有待改进的问题，主要表现在以下方面。

（1）支撑环境　基于工业互联网技术的企业通信网络的升级改造，将打破原有的分层通信模式，实现企业内部端到端即时通信，实现企业与外部环境之间的互联互通。

企业数据中心建设，将解决不同层次数据的集成问题，实现制造过程中不同时间刻度和多种格式数据的匹配，保证数据的一致性、完整性，覆盖产品和设备的整个生命周期，支持产品和设备的整个生命周期管理。

大量智能化应用需要强大的计算能力，因此需要对现有的计算模式进行改进，采用边缘计算与中心计算服务平台相结合的模式，支持智能制造的状态感知、实时分析、科学决策、精准执行。

在数据中心增加知识库、模型库、方法库及其管理系统平台功能，为智能制造的各种应用提供知识、模型和算法支持。

（2）过程控制与基础自动化　制造过程中还存在一些用传统检测设备和方法难以检测的参数，这些参数涉及生产过程的工艺参数、产品的质量参数和设备运行参数，对于准确掌握生产过程中的产品质量、设备状况等情况具有重要作用，需要进一步研究和开发特殊的传感器和测量方法。

缺乏能够根据生产过程中动态多变的工况，对工艺过程参数和设备参数进行精准控制的控制器和控制方法，需要进一步研究和开发智能化且适应各种变化情况的控制器和控制方法。

在生产过程优化控制方面，需要根据生产过程的特点和机理模型，结合最优化模型和算法进一步研发生产过程优化控制模型和算法。

在设备故障监测、诊断和预报方面，现有模型和算法多基于一少部分常见的通用设备，对于生产过程中复杂设备的故障预测、诊断和预报方面还缺乏适用的模型和算法，需要进一步开发。

产品质量在线检测和预测方面，在传统质量管理的基础上，建立智能化的全流程和各工序产品的在线质量监测和预报模型，实现对产品质量稳定性的精准控制。

（3）管理信息系统方面　采用先进的管理理念、方法和工具，尤其是基于大数据的分析工具对整个产品生命周期，设备生命周期的各种业务活动进行集成化管理。

针对智能制造过程中的动态、随机问题，多目标问题，多业务综合决策问题进一步研发适用的模型和算法。加强对虚拟制造、制造过程数字孪生系统的研发，为实现全数字化工厂奠定基础。

进一步优化企业流程，提高系统内部的数据集成和功能集成，加强企业与外部环境的集成，尤其是动态企业联盟的协同管理和决策。

4.4　智能制造系统的功能结构

智能制造系统是基于 CPS 的企业信息化架构，是多个不同层次 CPS 的有机组合，是大的 SoS 级的 CPS，包含"一硬、一软、一网、一平台"4 大要素，即物料与制造设备、制造技术与管理系统、工业互联网和大数据平台，其基本架构如图 4-16 所示。该架构体系颠覆了计算机集成制造体系的层次结构，以企业数据中心为基础，分为数据中心、物理系统、虚拟系统和信息系统 4 大部分，其中数据中心是整个智能制造系统的信息处理中心，物理系统和虚拟系统的信息都发送至数据中心，信息系统的信息取自数据中心，信息系统的处理结果通过数据中心分送至物理系统和虚拟系统。整个企业的 CPS 通过大数据平台，实现了跨系统、跨平台的互联、互通和互操作，促成了多源异构数据的集成、交换和共享的闭环自动流动，在全局范围内实现信息的全面感知、深度分析、科学决策和精准执行。

企业的核心功能是提供满足社会需求的优质产品和优质服务。企业的核心目标是围绕核心功能，进行全供应链优化，发挥企业在成本、交货期、质量、市场和服务等方面的优势，实现企业利益最大化和企业效益可持续增长。

图 4-16 智能制造系统架构

本节以钢铁生产为对象，结合企业目标和功能，根据钢铁生产和管理的特点，将新兴信息技术和智能制造理念与钢铁生产和管理进行融合，提出一个钢铁智能制造的工厂/产线的功能框架，如图 4-17 所示。

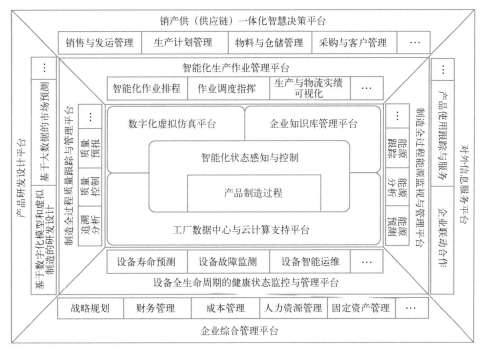

图 4-17 钢铁智能制造工厂/产线功能框架

（1）基于云计算的工厂数据中心和知识管理平台　基于制造过程产生的各种数据，建立工厂数据中心，在数据中心基础上利用大数据分析、虚拟仿真分析、人工智能等手段，分析和提取其中固化的有关产品设计、制造工艺、设备管理、质量管理、生产管理等规则和知识形成企业知识库，并提供知识管理和应用接口，使企业内部用户可以方便对知识和规则进行查询、使用、增补和修订，为持续提升企业技术和管理水平奠定基础。这一平台主要包括的功能有工厂数据中心、云计算支持、虚拟仿真分析模型与方法库、企业知识库等。

（2）满足多样性和个性化市场需求的钢铁产品智能化研发与设计平台　企业必须提供满足多样性和个性化市场需求的产品，才能获得市场竞争的优势。传统的产品研发设计过程需经历多次产品试制、修订和迭代，研发与设计周期长，消耗大量时间、人力和物资资源。面向智能制造的钢铁产品研发与设计过程以大数据为基础，以数字虚拟化为技术手段，通过数字化支持协同设计，改进传统的产品研发设计过程，不仅可利用各类大数据进行准确的产品需求预测，还可在产品设计过程中充分利用现有产品的相关技术数据，模拟产品的制造过程乃至产品全生命周期的各种活动对产品设计的影响，预测、评价产品性能和产品的可制造性等，有效降低由于前期设计缺陷给后期制造带来的回溯更改，实现产品开发周期和成本最小化、产品设计质量的最优化。

（3）以产线作为独立市场单元的销产供（供应链）一体化智慧决策平台　销售、生产、采购是钢铁企业生产和经营管理的主线。面向智能制造的销产供一体化智慧决策与优化，即对整个供应链中各环节的信息进行整合，制定出协调一致的集成销售、计划、采购、仓储、物流等全链条一体化管理决策方案，使整个供应链系统达到协同优化，提高生产效率，降低生产成本、库存成本，实现市场需求快速响应。

（4）智能化生产作业管理平台　生产作业优化管理是实现智能制造的关键环节，以一体化生产计划为依据，考虑设备状态、生产作业实绩等多种资源约束和工艺约束，以智能优化技术和人工智能技术为手段，进行生产作业计划排程，并对生产和物流实绩进行监视，根据实际情况对生产作业计划进行实时修订和调整，实现生产过程的重调度，使整个生产过程高效、有序地实施。

（5）制造全过程质量跟踪与管理平台　制造全过程质量跟踪控制与管理贯穿产品制造全周期，指从产品设计、原材料采购、产品制造、物流运输等各环节的质量管理与控制。主要功能包括质量标准管理、产品质量可视化监测、预报与分析、产品质量控制与追溯、质量评估和判定、返修及改判充当管理、产品质量缺陷管理、原材料监测与分析等。

（6）制造全过程能源监视与综合管理平台　绿色制造是智能制造的核心目标之一，是企业可持续发展的关键。制造全过程能源监视与综合管理就是针对整个制造过程中的每一环节进行能源监视和分析，从整体上进行能源消耗的控制和管理，有效减少制造过程对自然环境的污染，降低制造成本。智能制造的能源管理具有全局的把控能力，它能够从人员、介质、设备、部门、时间、类型等多维度进行智慧能源分析；可以进行科学合理的能源计划制定与管理，精准预测能源的消耗与产生并进行优化调度，实现全部能源站所的无人值守、集约化管控、智能平衡优化；通过能源诊断与余热余能回收技术，智能化能源管控与环境优化技术，污染物协同控制与一体化脱除技术，全面提升能源全流程的绿色创新工作。

（7）设备全生命周期的健康状态监控与管理平台　以服务产品生产为核心，通过智能化的预知维修方法和科学的管理体系实现设备全生命周期的健康状态监控与管理。从设备的设计、采购、投运、使用与维修直至报废的整个生命周期的各阶段数据采集，对全生命周期的设备大数据智能分析，进行设备性能评价、健康状态预知与剩余寿命估计，依据设备的状态趋势和可能的故障模式，预先制定预测性维修计划，确定机器应该维修的时间、方式和必需的技术和物资支持，进行设备与备品备件优化管理，既可保证企业资源合理有效地利用，也可对提高制造效率和质量产生重要作用。

（8）基于产品全生命周期大数据的对外服务平台　以客户增值为目标，通过建立基于产品全生命周期数据库，收集产品在制造和使用过程中的各种性能指标数据，实现产品性能和可靠性分析，对于企业持续提高产品质量，改善制造过程，提高服务水平具有重要作用。

利用电子商务手段，实现制造企业之间的联动，比如进行订单共享与分配，在多品种小批量市场环境中，通过企业（产线）之间的合作共享，有效地解决多品种小批量和规模化低成本生产之间的矛盾。

以客户增值服务为目标的产品数字化项目，通过数字化钢卷替代质检书，实现信息链扩展，提高客户产品利用能力，创造价值。

（9）基于智能化方法的先进控制和状态感知模型平台　通过基于智能化方法的先进控制和状态感知模型实现高度自动化，为智能制造奠定坚实的基础。智能感知技术包括机器视觉方面的智能感知技术、基于模型的智能感知技术、大数据深度感知技术，数字化仿真技术等，实现精确定位与精密检测。此外，通过智能化嵌入技术，自适应控制技术、模型优化设定技术，以及工业机器人、无人行车、无人台车、无人仓库等智能跟踪与精准执行技术，实现全流程的无缝连接，高效、可靠、自动化地生产。

4.5　现行企业信息化系统与智能制造系统的关系

以 CPS 为基础的智能制造体系，与计算机集成制造的基于层次的信息化体系结构不同，高层次的 CPS 是由低层次 CPS 互连集成，灵活组合而成。通过采用工业互联网技术颠覆了传统的基于金字塔分层模型的自动化控制层级，取而代之的是基于分布式的全新模式，如图 4-18 所示。由于各种智能装置的引入，设备可以相互连接，不仅能够实现状态感知，还能进行实时分析，拥有更多的嵌入式智能和响应式控制的预测分析，在每一个 CPS 层面，都可以使用云计算技术。大量蕴含在物理空间中的隐性数据经过状态感知被转化为显性数据，进而能够在信息空间进行计算分析，将显性数据转化为有价值的信息。不同系统的信息经过集中处理形成应对外部变化的科学决策，最后以更为优化的信息作用到物理空间，构成了信息的闭环流动，从而实现状态感知、实时分析、科学决策、精准执行。

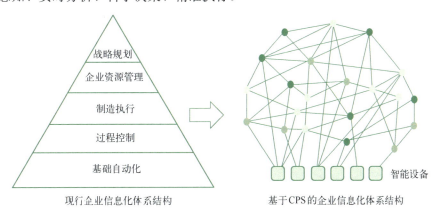

图 4-18　信息化体系结构的转变

智能制造系统突破传统计算机集成制造系统的层级界限，从供产销一体化、质量一体化、全产业供应链系统、工厂设备资产全生命周期集成管控等多维度构建组织管理功能，设计基于统一的大数据平台，增强了更多的全流程相互协调、配合的业务，统筹管理企业运营。

智能制造系统主要业务流的关系如图 4-19 所示。从图 4-19 可见，虽然智能制造系统强调统一的管理和运营，但从具体功能上，传统企业信息化系统中的业务功能大多存在，只是在原有基础上增加了升级的功能。

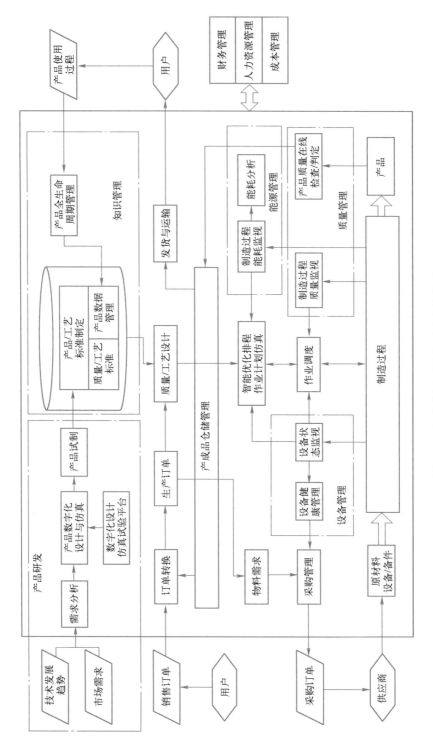

图 4-19 智能制造系统主要业务流关系

现行企业信息化系统与智能制造系统，在架构上是有本质差别的。企业信息化系统是在现有的工业化、自动化和信息化基础上设计的，不是基于 CPS 的企业信息化架构。但是从业务功能上，现行企业信息化系统与智能制造系统有着密切关系。现行企业信息化系统的 5 级架构按照业务功能可以分为本体、控制、管理 3 大部分。本体是实际的生产设备；控制对应传统意义上的自动化 L0、L1、L2 级；管理是为了满足企业的管理需求或功能而开发的业务管理信息系统。本体和控制的功能与企业智能制造系统的物理系统对应，这部分可以映射为现行企业信息系统 5 级架构中的自动化 L0、L1、L2 级。管理的功能与智能制造系统的信息系统对应，这部分可以映射为现有企业信息系统 5 级架构中的自动化 L3、L4、L5 级。图 4-20 为现行企业信息化系统与企业智能制造系统的功能映射图。

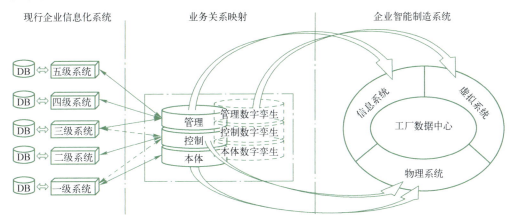

图 4-20　现行企业信息化系统与企业智能制造系统的功能映射图

现行企业信息化系统 5 级架构中的各个层级或系统都能在企业智能制造系统中找到映射关系，图中的实线箭头代表绝大部分能够映射；图中的虚线箭头代表部分能映射，这主要是由于定义或边界划分差异带来的问题。现行企业信息化系统 5 级架构与企业智能制造系统的最大差距表现在工厂数据中心和虚拟系统上，因此图中现行企业信息化系统 5 级架构与企业智能制造系统中的虚拟系统的映射用虚线表示。这也表明，传统制造业向智能制造转型升级的很大部分工作和目标就是数字化虚拟孪生系统的建设。

思 考 题

1）简述 MIS 和 DSS 的概念和结构，理解 MIS 和 DSS 的内涵及其关系。
2）简述 MRP 和 MRPⅡ的功能和处理流程，阐释两者的区别与联系。
3）理解 CIMS 的产生背景，阐释 CIMS 的技术内涵。
4）简述企业信息化系统发展历程及其各阶段的特点。
5）简述企业现行信息化体系结构，说明 ERP、MES 和 PCS 的功能和作用。
6）结合企业信息化系统的某一层次或问题，谈谈个人的观点。
7）阐述个人对基于 CPS 的智能制造系统框架的理解，并将其与现行企业信息化系统进行比较。
8）从个人理解角度展望企业信息化未来的发展方向。

第 5 章 智能制造系统的内涵与体系结构

本章将对中国、美国、德国、日本等国的智能制造系统内涵与体系结构做系统说明，并详细介绍中国智能制造的体系结构，论述智能制造系统的基本特征与基本功能。

5.1 智能制造系统的内涵与系统架构维度

5.1.1 智能制造系统的内涵

智能制造系统（Intelligent Manufacturing System，IMS）是一种由智能机器和人类专家共同组成的人机一体化智能系统，它在制造过程中能进行智能活动，诸如分析、推理、判断、构思和决策等。智能制造系统涵盖了产品、制造、服务全生命周期，是一个大系统的概念。

美国国家标准与技术研究院给出了最初的智能制造系统（Smart Manufacturing System，SMS）定义，认为智能制造系统应该具备：差异性更大的定制化产品和服务；更小的生产批量；不可预知的供应链变更和中断。其主要特征为：互操作性和增强生产力的全面数字化制造；通过设备互联和分布式智能实现实时控制和小批量柔性生产；快速响应市场变化和供应链失调的协同供应链管理；提升能源和资源使用效率的集成和优化的决策支撑；基于产品全生命周期的高级传感和数据分析技术的高速创新循环。这一定义主要强调设备之间的互联和企业运作过程的敏捷性，因此采用英文单词"Smart"对智能进行释义。

日本在 1990 年 4 月所倡导的"智能制造系统（IMS）"国际合作研究计划，许多发达国家如美国、加拿大、澳大利亚等，和欧盟参加了该项计划，该计划共计划投资 10 亿美元，对 100 个项目实施前期科研计划。

5.1.2 智能制造系统架构的维度解析

智能制造系统架构，是对智能制造活动各相关要素及要素间关系的一种映射，是对智能制造活动的抽象化、模型化认识。

构建智能制造系统架构，从微观层面来看，是为智能制造实践提供构建、开发、集成和运行的框架；从中观层面来看，是为企业实施智能制造提供技术路线指导；从宏观层面来看，是为国家制定和推进制造业智能转型提供顶层设计模型，推动智能制造标准化建设。

这里从技术维度、价值维度和组织维度 3 个维度，解析智能制造系统架构，如图 5-1 所示。

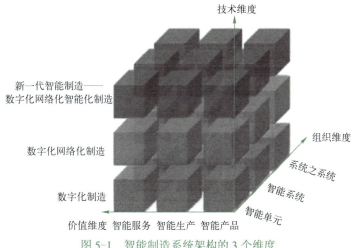

图 5-1　智能制造系统架构的 3 个维度

1. 技术维度——以两化融合为主线的技术进化维度

智能制造系统架构技术维度反映了以两化融合为主线的智能制造技术变迁，体现了技术的可扩展性，与工业互联网参考架构具有相似性。工业互联网参考架构是建立在具体应用领域和相关利益群体上描述惯例、原理和时间、活动的系统框架，为其他领域架构提供了一个基础的架构框架，在此基础上其他领域架构可以扩展并相互参照。智能制造系统架构同样是在宏观视角构建的制造总体发展架构，具备跨产业广泛适用性和互操作的特性。

智能制造从技术进化的维度可以分为 3 个范式：数字化制造、数字化网络化制造、新一代智能制造——数字化网络化智能化制造（见图 5-1）。这 3 个范式之间的演进是互相关联，迭代升级的。

数字化制造是智能制造的基础，贯穿于 3 个基本范式，并不断演进发展；数字化网络化制造将数字化制造提高到一个新的水平，通过工业"互联网+制造"，实现全价值链的优化；新一代智能制造——数字化网络化智能化制造是在前两种范式的基础上，通过先进制造技术与新一代人工智能技术集成，使得制造具有了真正意义上的智能。

（1）数字化制造　数字化制造是数字技术和制造技术的融合，是随着数字技术的广泛应用而出现的。数字化制造实现了制造的数字化设计、仿真、计算机集成制造，实现了企业生产和管理的集成和协同，在整个工厂内部实现了计算机系统和生产系统的融合，提高了产品设计、制造质量、劳动生产率，缩短了产品的研发周期，降低了成本，提高了能效。数字化制造的特点如下：

1）实现制造过程对象的数字化表达。包括产品和工艺的数字化，制造装备/设备的数字化，材料、元器件、被加工的零部件、模具/卡具/刀具等产品的数字化以及"人"的数字化。

2）数据的互联互通。包括网络通信系统构建，不同来源的异构数据格式的统一以及数据语义的统一。

3）信息集成。生产运行数据与信息化管理系统实现集成，其目的是要利用这些数据实现整个制造过程各环节的协同和可视化管理。

（2）数字化网络化制造　随着网络技术的广泛应用，数字化网络化制造是在数字化制造的基础上，已经有所升级，企业间实现了互联互通，包括生产方和需求方，也就是企业和客户的需求信息的交融，企业的供应链上下游之间整体的协同，改变了企业的经营模式，实现了全产业链优化、快速、高质量、低成本地为市场提供所需的产品和服务。数字化网络化制造的特点如下：

1) 实现与客户的充分沟通，更好地了解客户的需求，企业从以产品为中心向以客户为中心转型。

2) 实现全产业链上企业与企业之间的协同，包括企业间数据协同、资源协同、流程协同，从而使社会资源得到优化配置。

3) 实现企业产品链从产品向服务延伸。通过对产品的远程运维，为客户提供更多的增值服务，使企业从生产型企业向生产服务型企业转型。

（3）新一代智能制造——数字化网络化智能化制造　数字化网络化智能化制造是近年来高速发展的新一代人工智能技术与制造业技术融合的结果，是新一代智能制造。新一代人工智能技术的突破催生了多媒体智能、跨媒体智能、群体智能、人机混合增强智能、大数据智能以及自主智能系统，将给制造业带来新的发展方向。

新一代智能制造——数字化网络化智能化制造将实现制造知识的自动化制造/服务，通过深度学习、迁移学习、增强学习等技术的应用，制造数据和信息"自动地"被加工成为知识，即制造业具有了"学习"的能力，使制造知识的生成、积累、应用和传承的效率发生革命性的变化，极大地释放人类智慧的潜能，显著提高创新和服务能力。随着制造知识生产方式的变革，数字化网络化智能化制造将成为一种新的制造模式，它融入了新一代人工智能技术，成为真正意义上的智能制造。

2. 价值维度——以制造为主体的价值实现维度

智能制造价值维度反映了以制造为主体的智能制造价值的实现形式。智能制造系统架构聚焦制造业价值链全生命周期的数字化，并且在战略规划和对新技术应用的敏感性方面，更加全面地包括了网络和智能化发展的范式，具有更强的先进性和广泛适应性。价值维度的核心是智能生产技术和智能生产模式，旨在把产品、设备、资源和人有机地联系在一起，推动各个环节的数据共享，实现全生命周期和全制造流程的数字化。

智能制造价值维度主要由智能产品、智能生产及智能服务构成，其中智能产品是主体，智能生产是主线，以智能服务为中心的产业模式变革是主题。

1) 智能产品。智能产品包括智能制造的装备和各种产出物，产品通过智能制造技术提高产品功能、性能，带来更高的附加值和市场竞争力。

2) 智能生产。智能生产包括基于产品的设计、生产和管理等制造流程的各个环节，制造技术和信息技术融合，全面提升产品设计、生产和管理水平，显著提升劳动生产率。

3) 智能服务。智能服务包括以客户为中心的产品全生命周期的各种服务，服务智能化将大大促进个性化定制等生产方式的发展，延伸发展服务型制造业和生产性服务业，深刻地改革制造业的生产模式和产业形态。

此外，系统集成是智能制造价值实现的关键。集成的核心就在于解决系统之间的互联和互操作性问题，从局部的优化升级到整体的优化，实现产品、装备、生产、服务、市场、管理等整个制造生态效能的提升。

3. 组织维度——以人为本的组织系统维度

智能制造是一个大系统，内部和外部均呈现出前所未有的系统"大集成"特征，智能制造组织维度反映了以人为本的智能制造组织体系扩展。组织维度提出智能单元、智能系统和系统之系统 3 个层次，旨在帮助企业通过构建最基本的制造单元，一步一步实现智能车间、智能工厂、智能企业的目标，最终构建智能企业集群、区域集群，进而扩展到全国，惠及大中型企业和中小微企业协同发展，并行推进数字化、网络化、智能化，最终实现制造业企业的整体转型升级。

1) 智能单元。智能单元是实现智能制造功能的最小单元，可以是一个部件或产品。智能单元可通过硬件和软件实现感知-分析-决策-执行的数据闭环。

2）智能系统。智能系统是指多个智能单元的集成，实现更大范围、更广领域的数据自动流动，提高制造资源配置的广度、精度和深度，包括制造装备、生产单元、生产线、车间、企业等多种形式。

3）系统之系统。系统之系统是多个智能系统的有机整合，通过互联网和智能云平台，实现跨系统、跨平台的横向、纵向和端到端集成，构建开放、协同与共享的产业生态。一方面是制造系统内部的"大集成"，企业设备层、现场层、控制层、管理层、企业层之间的设备和系统集成，即纵向集成；另一方面是企业与企业之间基于工业智联网与智能云平台，实现集成、共享、协作和优化，即横向集成，即制造系统外部的"大集成"。另外，还包括制造业与金融业、上下游产业的深度融合形成服务型制造业和生产型服务业共同发展的新业态。

5.1.3 中国智能制造的系统架构

2018 年 10 月 16 日，工业和信息化部、国家标准化管理委员会联合发布了《国家智能制造标准体系建设指南（2018 年版）》，该文对智能制造的内涵与架构进行了结构上的确定。2021 年 12 月 9 日，工业和信息化部、国家标准化管理委员会又联合发布了《国家智能制造标准体系建设指南（2021 版）》，进一步推动智能制造高质量发展。

中国的国家智能制造标准体系按照"三步法"原则建设完成。第一步，通过研究各类智能制造应用系统，提取其共性抽象特征，构建由生命周期、系统层级和智能特征组成的三维智能制造系统架构，明确智能制造的对象和边界，识别智能制造现有和缺失的标准，认知现有标准间的交叉重叠关系；第二步，在深入分析标准化需求的基础上，综合智能制造系统架构各维度逻辑关系，将智能制造系统架构的生命周期维度和系统层级维度组成的平面自上而下依次映射到智能特征维度的 5 个层级，形成智能装备、工业互联网、智能使能技术、智能工厂、智能服务 5 类关键技术标准，与基础共性标准和行业应用标准共同构成智能制造标准体系结构；第三步，对智能制造标准体系结构分解细化，进而建立智能制造标准体系框架，指导智能制造标准体系建设及相关标准立项工作。

智能制造系统架构从生命周期、系统层级和智能特征 3 个维度对智能制造所涉及的活动、装备、特征等内容进行描述，其中生命周期和系统层级是传统意义上对企业经营行为和依据价值流进行解析时经常使用的，本身没有创新。较为关键的是对智能特征的准确把握，以及将 3 个方面纳入统一的架构里，进行整体理解和认知。

其中智能特征是指基于新一代信息通信技术，使制造活动具有自感知、自学习、自决策、自执行、自适应等一个或多个功能的层级划分，包括资源要素、互联互通、融合共享、系统集成和新兴业态 5 层智能化要求。中国智能制造系统架构如图 5-2 所示。

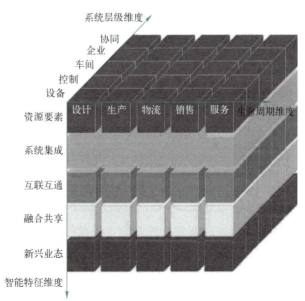

图 5-2 中国智能制造系统架构

（1）生命周期维度　生命周期是指从产品原型研发开始到产品回收再制造的各个阶段，包括设计、生产、物流、销售、服务等一系列相互联系的价值创造活动。生命周期的各项活动可进行迭代优化，具有可持续性发展等特点，不同行业的生命周期构成不尽相同。

1）设计是指根据企业的所有约束条件以及所选择的技术对需求进行构造、仿真、验证、优化等研发活动过程。

2）生产是指通过劳动创造所需要的物质资料的过程。

3）物流是指物品从供应地向接收地的实体流动过程。

4）销售是指产品或商品等从企业转移到客户手中的经营活动。

5）服务是指提供者与客户接触过程中所产生的一系列活动的过程及其结果，包括回收等。

（2）系统层级维度　系统层级是指与企业生产活动相关的组织结构的层级划分，包括设备层、单元层（又称控制层）、车间层（又称管理层）、企业层和协同层（又称网络层）。

1）设备层是指企业利用传感器、仪器仪表、机器、装置等，实现实际物理流程并感知和操控物理流程的层级。

2）单元层（控制层）是指用于工厂内处理信息、实现监测和控制物理流程的层级。

3）车间层（管理层）是实现面向工厂或车间的生产管理的层级。

4）企业层是实现面向企业经营管理的层级。

5）协同层（网络层）是企业实现其内部和外部信息互联和共享过程的层级。

（3）智能特征维度　智能特征是指基于新一代信息通信技术使制造活动具有自感知、自学习、自决策、自执行、自适应等一个或多个功能的层级划分，包括资源要素、互联互通、融合共享、系统集成和新兴业态5层智能化要求。

1）资源要素是指企业对生产时所需要使用的资源或工具及其数字化模型所在的层级。

2）互联互通是指通过有线、无线等通信技术，实现装备之间、装备与控制系统之间，企业之间相互连接及信息交换功能的层级。

3）融合共享是指在互联互通的基础上，利用云计算、大数据等新一代信息通信技术，在保障信息安全的前提下，实现信息协同共享的层级。

4）系统集成是指企业实现智能装备到智能生产单元、智能生产线、数字化车间、智能工厂，乃至智能制造系统集成过程的层级。

5）新兴业态是企业为形成新型产业形态进行企业间价值链整合的层级。

智能制造的关键是实现贯穿企业设备层、单元层、车间层、工厂层、协同层不同层面的纵向集成，跨资源要素、互联互通、融合共享、系统集成和新兴业态不同级别的横向集成，以及覆盖设计、生产、物流、销售、服务的端到端集成。

5.2 美国、德国、日本三国智能制造系统的内涵与体系结构

世界各国，特别是工业发达国家都一致认同，要发展实体经济特别是制造业。因为制造业对国家的繁荣昌盛、人民的幸福至关重要，为应对新的技术发展，美国、德国、日本、英国、法国等世界发达国家纷纷实施了以重振制造业为核心的"再工业化"战略，颁布了一系列以"智能制造"为主题的国家战略。但是，各国针对的侧重点不同，对智能制造的阐释也有所不同，甚至不同的组织，对智能制造的定义也有所不同。人们可以通过从不同视角定义的智能制造，更加全面地对智能制造进行理解。

下面介绍最具代表性的美国、德国、日本的智能制造系统的内涵与体系结构。

5.2.1 美国智能制造系统的内涵与体系结构

1. 美国清洁能源智能制造创新研究院定义的智能制造

美国清洁能源智能制造创新研究院（Clean Energy Smart Manufacturing Innovation Institute，CESMII）是这样对智能制造定义的：智能制造是一系列涉及业务、技术、基础设施及劳动力的实践活动，通过整合运营技术和信息技术（Operation Technology/Information Technology，OT/IT）的工程系统实现制造的持续优化。

这个定义把"业务"放在第一位，充分体现了智能制造最终是为业务服务的观点。另外，该定义把智能制造最终落足到持续优化之上，也就是说，智能化一定是和优化同步进行的。该定义给出的 4 个维度（业务、技术、基础设施、劳动力），也是值得人们借鉴的。这几个维度，可以清晰且逻辑严密地对智能制造进行概括。

2. 美国能源部定义的智能制造

受到"智能制造领导力联盟（Smart Manufacturing Leader Coalition，SMLC）"的影响，美国能源部是这样定义智能制造的：智能制造是先进传感、仪器、监测、控制和工艺/过程优化的技术和实践的组合，它们将信息和通信技术与制造环境融合在一起，实现工厂和企业中能量、生产率和成本的实时管理。

SMLC 认为，从工程的观点来看，智能制造是先进信息系统的增强应用，能够实现新产品的快速制造、产品需求的动态响应、工业生产和供应链网络的实时优化。也就是说，智能制造将制造的所有方面连接起来：从原材料进入直到成品交付。它建立了一个跨产品、运行和商务系统谱系的富含知识的环境，这个谱系延伸至工厂、分销中心、企业和整个供应链。

3. 美国智能制造的功能模型及实现

美国智能制造的功能模型如图 5-3 所示，按照功能分技术管理、系统和设备管理、企业管理 3 个部分，突出强调"人"是最重要的资源，同时关注"绿色"、可持续制造，重视杰出的环境、健康和安全管理。

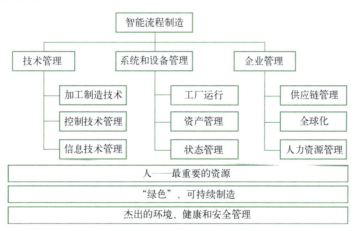

图 5-3 美国智能制造的功能模型

美国智能制造的企业场景是这样的，这也是美国智能制造的愿景：统一的模型集成到全部运行中，对象和过程都体现了分布式智能，企业范围内形成自感知、自优化的系统，以及可共用信息和能力的系统，建立在任何操作和运行的影响下都可预测的工业。表 5-1 可以表示美国制造业的现状、未来及智能制造转变后的结果。

表 5-1 美国制造业的现状、未来及智能制造转变后的结果

现状	未来	智能制造转变后的结果
运行中的一次性模型分散的智能	模型集成到运行中分布式智能	遍布的、协调的、始终一致的和可管理的模型数据、信息、知识、模型和技能都可用于做出正确决策
缺乏智能的系统	自感知系统	自主的系统,理解其在企业中的角色并且采取行动优化其表现
独立的系统	可共用信息的系统	系统在标准协议下通信,实现信息、能力和最优组件共享
不可预测的工业	可预测的工业	在运行框架内实施影响可预测的操作

要想实现这个愿景,就要按"数据-信息-知识-智慧(Data Information Knowledge Wisdom,DIKW)"这一循环模型进行,如图 5-4 所示。这个模型结合到智能制造方面,即实现智能的过程就是将数据转化为信息、将信息转化为知识、将知识转化为智慧、将个体智慧上升为集体智慧的一个过程。

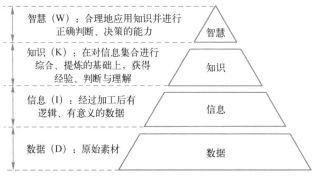

图 5-4 "数据-信息-知识-智慧"(DIKW)循环模型

DIKW 循环模型是建立在数据的基础上的,这也是数据在生产制造中的重要作用。美国将智能制造分为 5 条路线进行,如图 5-5 所示。

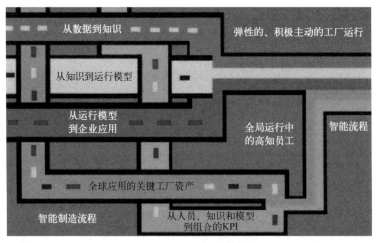

图 5-5 美国智能制造的 5 条路线图

1) 将数据转化为知识。关注建模标准、数字化环境与信息基础设施。具体来讲,更高效地从正确的源收集正确的数据(未来的传感器网络能够收集更多的数据并互相通信),然后分

析数据并编译为对生产有用的信息；再基于以往的经验、规则、标准和预测对这些信息进行处理，以修改工艺和产品模型，并生成和提供做出正确决策与行动所需的知识，应该注意的是，信息转换环境必须考虑风险与不确定性。

2）将知识转化为模型。关注智能化的工艺建模、仿真、分析与优化。运行模型是知识（物件、资产或工艺以及它们的相互作用）的应用表达，描述了达到智能流程制造目标所需的集成度和标准化的水平。未来，能够获取并应用知识创建模型，精确表达工艺中的组件和材料，以及它们的功能、相互作用和转换过程。知识的应用将使企业形成提供实时、动态管理与控制的运行模型的构建能力。

3）将模型转化为关键工厂资产。关注工厂级的智能工艺实施与智能制造管理。有了运行模型，下一步就是从多尺度运行模型到基于知识的工厂集成应用，模型中包含了运行的知识和经验。未来，将会出现关键的集成模型系统，它需要作为关键工厂资产来管理。在这条路线上，有两个重要的方面，一是利用总体的运行模型，通过加强对人员、模型和设施的协调，来高水平和高质量地计划、创建、运行和管理工厂业绩；二是将详细的运行模型集成系统视为与设施、数据、材料技术和专家、熟练工人同等重要的关键工厂资产，来计划、控制和管理智能制造企业的每个部分。

4）关键工厂资产的全球化。关注企业（联盟）级的智能制造。领先的制造企业将全世界视为市场和运行地点，工厂资产的概念必须通过智能协作过程扩展至全球应用且打破企业界线。未来，要在过程控制、仿真分析和生产管理中不断探索先进技术手段并进行集成，超越传统的企业范围实现共同利益并加速广泛合作，同时还必须妥善处理语言、文化、规章等不同之处。全球性业务合作的成功要求各企业在运营系统之间的通信、保护知识产权和竞争优势的同时共享信息，在建立柔性和快速响应系统方面达成一致，以最优化彼此的经营活动。这其中的挑战远超绝大多数供应链管理系统的能力。

5）建立关键绩效指标。关注面向智能制造的教育与技能。智能制造企业能够有效地协同人员技能、知识和集成的模型系统。未来，所有的技能、能力和知识都将融入一个集成环境中，在其中可以得到制造成品率和其他生产目标，可以确保环境健康与安全（Environment Health and Safty，EH&S），而且关键绩效指标（Key Performance Indicators，KPI）将持续衡量企业成功与否。制造企业将全面和熟练地使用所有可用知识和经验，利用可以学习的智能模型，通过基于计算机的系统增加知识，在设计和制造全生命周期的每个步骤中实现多目标最优化。

4. 美国智能制造短期目标及行动计划

短期目标是到 2020 年，制造企业从工厂运行到供应链都是智能的，能够全生命周期地虚拟跟踪资本资产、工艺和资源，具备柔性、敏捷和创新的制造环境，绩效和效率都是最优化的，业务和制造都是高效协同运行的。为了实现这个短期目标，他们制定了 4 个行动计划：

1）搭建面向智能制造的工业界建模与仿真平台。智能制造的大规模使用需要模型和计算平台向众多客户开放，提供轻松访问的同时保护知识产权。计算工具也需要拥有先进功能，以支持在工厂环境中进行更复杂的分析和决策，并且能够在制造企业中与商务系统集成。这些包括了所有关键绩效指标以及企业范围数据的集成，包括原材料、设备、设施、产品和后勤。人员因素也必须在决策工具和自动系统中加入，把人类行为和行动与机器知识进行集成。

2）构建经济可承受的工业数据收集与管理系统。支持企业范围的智能制造系统需要大量数据，这些数据需要使用高效、标准化的方法收集、存储、分析和传送，高效且经济地管理和使用数据对智能制造而言是一个重大挑战。解决当前数据系统的局限性需要开发相容的数据方法以及新的收集体系结构，这一体系结构使用综合传感器网络并使数据传输简化。数据系统需要不同平台与客户共用,且在其间数据是可交换的。

3) 在商务系统、制造工厂和供应商之间实现智能制造企业（联盟）范围集成。智能制造企业（联盟）比制造工艺和产品更大,包括横跨制造工厂、企业和工业界的众多业务和管理职能。供应链中制造运行与业务职能的集成是未来智能制造企业（联盟）的一个中心优势。成功地集成业务规划和制造决策将极大增加各种资源使用中的生产率和效率。无损知识产权的跨供应链集成将为改进供应商绩效开辟新方法,并且能让供应商占领新的或邻近的市场。

4) 加强智能制造中的教育与培训。为了持续发展智能制造技术以及其他相关方面,并且使工厂有效采用并广泛使用智能制造,需要打造一支熟练的队伍。这其中的关键在于大学和学院课程中需要加入智能制造概念,在高等教育中包含这些概念将确保人才在所需学科中得到培养。对于培训操作员使用新工具,确保将人员因素持续纳入计算和自动化工厂系统来说,工厂或工业培训项目也是需要的。能够在工厂运行中看到决策的影响,并且从中学习的操作员会成为高效完成工作的重要人员。

5. 美国智能制造的着力点

美国健全了智能制造的各种理论体系,同时具体实施方面也将在以下几个方面发力。

1) 智能机器人：结合互联网技术,增加机器人的交互能力。
2) 物联网：将传感器和通信设备嵌入到机械和生产线中。
3) 大数据和数据分析：开发可解读并分析大量数据的软件和系统。
4) 信息物理系统和系统集成：开发大规模生产系统,实现高效灵活的实时控制和定制。
5) 可持续制造：通过绿色设计,使用环保材料,优化生产工艺,开发可提高资源利用率、减少环境有害物质排放的生产体系。
6) 增材制造：将3D打印技术应用于部件和产品制造,减少产品开发和制造的时间与成本。

美国通过对以上几个方面的着重研究,以实现制造业的智能化升级。

5.2.2 德国智能制造系统的内涵与体系结构

德国是老牌装备制造业强国,其在制造业方面的研究、开发和生产,以及对复杂工业过程高效的管理是其处于全球装备制造业领先位置的基础。

德国拥有强大的机械和设备制造业,在信息技术领域表现出很高的水平和能力,在嵌入式系统和自动化工程方面也颇有建树。但是随着美日等国"再工业化"的提出,全球制造业竞争愈加激烈。在这种背景下,德国提出了"工业4.0"。这里没有明显的"智能制造",这就像美国的"工业互联网""先进制造"一样,只是以不同的提法、不同的思维角度,去阐述着同一件事情：智能制造。

1. "工业4.0"的概念

"工业4.0"这个概念是2013年德国在汉诺威工业博览会上首先正式推出的,在数十年前,德国就已经在这方面进行了广泛且深入的研究。德国提出这个概念,是期待通过提升德国制造业的智能化水平,建立具有适应性、资源效率及基因工程学的智慧工厂,并在商业流程及价值流程中整合客户及商业伙伴,以提高德国工业的竞争力。

"工业4.0"是基于工业发展的不同阶段做出的划分。按照目前的共识可以大致理解为："工业1.0"是蒸汽机时代（即图1-1中的第一次工业革命）,"工业2.0"是电气化时代（即图1-1中的第二次工业革命）,"工业3.0"是自动化时代（即图1-1中的第三次工业革命）,"工业4.0"则是利用信息化技术促进产业变革的时代,也就是智能化时代（即图1-1中的第四次工业革命）。

德国建立"工业 4.0"体系，其技术基础是网络实体系统及物联网，他们利用信息物理系统将生产中的供应，制造，销售信息数据化、智慧化，最后达到快速、有效、个人化的产品供应。

2．"工业 4.0"的本质、核心及特征

"工业 4.0"的本质就是通过数据流动自动化技术，从规模经济转向范围经济，以同质化规模化的成本，构建出异质化定制化的产业。对于产业结构改革，这是至关重要的作用。

工业 4.0 的核心就是"智能+网络化"，即通过信息物理系统构建智能工厂，实现智能制造的目的。

"工业 4.0"的 5 大特点是"互联""数据""集成""创新""转型"，核心特征是互联，如图 5-6 所示。从本质上来讲，这与美国的"工业互联网""先进制造"有相同的地方。

互联就是要把设备、生产线、工厂、供应商、产品、客户等等紧密地连在一起。

数据是指，当传感器、智能设备、智能终端、连接无处不在的时候，其结果必然就是数据无处不在，包括产品、设备、研发、供应链、运营、管理、销售、消费者等数据。

集成是指"工业 4.0"将无处不在的传感器、嵌入式终端系统、通信设施通过信息物理系统形成一个智能网络，使人-人、人-机、机-机、服务-服务之间能够互联，从而实现横向、纵向和端对端的高度集成。

创新是指"工业 4.0"的实施过程是制造业创新发展的过程，制造技术、产品、模式、业态、组织等方面的创新将会层出不穷。

转型：物联网和服务互联网将渗透到工业的各个环节，形成高度灵活、个性化、智能化的生产模式，推动生产方式向个性化定制、服务型制造、创新驱动转变，如图 5-7 所示。

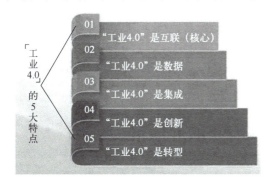

图 5-6 "工业 4.0"的 5 大特点

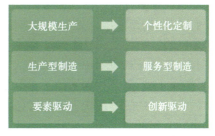

图 5-7 "工业 4.0"带来的转变示意图

3．"工业 4.0"的要点

德国"工业 4.0"的要点可以概括为：建设一个网络、研究两大主题、实现 3 项集成、实施 8 项计划。

（1）建设一个网络　信息物理系统网络。信息物理系统就是将物理设备连接到互联网上，让物理设备具有计算、通信、精确控制、远程协调和自治 5 大功能，从而实现虚拟网络世界与现实物理世界的融合。信息物理系统可以将资源、信息、物体以及人紧密联系在一起，创造物联网及相关服务，并将生产工厂转变为一个智能环境。这是实现"工业 4.0"的基础。

（2）研究两大主题　智能工厂和智能生产。智能工厂是未来智能基础设施的关键组成部分，重点研究智能化生产系统及过程以及网络化分布生产设施的实现。智能生产的侧重点在于将人机互动、智能物流管理、3D 打印等先进技术应用于整个工业生产过程，从而形成高度灵活、个性化、网络化的产业链。生产流程智能化是实现"工业 4.0"的关键。

（3）实现 3 项集成　横向集成、纵向集成与端对端的集成。"工业 4.0"将无处不在的传感器、嵌入式终端系统、智能控制系统、通信设施通过信息物理系统形成一个智能网络，使人与人、人与机器、机器与机器以及服务与服务之间能够互联，实现横向、纵向和端对端的高度集成。

横向集成是企业之间通过价值链以及信息网络所实现的一种资源整合，是为了实现各企业间的无缝合作，提供实时产品与服务；纵向集成是基于未来智能工厂中网络化的制造体系，实现个性化定制生产，替代传统的固定式生产流程（如生产流水线）；端对端集成是指贯穿整个价值链的工程化数字集成，是在所有终端数字化的前提下实现的基于价值链与不同公司之间的一种整合，这将最大限度地实现个性化定制。

（4）实施 8 项计划　实施 8 项"工业 4.0"得以实现的基本保障：

1）建立标准化和参考架构。需要开发出一套统一的共同标准，不同公司间的网络连接和集成才会成为可能。

2）管理复杂系统。适当的计划和解释性模型可以为管理日趋复杂的产品和制造系统提供基础。

3）建立一套综合的工业宽带基础设施。可靠、全面、高品质的通信网络是"工业 4.0"的一个关键要求。

4）满足安全和保障的要求。在确保生产设施和产品本身不会对人和环境构成威胁的同时，要防止生产设施和产品的滥用及未经授权获取。

5）工作的组织和设计。随着工作内容、流程和环境的变化，对管理工作提出了新的要求。

6）培训和持续的职业发展。有必要通过建立终身学习和持续职业发展计划，帮助员工应对来自工作和技能的新要求。

7）监管框架。创新带来的诸如企业数据、责任、个人数据以及贸易限制等新问题，需要包括准则、示范合同、协议、审计等适当手段加以监管。

8）资源利用效率。需要考虑和权衡在原材料和能源上的大量消耗给环境和安全供应带来的诸多风险。

4．"工业 4.0"的技术支撑

"工业 4.0"需要技术支撑，其中最关键的是信息和通信技术（ICT）。

（1）ICT 的发展现状　随着信息时代的到来，信息技术革命给世界带来了根本性的变革。在过去 30 年的时间里，出现了数据（仓）库、互联网、无线网络、物联网、云计算、大数据、智能传感器、高性能芯片等一大批信息技术。其中，新一代互联网协议 IPv6 的出现，提供了大量的地址空间和端到端的通信特性，为"物及服务联网"的发展创造了良好的网络通信条件和通信能力的拓展；智能传感器技术以及无线网络的发展推动了"机器对机器（M2M）"通信技术的进步，进而推动了"物及服务联网"的出现，当然，5G 技术的出现，对工业智能制造与生态领域更是革命性的推动。

（2）ICT 在服务领域的应用　随着射频技术、全球定位系统（Global Positioning System，GPS）、条形码（二维码）、计算机视觉、数字证书等信息技术的发展，电子商务、数字支付等领域正在加速发展，并推动了现代物流业的数字化发展。

（3）ICT 在制造领域的应用　随着 5G 技术的破土而出，新一代信息技术的发展，以数字化控制技术为代表的信息技术逐渐渗透到制造领域。在硬件方面，嵌入式系统、可编程逻辑控制器（Programmable Logic Controller，PLC）等技术的发展，推动了制造设备的数字化，出现了数控机床、机械人/机械手、增材制造设备、柔性制造系统（FMS）、加工中心等计算机辅助制造（CAM）设备，使得数字化制造水平不断提高；在软件方面，计算机辅助设计（CAD）、计算机辅助工艺设计（CAPP）等技术的发展，使得数字化设计水平不断提高。

（4）ICT 在管理领域的应用　随着信息技术渗透到管理领域，信息技术逐步涵盖了企业内部的物料管理、仓储物流、人力资源、财务管理、客户资源管理等各个领域，逐渐涌现了企业资源规划（ERP）、供应链管理（SCM）、产品数据管理（Product Data Management，PDM）等信息化管理技术。同时，为了打通从管理信息系统到数字化制造设备之间的数字鸿沟，提高资源使用效率和自动化率，又出现了制造执行系统（MES）、产品生命周期管理（Product Life-cycle Management，PLM）、系统生命周期管理（System Life-cycle Management，SysLM）等信息化管理技术。

按照德国的理念，"工业 4.0"的支撑技术，可以用图 5-8 表示。

工业物联网、云计算、工业大数据构成互联网时代的 3 大底层基础设施，3D 打印、工业机器人构成中层两大硬件系统，工业网络安全和知识工作自动化构成中层两大软件支持。最终实现虚拟现实和人工智能的终极目标。

这种表达的方式，与 ICT 发展及应用的表达方式有所不同，但本质是一致的。

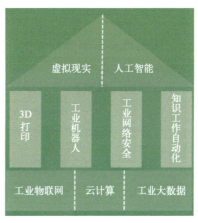

图 5-8　"工业 4.0"的支撑技术

5.2.3　日本智能制造系统的内涵与体系结构

日本于 2016 年 1 月在《第 5 期科学技术基本计划》中，提出了"超智能社会 5.0"，并在 2016 年 5 月底颁布的《科学技术创新战略 2016》中，对其做了进一步的阐释。该计划认为，"超智能社会"是继狩猎社会、农耕社会、工业社会、信息社会之后，又一新的社会形态，也是虚拟空间与现实空间高度融合的社会形态。日本"超智能社会 5.0"的发展道路如图 5-9 所示。

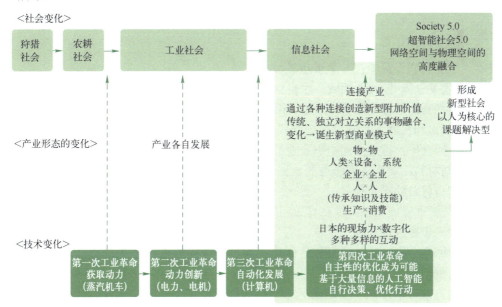

图 5-9　日本"超智能社会 5.0"的发展道路

1. "工业互联"的提出

日本在社会形态上提出了"社会 5.0",作为日本目标产业趋势,日本向世界喊出了自己的口号:互联工业(Connected Industries)。

从《日本制造白皮书 2018》中可以解读到,1989 年,日本提出了智能制造系统(IMS)计划,以及日本机械学会在 2015 年提出的产业结构优化思路:工业价值链计划(Industrial Value-Chain Initiative,IVI),已经造成了日本生产制造业的窘境,本次提出的"互联工业",就是在一定程度借鉴了美国的"互联"。

人们以前可能经常听到,日本管理中的丰田生产系统"TPS"、全面质量管理(Total Quality Control,TQC)、精益制造等,但有一条曲线引起了日本人的警惕,那就是"净资产收益率"曲线,如图 5-10 所示。

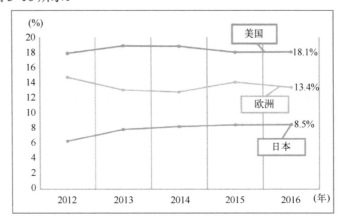

图 5-10 "净资产收益率"曲线

从曲线上来看,日本企业的净资产收益率,远远低于美国,他们得到的结论是"不应该仅仅追求通过机器人、信息技术、物联网等技术的灵活应用和工作方式变革达到业务的效率提升和优化,更重要的是通过灵活运用数字技术获得新的附加价值",这也是提出"工业互联"的一个起因。

2. "工业互联"的重点领域

日本"工业互联"集中在 5 个重点领域。

1)无人驾驶-移动性服务领域:尽快整理数据合作的方式;加强 AI 开发及人才培养;采取对策应对包括物流等移动服务以及 EV 化的未来发展。

2)生产制造和机器人:制定数据格式等的国际标准化;加强网络安全、人才培养等协调领域中的企业间合作;推进面向中小企业的 IoT 工具基础建设。

3)生物与材料:实现协调领域的数据合作;构建针对实用化的 AI 技术平台;确保社会对于所用生物与材料的接受程度。

4)工厂与基础设施安保:提高有效利用 IoT 的自主安保技术;制定针对企业间数据协调的指南等;进一步推进规章制度改革。

5)智慧生活:发掘需求,服务具体化;通过企业间联盟开展书画院合作;制定数据使用,有效利用规则。

3. "工业互联"的横向支持政策

前面讲到了重点的 5 个领域,而对这 5 个领域,日本都是采取了交叉式政策推进,主要是 3 类横向政策。

1)实时数据的共享与使用:制定数据共享企业认证政策,从税收制度等方面加以支持;支持拥有实时数据的大型、骨干型企业与 AI 创投的合作,开展 AI 系统的开发;通过实证项目创造模式,制定规则;修订"合同数据指南"。

2)针对数据有效利用的基础设施建设(如培养人才、研究开发、网络空间的安全对策等):从质量、数量上扩充国际标准化人才;实现日本版创业生态系统。

3)国际、国内的各种横向合作与推广(如向中小企业的推广普及)等:加强与欧洲、亚洲等世界各国的合作;加强通过国际合作 WG 的系统出口;通过培养专家及派遣,加强对地区、中小企业的支持。

4. 智能工厂的基本架构

2016 年 12 月 8 日,由日本制造业企业、设备厂商、系统集成企业等组织提出的"工业价值链倡议",基于日本制造业的现有基础,推出了智能工厂的基本架构——工业价值链参考架构(Industrial Value Chain Reference Architecture,IVRA),如图 5-11 所示。

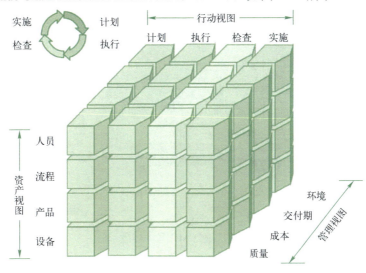

图 5-11 日本提出的"工业价值链倡议"中智能制造单元的三维视图

在行动视图上,是一个 PDCA 循环,即计划(Plan)、执行(Do)、检查(Check)和实施(Action)。在资产视图上,分为人员(Employees)、流程(Processes)、产品(Products)和设备(Equipment)。在管理视图上,是 QCDE 活动,即质量(Quality)、成本(Cost)、交付期(Delivery Date)、环境(Environment)。

图中独立的块状结构称为"智能制造单元(Smart Manufacturing Unit,SMU)",多个"智能制造单元"的组合,可以展现制造业产业链和工程链等。

多个"智能制造单元"的组合被称为"通用功能块(General Function Block,GFB)"。GFB 纵向表示企业或工厂的管理流程,分为企业层、部门层、车间层和设备层;横向表示知识/工程流程,包括市场和设计、建设与实施、制造执行、维护和修理、研究与开发等 5 个阶段;内向表示需求/供应流程,包括总体规划、物料采购、制造执行、销售和物流、售后服务 5 个阶段,如图 5-12 所示。

SMU 之间的联系,定义为"轻便载入单元(Portable Loading Unit,PLU)",PLU 由价值、事物、信息和数据 4 个部分组成。通过控制这 4 个部分在 SMU 间的传递准确度,来提升智能制造的效率,如图 5-13 所示。

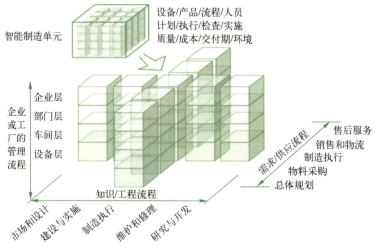

图 5-12　日本 "通用功能块（GFB）" 示意图

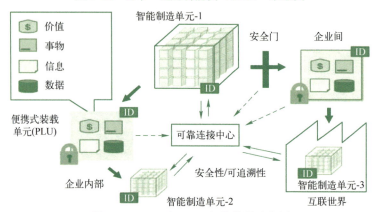

图 5-13　PLU 在 SMU 间的传递示意图

5.3　中国智能制造系统的体系结构

5.3.1　智能制造的标准体系结构

按照《国家智能制造标准体系建设指南（2021 版）》的设计，我国智能制造标准体系结构包括 "A 基础共性" "B 关键技术" "C 行业应用" 3 个部分，主要反映标准体系各部分的组成关系。智能制造标准体系结构图如图 5-14 所示。

具体而言，"A 基础共性" 包括通用、安全、可靠性、检测、评价、人员能力 6 大类，位于智能制造标准体系结构图的最底层，是 "B 关键技术" 和 "C 行业应用" 的支撑。"B 关键技术" 是智能制造系统架构智能特征维度，在生命周期维度和系统层级维度所组成的制造平面的投影，其中 "BA 智能装备" 主要聚焦于智能特征维度的资源要素，"BB 智能工厂" 主要聚焦于智能特征维度的资源要素和系统集成，"BC 智慧供应链" 对应智能特征维度系统集成，"BD 智能服务" 对应智能特征维度的新兴业态，"BE 智能赋能技术" 对应智能特征维度的融合共享，"BF 工业网络" 对应智能特征维度的互联互通。"C 行业应用" 位于智能制造标准体系结构图的最顶层，面向行业具体需求，对 "A 基础共性" 和 "B 关键技术" 进行细化和落地，指导各行业推进智能制造。

图 5-14 智能制造标准体系结构图

智能制造标准体系结构中明确了智能制造的标准化需求，与智能制造系统架构具有映射关系。以大规模个性化定制模块化设计规范为例，它属于智能制造标准体系结构中"B 关键技术"中"BD 智能服务"中的大规模个性化定制标准。在智能制造系统架构中，它位于生命周期维度设计环节，系统层级维度的企业层和协同层，以及智能特征维度的新兴业态。其中，智能制造系统架构 3 个维度与智能制造标准体系的映射关系如图 5-15 所示。

由于智能制造标准体系结构中"A 基础共性"及"C 行业应用"涉及整个智能制造系统架构，映射图中对"B 关键技术"进行了分别映射。"B 关键技术"中包括"BA 智能装备"、"BB 智能工厂"、"BC 智慧供应链"、"BD 智能服务"、"BE 智能赋能技术"、"BF 工业网络" 6 大类。其中"BA 智能装备"主要对应生命周期维度的设计、生产和物流，系统层级维度的设备和单元，以及智能特征维度中的资源要素；"BB 智能工厂"主要对应生命周期维度的设计、生产和物流，系统层级维度的车间和企业，以及智能特征维度的资源要素和系统集成；"BC 智慧供应链"主要对应生命周期维度的物料和销售，系统层级维度的企业和协同，以及智能特征维度的互联互通、融合共享和系统集成；"BD 智能服务"主要对应生命周期维度的销售和服务，系统层级维度的协同，以及智能特征维度的新兴业态；"BE 智能赋能技术"主要对应生命周期维度的全过程，系统层级维度的企业和协同，以及智能特征维度的所有环节；"BF 工业网络"主要对应生命周期维度的全过程，系统层级维度的设备、单元、车间和企业，以及智能特征维度的互联互通和系统集成。

智能制造系统架构通过 3 个维度展示了智能制造的全貌。为更好地解读和理解系统架构，以计算机辅助设计（CAD）、工业机器人和工业互联网为例，诠释智能制造重点领域在系统架构中所处的位置及其相关标准。

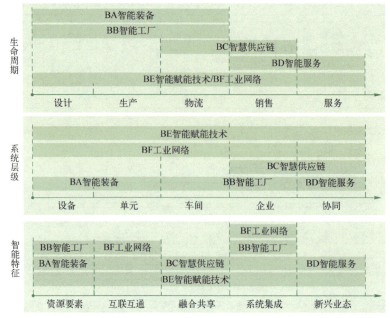

图 5-15　智能制造系统架构 3 个维度与智能制造标准体系映射关系

1. 计算机辅助设计（CAD）

CAD 位于智能制造系统架构生命周期维度的设计环节、系统层级的企业层，以及智能特征维度的融合共享，如图 5-16 所示。

已发布的 CAD 标准主要包括：

1）GB/T 14665—2012《机械工程 CAD 制图规则》。

2）GB/T 17304—2009《CAD 通用技术规范》。

3）GB/T 18784—2002《CAD/CAM 数据质量》。

4）GB/T 18784.2—2005《CAD/CAM 数据质量保证方法》。

目前，CAD 正逐渐从传统的桌面软件向云服务平台过渡。下一步，结合 CAD 的云端化、基于模型定义（Model Based Definition，MBD）以及基于模型生产（Model Based Manufacture，MBM）等技术发展趋势，将制定新的 CAD 标准。CAD 在智能制造系统架构中的位置相应会发生变化，如图 5-17 所示。

2. 工业机器人

工业机器人位于智能制造系统架构生命周期

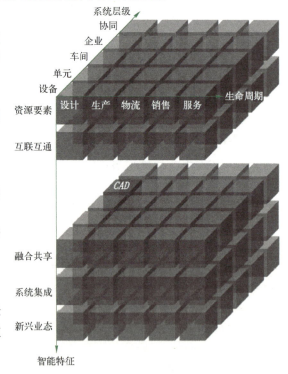

图 5-16　CAD 在智能制造系统架构中的位置

的生产和物流环节、系统层级的设备层级和单元层级，以及智能特征的资源要素，如图 5-18 所示。

已发布的工业机器人标准主要包括：

1）GB 11291.1—2011《工业环境用机器人 安全要求 第 1 部分：机器人》。

2）GB 11291.2—2013《机器人与机器人装备 工业机器人的安全要求 第 2 部分：机器人系统与集成》。

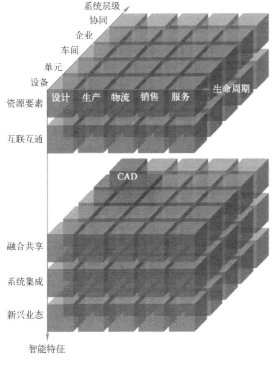

图 5-17　CAD 在智能制造系统架构中的位置变化

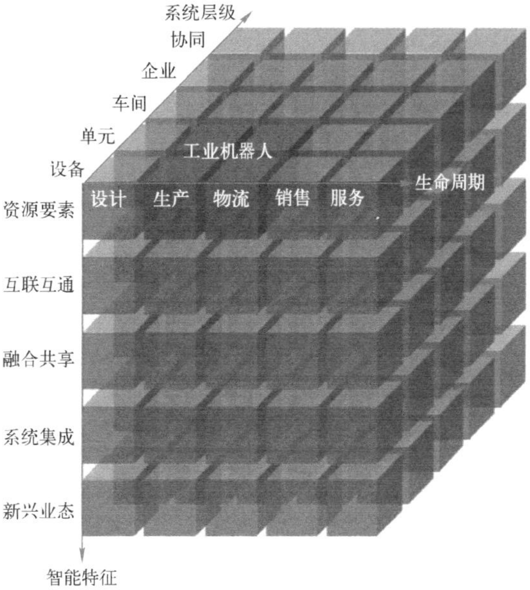

3）GB/T 29825—2013《机器人通信总线协议》。

4）GB/T 32197—2015《机器人控制器开放式通信接口规范》。

5）GB/T 33267—2016《机器人仿真开发环境接口》。

6）GB/T 33266—2016《模块化机器人高速通用通信总线性能》。

7）GB/T 38559—2020《工业机器人力控制技术规范》。

8）GB/T 38560—2020《工业机器人的通用驱动模块接口》。

9）GB/T 38642—2020《工业机器人 生命周期风险评价方法》。

10）GB/T 38835—2020《工业机器人 生命周期对环境影响评价方法》。

11）GB/T 39005—2020《工业机器人视觉集成系统通用技术要求》。

3. 工业互联网

工业互联网位于智能制造系统架构生命周期的所有环节，系统层级的设备、单元、工厂、企业和协同 5 个层级，以及智能特征的互联互通，如图 5-19 所示。

图 5-18　工业机器人在智能制造系统架构中的位置

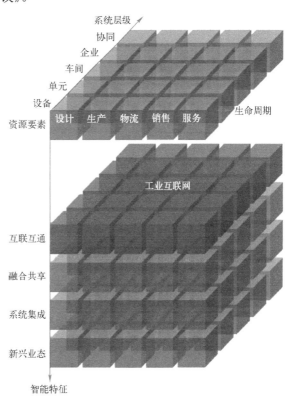

图 5-19　工业互联网在智能制造系统架构中的位置

已发布的工业互联网标准主要包括：

1）GB/T 19582.1—2008《基于 Modbus 协议的工业自动化网络规范 第 1 部分：Modbus 应用协议》。

2）GB/T 19760—2008《CC-Link 控制与通信网络规范》。

3）GB/T 20171—2006《用于工业测量与控制系统的 EPA 系统结构与通信规范》。

4）GB/T 25105—2014《工业通信网络 现场总线规范 类型 10：PROFINET IO 规范》。

5）GB/Z 26157—2010《测量和控制数字数据通信 工业控制系统用现场总线 类型 2：ControlNet 和 EtherNet/IP 规范》。

6）GB/T 26790.1—2011《工业无线网络 WIA 规范 第 1 部分：用于过程自动化的 WIA 系统结构与通信规范》。

7）GB/T 29910—2013《工业通信网络 现场总线规范 类型 20：HART 规范》。

8）GB/T 27960—2011《以太网 POWERLINK 通信行规规范》。

9）GB/T 31230—2014《工业以太网现场总线 EtherCAT》。

10）GB/T 42021—2022《工业互联网 总体网络架构》。

正在制定的标准包括：

1）20170054-T-339《智能制造 标识解析体系要求》。

2）2017-0960T-YD《工业互联网网络安全总体要求》。

3）2016-1860T-YD《支持石化行业智能工厂的移动网络技术要求》。

5.3.2 基础共性标准

基础共性标准用于统一智能制造相关概念，解决智能制造基础共性关键问题，包括通用、安全、可靠性、检测、评价、人员能力 6 个部分，如图 5-20 所示。基础共性标准共分为 3 级，本节内容只对二级标准进行介绍。

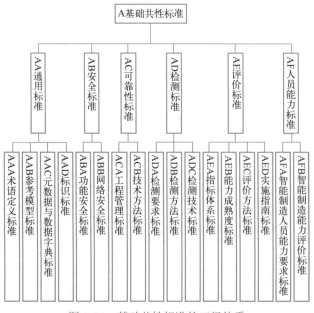

图 5-20 基础共性标准的三级体系

（1）通用标准 通用标准主要包括术语定义、参考模型、元数据与数据字典、标识 4 个部分。术语定义标准用于统一智能制造相关概念,为其他各部分标准的制定提供支撑,其包括对术语、词汇、符号、代号等标准。参考模型标准用于帮助各方认识和理解智能制造标准化的对象、边界、各部分的层级关系和内在联系,包括参考模型、系统架构等标准。元数据与数据字典标准用于规定智能制造产品设计、生产、流通等环节涉及的工业产品、制造过程等工业数据的分类、命名规则、描述与表达、注册和管理维护要求,以及数据字典建立方法,包括元数据、数据字典等标准。标识标准用于智能制造领域各类对象的标识与解析,包括标识编码、编码传输规则、对象元数据、解析系统等标准。

(2) 安全标准　安全标准主要包括功能安全、网络安全两个部分。功能安全标准用于保证在危险发生时控制系统正确可靠地执行其安全功能,避免因系统失效或安全设施的冲突而导致生产事故,包括面向智能制造的安全协同要求、功能安全系统设计和实施、功能安全测试和评估、功能安全管理和功能安全运维等标准。网络安全标准用于保证智能制造领域相关信息系统的可用性、机密性和完整性,从而确保系统能安全、可靠地运行,包括联网设备安全、控制系统安全、网络(含标识解析系统)安全、工业互联网平台安全、数据安全以及相关安全产品评测、安全系统评估和国密算法应用指南等标准。

(3) 可靠性标准　可靠性标准主要包括工程管理、技术方法两个部分。工程管理标准主要对智能制造系统的可靠性活动进行规划、组织、协调与监督,包括智能制造系统及其各系统层级对象的可靠性要求、可靠性管理、综合保障管理、生命周期成本管理等标准。技术方法标准主要用于指导智能制造系统及其各系统层级开展具体的可靠性保证与验证工作,包括可靠性设计、可靠性试验、可靠性分析、可靠性评价等标准。

(4) 检测标准　检测标准主要包括检测要求、检测方法、检测技术 3 个部分。检测要求标准用于指导智能装备和系统在测试过程中的科学排序和有效管理,包括不同类型的智能装备和系统一致性和互操作、集成和互联互通、系统能效、电磁兼容等测试项目的指标或要求等标准。检测方法标准用于不同类型智能装备和系统的测试,包括试验内容、方式、步骤、过程、计算分析等内容的标准,以及性能、环境适应性和参数校准等内容的标准。检测技术标准用于规范面向智能制造的检测技术,包括判断性检测、信息性检测、寻因性检测等标准,检测手段不限于软/硬件测试、在线监控、仿真测试等。

(5) 评价标准　评价标准主要包括指标体系、能力成熟度、评价方法、实施指南 4 个部分。指标体系标准用于对各智能制造应用领域、应用企业和应用项目开展评估,促进企业不断提升智能制造水平。能力成熟度标准用于企业识别智能制造现状、规划智能制造框架、为提升智能制造能力水平提供过程方法论,为企业识别差距、确立目标、实施改进提供参考。评价方法标准用于为相关方提供一致的方法和依据,规范评价过程,指导相关方开展智能制造评价。实施指南标准用于指导企业提升制造能力,为企业开展智能化建设、提高生产力提供参考。

(6) 人员能力标准　人员能力标准包括智能制造人员能力要求、智能制造能力评价两个部分。智能制造人员能力要求标准用于规范从业人员能力管理,明确职业分类、能力等级、知识储备、技术能力和实践经验等要求,包括能力要求和人员能力培养等标准。智能制造能力评价标准用于规范不同职业类别人员的能力等级,指导评价智能制造从业人员能力水平,包括从业人员评价、评估师评价等标准。

5.3.3　关键技术标准

关键技术标准是这个标准体系最核心的部分,主要包括智能装备、智能工厂、智慧供应链、智能服务、智能赋能技术和工业网络 6 个部分。

（1）智能装备标准　智能装备标准用于制定智能装备的信息模型、数据字典、通信协议与接口、集成和互联互通、运维服务、性能评估、测试方法等要求，主要包括传感器与仪器仪表、自动识别设备、人机协作系统、控制系统、增材制造装备、工业机器人、数控机床、工艺装备、检验检测装备、其他 10 个部分，如图 5-21 所示。

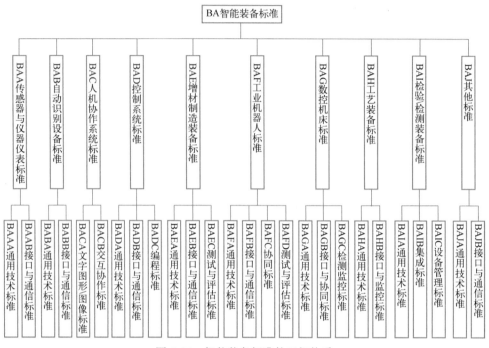

图 5-21　智能装备标准的三级体系

1）传感器与仪器仪表标准。传感器与仪器仪表标准用于测量、分析、控制等工业生产的过程，以及非接触式感知设备自动识别目标对象、采集并分析相关数据的过程，解决数据采集与交换过程中数据格式、程序接口不统一的问题，确保编码的一致性，主要包括特性与分类、可靠性设计、寿命预测、系统及部件全生命周期管理、性能评估等通用技术标准；信息模型、数据接口、现场设备集成、语义互操作、通信协议、协议一致性等接口与通信标准。

2）自动识别设备标准。自动识别设备标准主要包括数据编码、性能评估、设备管理等通用技术标准；接口规范、通信协议、信息集成、融合感知与协同信息处理等接口与通信标准。

3）人机协作系统标准。人机协作系统标准主要包括对虚拟现实/增强现实（VR/AR）等人机协作系统专业图形符号的分类和定义、视觉图像获取与识别、虚实融合信息显示等文字图形/图像标准；人机协作过程中合作模式要求、任务分配要求、人机接口等交互协作标准。

4）控制系统标准。控制系统标准用于规定对生产过程及装置自动化、数字化的信息控制系统的要求，如可编程逻辑控制器（PLC）、可编程自动化控制器（PAC）、分散式控制系统（DCS）、现场总线控制系统（FCS）、数据采集与监控系统（SCADA）等相关标准，解决控制系统数据采集、控制方法、通信、集成等问题。控制系统标准主要包括控制方法、数据采集及存储、人机界面及可视化、测试等通用技术标准；控制设备信息模型、时钟同步、接口、系统互联、协议一致性等接口与通信标准；工程数据交换、控制逻辑程序、控制程序架构、控制标签和数据流、功能模块等编程标准。

5）增材制造装备标准。增材制造装备标准主要包括模型数据质量及处理要求，工艺知识库的建立和分类、数据字典、编码要求，以及多材料、阵列式增材制造、复合、微纳结构增材制造技术要求等通用技术标准；系统和装备信息模型、通信协议等接口与通信标准；测试方法、性能评估等测试与评估标准。

6）工业机器人标准。工业机器人标准用于规定工业机器人的系统集成、人机协同等通用要求，确保工业机器人系统集成的规范性、协同作业的安全性、通信接口的通用性。其主要包括数据格式、对象字典等通用技术标准；信息模型、编程系统、用户、工业机器人之间的接口与通信标准；工业机器人与人、环境、系统及其他装备间的协同标准；性能、场所适应性等测试与评估标准。

7）数控机床标准。数控机床标准用于规范数字程序控制进行运动轨迹和逻辑控制的机床，解决其过程、集成与协同以及在智能制造应用中的标准化问题。其主要包括机床及功能部件语言与格式、故障信息字典、分类、控制要求等通用技术标准；编程接口、物理映射模型、互联互通等接口与协同标准；基于工业云制造的检测、状态监控与优化等检测监控标准。

8）工艺装备标准。工艺装备标准主要包括铸、锻、焊、热处理、特种加工等应用于流程及离散型制造的工艺装备技术要求等通用技术标准；数据接口、状态监控等接口与监控标准。

9）检验/检测装备标准。检验/检测装备标准主要包括在线检测系统数据格式、性能及环境要求等通用技术标准；检验/检测装备与其他生产设备及系统间的互联互通、接口等集成标准；效能状态检测与校准、故障诊断等设备管理标准。

10）其他标准。其他标准主要包括面向仓储物流、包装印刷等智能装备的数据编码、数据格式、性能及环境要求等通用技术标准；信息模型、互联互通、接口规范、通信协议、协议一致性等接口与通信标准。

（2）智能工厂标准　智能工厂标准用于规定智能工厂设计和交付等过程，以及工厂内设计、生产、管理、物流及系统集成等内容，针对流程、工具、系统、接口等应满足的要求，确保智能工厂建设过程规范化、系统集成规范化、产品制造过程智能化，和指导系统与业务的优化。智能工厂标准主要包括智能工厂设计、智能工厂交付、智能设计、智能生产、智能管理、工厂智能物流、集成优化7个部分，如图5-22所示，其中重点标准是智能工厂设计标准、智能工厂交付标准、智能生产标准和集成优化标准。

1）智能工厂设计标准。智能工厂设计标准用于规定智能工厂的规划设计，确保工厂的数字化、网络化和智能化水平，主要包括智能工厂的设计要求、设计模型、设计验证、设计文件深度要求以及协同设计等总体规划标准；物理工厂数据采集、工厂布局、虚拟工厂参考架构、工艺流程及布局模型、生产过程模型和组织模型、仿真分析，实现物理工厂与虚拟工厂之间的信息交互等物理/虚拟工厂设计标准。

2）智能工厂交付标准。智能工厂交付标准主要包括设计、实施阶段数字化交付通用要求、内容要求、质量要求等数字化交付标准及智能工厂项目竣工验收要求标准。

3）智能设计标准。智能设计标准主要包括基于数据驱动的参数化模块化设计、基于模型的系统工程（MBSE）设计、协同设计与仿真、多专业耦合仿真优化、配方产品数字化设计的产品设计与仿真标准；基于制造资源数字化模型的工艺设计与仿真标准；试验方法、试验数据与流程管理等试验设计与仿真标准。

4）智能生产标准。智能生产标准主要包括计划建模与仿真、多级计划协同、可视化排产、动态优化调度等计划调度标准；作业文件自动下发与执行、设计与制造协同、制造资源动态组织、流程模拟、生产过程管控与优化、异常管理及防呆防错机制等生产执行标准；智能在线质量监测、预警和优化控制、质量档案及质量追溯等质量管控标准；基于知识的设备运行状态监控与优化、维修维护、故障管理等设备运维标准。

5）智能管理标准。智能管理标准主要包括原材料、辅料等质量检验分析等采购管理标准；销售预测、客户服务管理等销售管理标准；设备健康与可靠性管理、知识管理等资产管理标准；能流管理、能效评估等能源管理标准；作业过程管控、应急管理、危化品管理等安全管理标准；环保实时监测、预测预警等环保管理标准。

6）工厂智能物流标准。工厂智能物流标准主要包括工厂内物料状态标识与信息跟踪、作业分派与调度优化、仓储系统功能要求等智能仓储标准；物料分拣、配送路径规划与管理等智能配送标准。

7）集成优化标准。集成优化标准主要包括满足工厂内业务活动需求的软/硬件集成、系统解决方案集成服务等集成标准；操作与控制优化、数据驱动的全生命周期业务优化等优化标准。

（3）智慧供应链标准　智慧供应链标准主要规定供应链上下游企业合作过程中的数据、流程、评估等技术及管理要求，指导供应链管理系统及平台的设计与开发，确保供应链横向集成和高效协同。智慧供应链标准主要包括供应链数据共享、供应链协同、供应链风险管理、供应链评估4个部分，如图5-23所示。

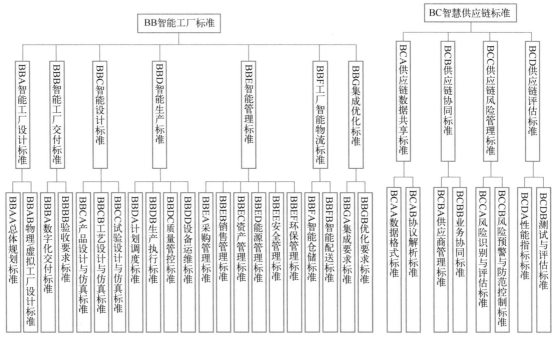

图5-22　智能工厂标准的三级体系　　　　图5-23　智慧供应链标准的三级体系

1）供应链数据共享标准。供应链数据共享标准主要包括供应链上下游的数据格式、协议解析等标准。

2）供应链协同标准。供应链协同标准主要包括供应商分类/分级、绩效评价等供应商管理标准，供应链上下游设计协同、生产协同、物流协同、销售协同、服务协同等业务协同标准。

3）供应链风险管理标准。供应链风险管理标准主要包括供应链风险识别与评估、风险预警与防范控制标准。

4）供应链评估标准。供应链评估标准主要包括供应链性能指标、测试与评估标准。

(4）智能服务标准　智能服务标准用于实现产品与服务的融合、分散化制造资源的有机整合和各自核心竞争力的高度协同，解决了综合利用企业内部和外部的各类资源、提供各类规范且可靠的新型服务的问题。智能服务标准主要包括大规模个性化定制、运维服务和网络协同制造 3 个部分，如图 5-24 所示，其中重点标准是大规模个性化定制标准和运维服务标准。

1）大规模个性化定制标准。大规模个性化定制标准用于指导企业实现以客户需求为核心的大规模个性化定制服务模式，通过新一代信息技术和柔性制造技术，以模块化设计为基础，以接近大批量生产的效率和成本满足客户的个性化需求。大规模个性化定制标准包括通用要求、需求交互规范、设计要求和生产要求等标准。

2）运维服务标准。运维服务标准用于指导企业开展远程运维和预测性维护系统建设和管理，通过对设备状态的远程监测和健康诊断，实现对复杂系统快速、及时、正确诊断和维护，进而基于采集到的设备运行数据，全面分析设备现场实

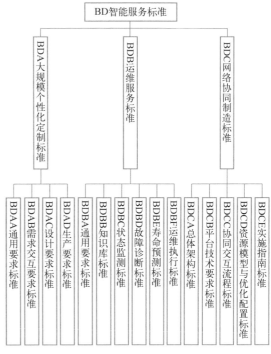

图 5-24　智能服务标准的三级体系

际使用运行状况，从而为设备设计及制造工艺改进等后续产品的持续优化提供支撑。运维服务标准包括通用要求、知识库、状态监测、故障诊断、寿命预测、运维执行等标准。

3）网络协同制造标准。网络协同制造标准用于指导企业持续改进和不断优化网络化制造资源协同云平台，通过高度集成企业间、部门间的创新资源、生产能力和服务能力的相关技术方法，实现生产制造与服务运维信息高度共享，资源和服务的动态分析与柔性配置水平显著增强。网络协同制造标准包括总体架构、平台技术要求、协同交互流程、资源模型与优化配置、实施指南等标准。

（5）智能赋能技术标准　智能赋能技术标准用于指导新技术向制造业领域融合应用，提升制造业智能化水平。智能赋能技术标准主要包括人工智能、工业大数据、工业软件、工业云、边缘计算、数字孪生和区块链 7 个部分，如图 5-25 所示，其中重点标准为人工智能标准和边缘计算标准。

1）人工智能标准。人工智能标准主要包括知识表示、知识建模、知识融合、知识计算等知识服务标准；应用平台架构、集成要求等平台与支撑标准；训练数据要求、测试指南与评估原则等性能评估标准；智能在线检测、运营管理优化等面向产品全生命周期的应用管理标准等。

2）工业大数据标准。工业大数据标准主要包括平台建设的要求、运维和检测评估等工业大数据平台标准；工业大数据采集、预处理、分析、可视化和访问等数据处理标准；数据管理体系、数据资源管理、数据质量管理、主数据管理、数据管理能力成熟度等数据管理和治理标准；工厂内部数据共享、工厂外部数据交换等数据流通标准。

3）工业软件标准。工业软件标准主要包括产品、工具、嵌入式软件、系统和平台的功能定义、业务模型、质量要求、成熟度要求等软件产品与系统标准；工业软件接口规范、集成规程、产品线工程等软件系统集成和接口标准；生存周期管理、质量管理、资产管理、配置管

理、可靠性要求等服务与管理标准；工业技术软件化参考架构、工业应用软件封装等工业技术软件化标准。

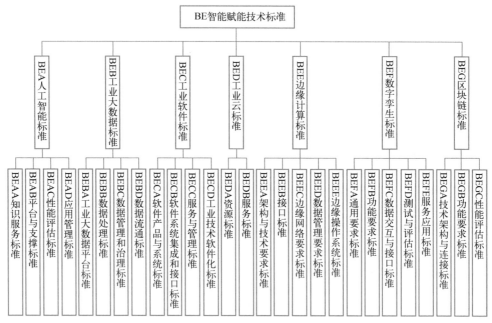

图 5-25 智能赋能技术标准的三级体系

4）工业云标准。工业云标准主要包括平台建设与应用、工业云资源和服务能力的接入、配置与管理等资源标准；实施指南、能力测评、效果评价等服务标准。

5）边缘计算标准。边缘计算标准主要包括架构与技术要求、接口、边缘网络要求、数据管理要求、边缘操作系统标准。

6）数字孪生标准。数字孪生标准主要包括参考架构、信息模型等通用要求标准；面向不同系统层级的功能要求标准；面向数字孪生系统间集成和协作的数据交互与接口标准；性能评估及符合性测试等测试与评估标准；面向不同制造场景的服务应用标准。

7）区块链标准。区块链标准主要包括架构与技术要求、接口标准、可信数据连接等技术架构与连接标准；可信数字身份、可信边缘计算、工业分布式账本、可信事件提取、智能合约等功能要求标准；性能评估标准。

（6）工业网络标准 工业网络标准主要包括工业无线网络、工业有线网络、工业网络融合和工业网络资源管理 4 个标准，如图 5-26 所示。主要用于满足工厂不同系统层级内部及之间的低时延、高可靠等需求，实现工业网络架构下不同层级和异构网络之间的组网，规范网络地址、服务质量、无线频谱等资源使用及网络运行管理。

1）工业无线网络标准。工业无线网络标准主要包括工业无线通信技术（WiFi）、无线可寻址远程传感器高速通道（Wireless HART）、用于工厂自动化/过程自动化的工业无线网络（Wia-Fa/Pa）、窄带物联网（NB-IoT）、5G 应用等标准。

2）工业有线网络标准。工业有线网络标准主要包括现场

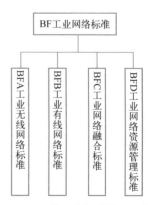

图 5-26 工业网络标准的三级体系

总线、工业以太网、无源光纤网络（PON）、工业综合布线等标准。

3）工业网络融合标准。工业网络融合标准主要包括确定性网络（DetNet）、信息技术/运营技术（IT/OT）的融合、异构网络间的互通等标准。

4）工业网络资源管理标准。工业网络资源管理标准主要包括网络管理、网络地址管理、网络频谱管理、软件定义网络（SDN）等标准。

5.3.4 行业应用标准

行业应用标准主要包括船舶与海洋工程装备、建材、石油化工、纺织、钢铁、轨道交通、航空航天、汽车、有色金属、电子信息、电力装备及其他共12个部分，如图5-27所示。发挥基础共性标准和关键技术标准在行业标准制定中的指导和支撑作用，注重行业标准与国家标准间的协调配套，结合行业特点，重点制定规范、规程和指南类应用标准，进一步推进或完善行业智能制造标准体系；分析轻工、食品行业、农业机械、工程机械、核能、民爆（民用爆炸物品）等智能制造标准化重点方向。

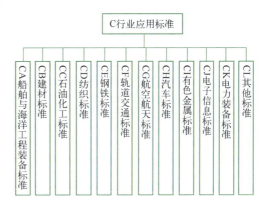

图 5-27 行业应用标准的三级体系

1）船舶与海洋工程装备标准。船舶与海洋工程装备标准针对船舶及海洋工程装备制造多品种、小批量、定制化等特点，考虑5G等数字"新基建"应用需求，围绕船舶总装建造，制定编码、数据字典、5G应用技术要求等规范标准；围绕智能船厂建设，制定信息系统接口、生产线总体规划、产品协同设计等规范或规程标准。

2）建材标准。建材标准针对建材行业细分领域多、工艺差别明显等特点，围绕水泥、玻璃、陶瓷、玻璃纤维、混凝土、砖瓦、墙体材料、矿山等领域，制定工厂设计、工艺仿真、质量管控、仓储管理等智能工厂规范或规程标准；制定基于5G的设备巡检、基于人工智能的缺陷检测、基于工业云的供应链协同、设备远程运维等指南标准。

3）石油化工标准。石油化工标准针对石油化工行业安全风险高、实控要求高、能源消耗大、环保要求高等特点，制定智能工厂信息模型等工厂设计规范标准；制定工艺预警、现场人员定位、设备健康、操作报警等新技术应用规范或规程标准；制定设备远程运维等应用指南标准。

4）纺织标准。纺织标准针对纺织行业总体离散型、局部流程型制造的特点，围绕纺纱、化纤、织造、非织造、印染、服装及家纺等领域，制定专用装备的互联互通、信息模型、远程运维技术要求等规范或指南标准；制定数字化车间或智能工厂建设过程中的数据、物流仓储、系统集成等规范或规程标准；制定大规模个性定制等新模式应用规范或指南标准。

5）钢铁标准。钢铁标准针对钢铁生产流程连续、工艺体系复杂、产品中间态多样化的流程制造业特点，围绕生产场景的智能化技术应用，制定5G应用、无人行车、特种机器人应用等规范标准；围绕智能工厂建设，制定工厂设计与数字化交付、数字孪生模型等规范标准；围绕生产智能管理，制定质量、物流、能源、环保、设备、供应链全局优化等规范标准。

6）轨道交通标准。轨道交通标准针对轨道交通装备行业多品种、小批量、新造与运维并重、个性化定制等特点，围绕焊接、打磨、装配调试、物流等典型业务场景智能工厂建设，制定智能装备检测认证、三维模型应用规范、工业机器人接口及工艺技术要求等关键技术标准；制定智能制造项目实施指南、高速动车组远程运维等应用标准。

7) 航空航天标准。航空航天标准针对航空航天行业多品种、小批量、基于模型的研制模式、设计制造多方协同等特点，围绕智能工厂、数字化车间建设或升级改造，制定基于模型的数字化设计、基于云的协同设计平台、适用于复杂工艺的生产线虚拟仿真和环境监测方面的规范标准；制定基于工业大数据的生产过程状态预知与优化应用规范标准。

8) 汽车标准。汽车标准针对汽车产业技术密集性强、零部件众多、产业链长、细分车型种类较多、生产工艺过程复杂等特点，围绕智能赋能技术在新能源汽车、传统燃油汽车的涂装、焊装、总装等工艺过程中的应用，制定基于数字孪生的汽车产品研发设计、试验验证、产线制造及集成等规范标准；制定面向汽车大规模个性化定制的研发、生产、营销等应用指南标准。

9) 有色金属标准。有色金属标准针对有色金属行业安全要求高、原料品质差别大、工艺复杂、产品多品种小批量、物流调度频繁等特点，围绕专用智能装备、冶炼和加工工序，制定信息编码、信息交互、运行状态管理等规范标准；制定智能工厂设计、建设及生产工序监测等应用指南标准。

10) 电子信息标准。电子信息标准针对电子信息制造行业技术复杂性高、产品迭代快、多品种小批量特征明显，产品个性化和定制化需求增长快等特点，围绕电子信息材料、元器件、信息通信产品和系统等领域的生产和加工，制定专用智能装备和系统的信息模型、互联互通要求等标准规范；制定柔性生产线、数字化车间、智能工厂的建设指南标准和系统集成规范；制定个性化定制等新模式应用指南标准。

11) 电力装备标准。电力装备标准针对电力装备行业产品种类多、个性化定制以及运维需求大等显著特点，围绕智能电网用户端及电动机等领域，制定智能工厂建设指南标准和系统集成规范；制定制造过程数字化仿真（加工过程、生产规划及布局、物流仿真）、资源数字化加工、数字化过程控制、数字化协同制造、设备远程运维、个性化定制、智能制造能力评估等实施指南标准。

12) 其他标准。其他标准包括轻工行业重点面向皮革、原电池、洗涤用品等领域，制定专用工艺装备互联互通、在线检测标准等；面向家用电器、家具等领域，制定大规模个性化定制指南等。食品行业重点面向乳品饮料、酿酒、冷冻食品、罐藏食品等领域，制定智能工厂设计、酿造灌装、工艺决策、远程运维、标识解析等标准。农业机械、工程机械行业，重点制定大规模个性化设计、智能运维服务监测标准等。印刷行业重点制定印刷柔性化工艺流程设计、系统间信息交互标准等。核能行业重点制定基于数据驱动的智能生产标准等。民爆行业重点制定关键工艺装备状态监控、运维要求相关标准等。

5.4 智能制造系统的基本特征与基本功能

一个智能制造系统具有什么样的特征才称得上智能制造？

第一，一定能够感知，即感知和理解环境信息和自身信息，并进行分析和判断来规划自身的行为和能力。智能制造系统在一定程度上表现出独立性、自主性、个性，甚至相互之间能够协调、运行、竞争，要有自律的能力，能够感知环境的变化，能够跟随环境的变化自己做出决策调整行动。要做到这一点，一定要有强有力支持度和记忆支持的模型为基础。

第二，智能制造系统并非仅仅是一个人工智能系统，而是人机一体化的智能系统，它不仅有逻辑思维、形象思维，而且具有灵感。它能够独立地承担起分析、判断、决策的任务。人机一体化的智能系统，在智能机器的配合下能够更好地发挥出人的潜力，使人机之间表现出一种平等共事、互相理解、互相协作的关系。因此，在智能制造系统当中，各方面更加优秀的人员将发挥更好的作用。

第三，智能制造系统能够在实践中不断地充实知识库，具有自学习功能。同时，在运行过程中自主进行故障诊断，并具备自行排除故障、自行维护的能力。这种特征使智能制造系统能够自我优化并适应各种复杂的环境。

第四，智能制造系统中的各组成单元能够依据工作任务的需要，自行组成一种最佳结构，其柔性不仅突显在运行方式上，而且突显在结构形式上，所以称这种柔性为超柔性。

综上所述，智能制造系统必须有4个基本功能，即智能感知、智慧决策、精准控制和智能服务。

5.4.1 智能感知

感知即意识对内界和外界信息的觉察、感觉、注意、知觉的一系列过程，可分为感觉过程和知觉过程。

感觉过程中被感觉的信息包括有机体内部的生理状态、心理活动，也包含外部环境的存在以及存在关系信息。感觉不仅接受信息，也受到心理作用影响。

知觉过程对感觉信息进行有组织的处理，对事物的存在形式进行理解认识。

感知的意义范围很广，主要是客观事物通过感觉器官在人脑中的直接反映。而感知能力是通过感觉器官感觉某些不可视或者肉眼无法直接观察的物体，并能通过感觉描绘出其具体形状或者运动状态的一种能力，是通过练习可以达到一定程度的能力。比如可以感觉出背后某个物体的形状、颜色、运动状态。其实质是物体向外辐射的红外线被人体向外辐射的脑电波所擒获，在脑部形成对该物体一定的判断。

为了从外界获取信息，必须借助于感觉器官。人类和高等动物都具有丰富的感觉器官，能通过视觉、听觉、味觉、触觉、嗅觉来感受外界刺激，获取环境信息。生产制造过程同样需要获取周围的环境信息。而单靠人们自身的感觉器官，在研究自然现象和规律以及生产活动中依靠它们的功能就远远不够了，为适应这种情况，就需要传感器。

新技术革命的到来，世界开始进入信息时代，在利用信息的过程中，首先要解决的就是要获取准确可靠的信息，而传感器是获取自然和生产领域中信息的主要途径与手段。

在现代工业生产，尤其是自动化生产过程中，要用各种传感器来监视和控制生产过程中的各个参数，使设备工作在正常状态或最佳状态，并使产品达到最好的质量。现代智能制造系统首先需要能够获取足够的传感信息和由之产生的特征信息。

各种传感器的信息具有不同的特征，而智能感知的重要任务之一是要从各种传感信息中抽取对象的各种特征，如小孩子认识母亲时要获取母亲的各种形象特征和语音特征等。

获取对象和环境各种特征的过程，实际上是一个记忆和学习的过程。现在急速发展的深度学习方法是实现记忆和学习功能的一种有效手段。深度学习的概念源于对人工神经网络的研究，含多隐藏层的多层感知器就是一种深度学习结构。深度学习通过组合低层特征形成更加抽象的高层表示特征，以发现数据的分布式特征表示。例如，目标形体不变矩量特征的提取与学习，是从一幅数字图像中计算矩量，并获取该图像不同类型几何特征信息的过程。目标运动特征提取与学习，是对其速度、高度、机动等特性的获取与学习的过程。目标辐射特征的提取与学习，是对其电磁辐射、音频辐射等频率、带宽特性，以及隐含信息特征获取与学习的过程。

获取了对象和环境的各种特征之后，智能感知的另一重要任务是判断和推理。实际上，每种传感器仅能给出目标和环境的部分特征信息，如何利用各种类别的特征信息来确定目标和环境的类别与属性,需要基于多传感信息融合的判断和推理。多传感信息融合的基本原理,是把在空间或时间上的冗余或互补的信息依据某种准则进行充分组合,以获得感知对象的一致性解释或描述,从而完成智能感知的全过程。

现代智能感知系统需要模仿人和动物的认知机理,来完成对象的特征提取和智能推理等过程。人工智能可以用机器视觉-机器听觉-机器触觉,以及感知信息融合的全过程来模拟人和动物的认知过程,这也需要建立新的理论框架来描述认知的本质。建立判断和推理的方法很多,如概率推理、模糊判定、证据理论等。

在人工智能系统迅速发展的今天,智能感知在诸多领域,如机器视觉、指纹识别、目标识别、人脸识别、视网膜识别、虹膜识别、掌纹识别、态势感知、智能搜索等领域取得了成绩。目前,智能感知研究的理论基础是基于对大数据深度学习感知对象的特征提取,以及基于各种特征的类生物机制的推理方法等。

智能感知技术在未来的发展,首先应该强调智能机器人。未来的智能机器人应该具备形形色色的智能感知系统,具有智能化水平更高的机器视觉、听觉、触觉和嗅觉,并具有更加发达的"大脑"学习机制和推理机制。这种智能机器人能够完全理解人类的语言,应该根据感知信息进行智能判断和分析,形成和人类非常相似的感知模式。但目前其中还有许多难题需要解决,如基于环境理解的全局定位、目标识别和障碍物检测等。

5.4.2 智慧决策

在 3.3.3 节中已经给出了决策的概念,决策指决定的策略或办法。是人们为各种事件提出主意、做出决定的过程。它是一个复杂的思维操作过程,是信息搜集、加工,最后做出判断、得出结论的过程。

从本质上讲,智能感知实现了信息获取和信息分析,为需要解决的问题提供信息。接下来就需要根据解决问题的策略或者规则对信息进一步加工,最终形成解决问题的方案,但本质上讲大多数实际问题是随机、动态、非线性的,这就要求智能制造系统能够根据信息的变化,自主做出决策,也就是说决策具有自我调整、自我学习的能力,这里称为智慧决策。

智慧决策的过程,是通过获得的各种信息,使用一系列的先进决策方法形成最终的决策。这种决策过程通常具有较高的智能方法,整个决策过程可能会有信息的反馈,这种反馈是一种假设,假设用于对决策的结果进行验证。这是因为决策最终不一定会成为行动,而决策本身可以引发新的分析任务。智能制造系统通过假设将决策的结果放到环境之中进行推理学习,并判断结果是否可行或者最优。典型的带有推理和假设的学习方法有贝叶斯学习理论,这是一种由条件推导出结果,再反过来看结果是否可以推导出条件的人工智能学习方法。在现实生活中人们也会有这样反复推敲的行为,即先根据问题和问题环境提出解决问题的假设,然后在问题环境中验证假设的正确性。如此反复的推敲,推敲过程中不断学习直到最后得到理想的问题解答。

目前的智慧决策需要很好地将人类的智慧和机器的智能结合起来,应该是一种将人类智慧同机器智能结合起来的决策方式,为了最大化系统的自主决策能力,尽量减轻人们的工作负荷,系统具有多个层次的自主决策等级,并在非结构化环境下根据一定的策略自我评估自主决策等级,在合适的时候向人类发出决策邀请,实现人机智能融合的决策方式。该决策方式虽然有人类的介入,但是这并不意味着机器自主决策能力的降低,而是在现有决策能力的基础上引入人类的智慧,帮助机器减轻问题的复杂度,人类和机器之间取长补短,实现更高层次的智能水平。把人类和机器的信息获取能力、信息分析能力、决策和行为选择能力有机地结合起来,通过机器的执行系统将人类和机器的共同智慧转化成为智能行为。从而实现在非结构化环境下，使用人机融合的智能来分析问题、制定策略最终解决问题的决策方式。让智能系统拥有最大限度的智能水平，从而能够解决人类和机器没有合作之前无法解决的问题。

决策系统可以拥有若干个自主决策等级，每个决策等级对应着不同的决策策略。机器的自主决策等级越高主动性就越强，在全自主决策方式下，机器具有完全的主动权。而在手动控制方式下，机器拥有最少的主动权甚至没有主动权，此时人类在主动权上占有绝对的优势。机器能够动态的在人类和机器之间主动协调分配制造控制系统的决策权，这样就必须为机器制定一个调整决策等级的方法策略，机器会根据不同的任务环境背景在任务执行中采用不同的自主决策等级模式，在需要的时候机器会主动提示人类手动干预和操作机器设备，帮助机器减轻问题的复杂度，或者在某段时间内让人类接管部分或者全部决策权。

5.4.3 精准控制

在 3.3.1 节中已经给出了控制的概念，控制就是检查工作是否按既定的计划、标准和方法进行，若发现偏差就需要分析原因，进行纠正，以确保组织目标的实现。由此可见，控制职能几乎包括了管理人员为确保实际工作与组织计划相一致所采取的一切活动。智能制造系统对控制提出了更高的要求，要求控制具有智能信息处理、智能信息反馈和自主决策的能力，在没有人工干预下自主、快速和有效地适应环境，能够实现实时在线地根据智能感知的结果，处理信息和控制策略的重构，并以最优的方式执行控制策略。

精准控制是对决策的精准物理实现。在信息空间分析并形成的决策，最终将会作用到物理空间，而物理空间的实体设备只能以数据的形式接受信息空间的决策。因此，控制的本质是将信息空间产生的决策转换成物理实体可以执行的命令，进行物理层面的实现。输出更为优化的数据，使得物理空间设备运行得更加可靠，资源调度更加合理，实现企业高效运营，各环节智能协同效果逐步优化。

精准控制依赖于准确可靠地实现对设备的顺序控制、逻辑控制及数学模型计算，同时采用先进控制策略按照智慧决策的控制命令对设备进行相关参数的闭环控制。通过嵌入式软件，从传感器、仪器、仪表或在线测量设备采集被控对象和环境的参数信息实现"感知"，通过数据处理"分析"被控对象和环境的状况，通过控制目标、控制规则或模型计算制定"决策"，向执行器发出控制指令"执行"。不停地进行"感知-分析-决策-控制"的循环，直至达成控制目标。

精准控制以人工智能为基础，当决策信息确定之后，制造系统需要完成一个装备或系统的控制，这些控制信息需要转换成为具体的智能行为，把制造系统的意愿转化成为智能行为并作用于环境，实现决策后整个物理装备的操作执行，最终达到解决问题的目的。由于实际装备越来越复杂，所以控制所需要的信息和表现出的智能又建立在信息获取、信息分析以及决策三个层次之上，拥有高级的智能层次和智能水平。

5.4.4 智能服务

智能服务是指能够自动辨识用户的显性和隐性需求，并且主动、高效、安全、绿色地满足其需求的服务。人类社会的生产已经历了农业化、工业化、信息化阶段，正在跨进智能制造时代。物联网、移动互联网、云计算方兴未艾，面向个人、家庭、集团用户的各种创新应用层出不穷，代表各行业服务发展趋势的智能服务因此应运而生。

智能服务实现的是一种按需和主动的智能，即通过捕捉用户的原始信息，通过后台积累的数据，构建需求结构模型，进行数据挖掘和商业智能分析，除了可以分析用户的习惯、喜好等显性需求外,还可以进一步挖掘与时空、身份、工作生活状态关联的隐性需求,主动给用户提供精准、高效的服务。这里需要的不仅仅只是传递和反馈数据,更需要系统进行多维度、多层次的感知,并进行主动、深入的辨识。

高安全性是智能服务的基础,没有安全保障的服务是没有意义的,只有通过端到端的安全技术和法律法规实现了对用户信息的保护,才能建立用户对服务的信任,进而形成持续消费和服务升级。节能环保、生产的全生命周期维护也是智能服务的重要特征,在构建整套智能服务系统时,如果能够最大限度地降低能耗、减小污染、延长设备寿命和提高产品质量,就能极大地降低运营成本,提升智能服务,产生效益,一方面更广泛地为用户提供个性化服务,另一方面也为服务的运营者带来更高的经济效益和社会价值。

在当前情况下,虽然不少制造企业已经开始着手为用户提供服务,提升服务在企业收入的比例,但大多数还是基于产品的传统服务,比如产品售后服务、产品租赁服务、为用户购买产品提供融资服务等。单靠这些传统服务给用户带来的价值有限,也常常跟不上用户需求变化的节奏,很难让企业实现服务转型。智能制造带来的变革主体是基于数据的驱动,物联网通过各种传感器抓取物理世界的数据,再通过对这些数据的分析和应用,帮助企业优化生产流程,提高运营效率;更为重要的是借助物联网,企业可以持续感知用户的需求,创造新的服务模式,推动业务增长,这才是智能制造对企业最大的价值所在。智能制造下的传统产品和服务与智能服务的对比如图 5-28 所示。

图 5-28 传统产品和服务与智能服务的对比

当前制造企业应用的智能服务模式主要有:

1)基于传感器和物联网(Internet of Things,IoT),感知产品的状态,从而进行预防性维修、维护,并及时帮助客户更换备品备件,甚至通过了解产品运行的状态,帮助客户带来商业机会。对装备制造企业来说,装备的复杂性、故障原因的多样性,增加了自身和使用者解决故障的周期和成本,特别是在大型复杂的协同运行环境中,各装备的维护活动不能独立进行,更是加大了系统管理、维护、故障处理的难度和复杂度,加重企业负担。

智能化的普及为传统企业带来了一些管理复杂的问题，管理的各个环节都是碎片化管理，装备间、系统间、使用者等相关方不能互联互通、协同优化。企业需要能够保证装备在协同优化、健康管理、远程诊断、智能维护、共享服务等方面进行高效应用。这种服务模式，应用得比较成熟的是设备制造商，一些企业已实现了设备的远程监控、故障诊断等。与此同时，一些行业巨头也已洞察到基于物联网的智能服务市场的广阔前景，开发了专业的平台，如树根互联股份有限公司的"根云"平台、寄云科技的 NeuSeer、GE（美国通用电气公司）的 Predix、PTC（美国参数技术公司）的 ThingWorx、西门子公司的 MindSphere、Emerson（艾默生电气公司）的 Plantweb 等。

2）通过开发面向客户服务的 APP，促进客户购买除智能硬件产品本身以外的附加内容与服务，并针对企业购买的产品提供有针对性的服务，从而锁定客户。在这方面，家电、机械、快消品等行业都已有相关实践，如小米手机不但通过 APP 进行产品的营销，也通过打造 APP 商店来打造产业生态圈。中联重科股份有限公司为塔机自主开发的 APP，可帮助客户对塔机的运行情况进行掌控，并通过 APP 的中联塔机粉丝论坛，发布和接受设备和机手供求信息。很多非制造企业也推出了各种客户服务 APP，在为客户提供个性化服务的同时，促进其他产品的交叉营销。

3）通过将企业的设计、制造、检测、试验、维修维护、设备租赁、三维打印、工程仿真和个性化定制等服务借助互联网平台发布出去，承接外包服务，使资源得到充分利用。这种模式也极大地受到制造企业的欢迎，当前已有很多制造企业借助 E-Works 开发的工业服务平台——优质网，发布或寻求制造资源，实现服务双方的共赢。

4）还包括通过采集产品运营的大数据辅助企业进行市场营销决策、结合 AR/MR（混合现实）技术进行智能维修、从卖产品转为卖服务、按产品的服务绩效收费等。

思 考 题

1）理解智能制造系统的内涵。
2）分析智能制造系统的架构。
3）简述德国智能制造的内涵与架构。
4）理解中国智能制造的标准体系结构。
5）简述智能制造系统的基本特征与基本功能。
6）如何理解智能制造系统的基本特征。
7）怎样认识智能制造系统架构的生命周期、系统层级和智能特征 3 个维度。

第 6 章　基于信息物理系统的智能制造系统

本章参考传统四级信息化模型，设计了智能制造在 CPS 体系下的一个实现过程。关于 CPS 体系的层级划分，是以一个大型的企业为背景进行设计的，其中工序级的过程被理解为基本 CPS 单元，称为智能设备。产线或一个工厂被理解为系统级 CPS，而整个企业为一个大的 SoS 级 CPS 体系。各级之间的功能或者技术都有相似或相同的部分，但它们利用的信息、解决问题的体量、深度、侧重点各有不同。

6.1　基于 CPS 的智能制造系统体系架构与基本概念

6.1.1　基于 CPS 的智能制造系统体系架构

基于 CPS 的智能制造系统架构，是多层 CPS 的有机组合，涵盖了"一硬、一软、一网、一平台"4 大要素，是大的 SoS（System of System）级的 CPS。该架构体系是一种质量一体化和产销一体化集成管控体系，在信息传递上打破原有的层次结构，实现数据中心化，分为工厂数据中心、物理系统、虚拟系统和信息系统 4 大部分。各层 CPS 体系之间是一种因功能而聚集、增加信息向上构成更高一层 CPS 体的关系，这种关系因物理实体位置和制造性质的不同与限制，表现出不同的组合方式，有的 CPS 体可以柔性组合，有的则不能。以钢铁行业为例（如图 6-1 所示），所有的物理实体（物理系统）都存在于信息的海洋（数据中心）里，只不过各自占有的领地（信息系统）不同，同时还能够看到自己的身影（虚拟系统）。

基于 CPS 的智能制造系统的信息流如图 6-2 所示。智能制造系统利用大数据、云计算实现产品生产制造过程海量制造数据信息的分析、挖掘、评估、预测与优化，实现企业生产的横向集成、垂直集成和端到端集成。

6.1.2　物理系统的概念

对于类似于钢铁企业这样体量的企业，人们将整个制造过程称为 CPS 体系，为 SoS 级。其物理系统由系统级 CPS 构成。而系统级 CPS 的物理系统由现场设备本体及其控制-信息系统组成。企业具有实体的生产要素，包括各种设备、物料以及人员等按照生产流程及生产功能组织成不同的生产单元，这些单元构成了系统级 CPS 的物理系统。系统级 CPS 的物理系统又细分为两级 CPS：智能单元和智能设备。智能单元是企业最基本的 CPS 单元，多个智能单元一起组成一个智能设备，按照 CPS 白皮书的概念理解，智能设备也属于系统级 CPS。

（1）智能单元　智能单元是具有不可分割性的最小生产单元，其本质是通过软件对物理实体及环境进行状态感知、计算分析，并最终控制到物理实体，构建最基本的数据自动流动的闭环，形成物理世界和信息世界的融合交互。同时，为了与外界进行交互，智能单元应具有通信功能。智能单元具备可感知、可计算、可交互、可延展、自学习、自决策功能，智能单元 CPS 的体系结构如图 6-3 所示。

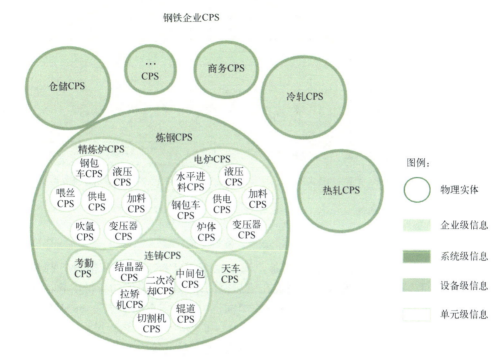

图 6-1　钢铁智能制造系统的体系架构

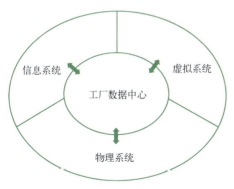

图 6-2　基于 CPS 的智能制造系统的信息流

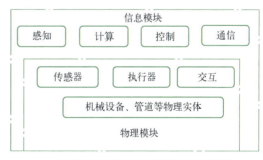

图 6-3　智能单元 CPS 的体系结构

1）物理模块。物理模块主要包括人、机、物等物理实体和传感器、执行器等与外界进行交互的装置等，是物理过程的实际操作部分。物理模块通过传感器能够监测、感知外界的信号、物理条件（如光、热）或化学组成（如烟雾）等，同时经过执行器能够接收控制指令并对物理实体施加控制作用。

2）信息模块。信息模块主要包括感知、计算、控制和通信等功能，是物理世界中物理装置与信息世界之间交互的接口。物理装置通过信息模块实现物理实体的"数字化"，信息世界可以通过信息单元对物理实体"以虚控实"。信息模块是物理装置对外进行信息交互的桥梁,通过信息模块使得物理装置与信息世界联系在一起,让物理空间和信息空间走向融合。

(2)智能设备　在实际运行中,任何活动都是多个人、机、物共同参与完成的,智能设备 CPS 的体系如图 6-4 所示。

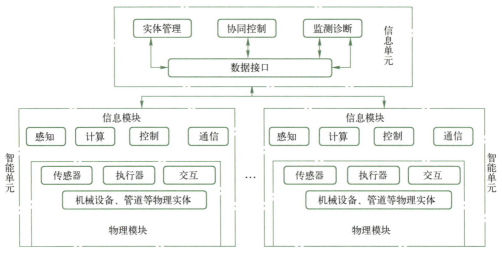

图 6-4　智能设备 CPS 的体系

多个智能单元一起组成一个智能设备,属于系统级 CPS。每个智能设备都是一个可被识别、定位、访问、联网的信息载体,通过在信息空间中对物理实体的身份信息、几何形状、功能信息、运行状态等进行描述和建模,在虚拟空间也可以映射形成一个最小的数字化单元,并伴随着物理实体单元的加工、组装、集成,不断叠加、扩展、升级,这一过程也是智能设备在虚拟和实体两个空间不断向整个产线演进的过程。智能设备对设备内部的多个智能单元进行统一指挥、实体管理,进而提高各智能单元间的协作效率,实现设备加工范围内的资源优化配置。

这里从智能制造大概念出发,以钢铁企业为例,定义其基本组成的智能设备,按照生产要素将物理系统的智能设备 CPS 分成生产系统和辅助生产系统两部分,进一步细化如图 6-5 所示。

图 6-5　钢铁企业智能设备 CPS 的进一步细化

物理系统的功能主要通过控制-信息系统展现,通过集成先进的感知、计算、通信、控制等信息技术和自动控制技术,构建了局地物理空间与信息空间中人、机、物、环境、信息等要素相互映射、适时交互、高效协同的复杂系统,实现系统内资源配置和运行的按需响应、快速迭代、动态优化。使设备处于良好的状态并获得良好的产品质量。

总之功能包括状态感知、实时分析、科学决策、精准执行等几大部分。感知一切可感知的信息,不局限于传感器信息,还包括人工录入的各类信息及通信信息。分析各类数据,包括建模、优化、故障诊断、质量预报等。科学决策则是对各类信息综合评判得出最优策略的过程。

执行的本质是将信息空间产生的决策转换成物理实体可以执行的命令,进行物理层面的实现。具体包括:

1)负责控制和协调生产设备能力,实现对生产的直接控制,针对生产控制级下达的生产目标,通过数据模型优化生产过程控制参数。

2)实现对设备的顺序控制、逻辑控制及简单的数学模型计算,并按照过程控制级的控制命令对设备进行相关参数的闭环控制。

3)负责检测设备运行过程中的工艺参数,并根据基础自动化级指令对设备进行操作。执行器根据工作能源的不同可分为电动执行机构、液压执行机构和气动执行机构,如交/直流电动机、液压缸、气缸等。

6.1.3 信息系统的概念

信息系统是整个企业智能制造 CPS 系统的核心,从企业的生产管理、运营管理,到对主生产流程的服务支持、对公司运营管理的保障,再到企业的总体经营、市场开发、战略决策,都是由信息系统来指挥完成的。在传统企业的信息化层级中,既包含了信息流的关系,也包含了业务流的关系,但究其实质是业务流的关系。传统业务流为:L1 级的基础自动化层业务,完成的是系统的信息采集、控制;L2 级的过程控制层业务,完成的是过程控制的模型运算和优化控制;L3 级的 MES 层业务,完成的是企业生产运行的制造执行;L4 级的 ERP 层业务,完成的是企业的资源规划;L5 级的战略规划和商务业务,完成的是企业的战略规划设计、产品设计和销售。在新的智能制造系统中,信息流打破了层级界限,从一体化生产管控、全产业供应链系统、工厂设备资产全生命周期等多维度构建组织管理功能出发进行设计,基于统一的大数据平台,统筹管理企业运营。增强了更多的全流程相互协调、配合的业务,比如基于工业大数据驱动的智慧优化决策、产品质量监测与预报、故障诊断与智能维护以及全流程能源管理与预测、全流程质量控制、市场预测分析等。

6.1.4 工厂数据中心的概念

工厂数据中心是智能制造的关键技术,主要作用是打通物理世界和信息世界,推动生产型制造向服务型制造转型。工厂数据中心是指围绕典型智能制造模式,是从客户需求到销售、订单、计划、研发、设计、工艺、制造、采购、供应、库存、发货和交付、售后服务、运维、报废或回收再制造等,整个产品全生命周期各个环节所产生的各类数据及相关技术和应用的总称。以产品数据为核心,极大延展了传统工业数据范围,同时还包括工业大数据、新一代人工智能的相关技术和应用。

随着云计算和大数据时代的到来,数据中心正面临着数据日益猛增的严峻压力,下一代工厂数据中心,可以通过虚拟化技术将物理资源抽象整合,动态地进行资源分配和调度,实现数据中心的自动化部署,共享的软/硬件资源和信息可以按需提供给计算机和其他设备的云计算服务功能。未来的工程数据中心必将是云计算数据中心向存储系统的智能化、敏捷化的演进,可以提供互联网化阶段的大规模云计算服务。

6.1.5 虚拟系统的概念

虚拟系统是智能制造体系中的重要组成部分,也称为数字孪生系统。它通过工厂数据中心与企业信息系统和物理系统连接,借助虚拟现实、可视化仿真、优化、数据分析等信息技术和人工智能技术,实现产品制造过程及物流过程场景重现与优化、工艺和质量设计、生产计划及作业计划仿真和优化、产品质量分析和预测、能耗分析和预测的目标，可模拟产品全生命周期的各种活动。

虚拟系统是与信息系统和物理系统中相关子系统相平行的模拟仿真系统，面向企业制造与管理过程的全生命周期进行仿真和优化，在海量数据的基础上，综合运用可视化仿真技术、智能优化技术、人工智能技术和数据分析技术，通过离线和在线学习方式，优化各类控制、排程、计划、预测、分析和管理模型，为企业提供优化与智能化的可持续解决方案。

6.2 智能制造系统的单元级 CPS

在 CPS 白皮书中，单元级是具有不可分割性的信息物理系统的最小单元，可以是一个部件或一个产品。单元级通过"一硬"和"一软"（如嵌入式软件）就可构成"感知-分析-决策-执行"的数据闭环，具备了可感知、可计算、可交互、可延展、自决策的功能。但对于复杂工业过程，单元级的 CPS 定义如果遵从上述定义给出，整个生产系统将出现更多级的 CPS 系统，造成逻辑复杂。为此，前文中已提及，针对复杂工业过程的智能制造，本书承继以往信息化分级的思想，将单元级 CPS 定义为符合生产工艺单元功能的设备系统，或者符合生产管理单元功能的信息系统。这里定义企业 CPS 基本单元为单元级 CPS，称为智能设备。

符合生产工艺单元功能的设备系统往往是一道工序，如炼钢过程的电炉工序、精炼炉工序，包含一个主体设备和诸多附属设备，而每一个设备可能又包含许多子设备。这样的工序级设备系统具有独立的任务，和上下游工序设备具有物料、信息上的联系，需协同工作，而内部组成设备则是功能互补的有机整体。

符合生产管理单元功能的信息系统，主要是指为了完成生产任务，在管理方面活动的基本系统。如人事考勤系统、物料仓储系统、设备管理系统等。

6.2.1 智能设备功能

智能设备作为智能制造的前端，是处在信息（Cyber）空间与物理（Physical）空间之间的虚实融合控制载体。它基于数据共享实现数据的自动流动，构成状态感知、实时分析、认知学习、科学决策、精准执行的闭环赋能体系，解决生产制造、应用服务过程中的复杂和不确定性问题，提高资源配置效率，实现资源优化。

状态感知就是通过各种各样的传感器感知物质世界的运行状态；实时分析就是通过工业软件实现数据、信息、知识的转化；认知学习就是高一级的知识转化与存储，主要特点是主动地构造出认知结构，强调观察和理解等认知功能在学习中的重要作用；科学决策就是通过大数据平台实现异构系统数据的流动与知识的分享；精准执行就是通过控制器、执行器等机械硬件实现对决策的反馈响应。这一切都依赖于一个实时、可靠、安全的平台，为此智能设备还要具有自我健康维护的功能。编者查阅文献，对智能单元功能进行了分析与实现解读，主要借鉴了过去的企业信息系统 5 级架构，人们认为智能设备主要涵盖 5 级架构的一、二级系统。在此将智能单元功能分为如下几部分叙述。

（1）状态感知　状态感知是对外界状态的数据获取。在生产制造过程中蕴含着大量的隐性数据，这些数据暗含在实际生产过程中的方方面面，如物理实体的尺寸、运行机理，外部环境的温度，液体流速、压差等。状态感知通过传感器、物联网、模式识别等一些数据采集技术，将这些蕴含在物理实体或声音图像背后的数据不断地传递到信息空间，使得数据不断"可见"，变为显性数据。状态感知是对数据的初级采集加工，是一次数据自行流动闭环的起点，也是数据自行流动的原动力。

状态感知包括如下 4 类信息：

1）测量或感知特定物体的状态和变化，并转化为可传输、可处理、可存储的电子信号或其他形式信息。工业用传感器是实现工业自动检测和自动控制的首要环节。在现代工业生产尤其是自动化生产过程中，要用各种传感器来监视和控制生产过程中的各个参数，使设备工作在正常状态或最佳状态，并使产品达到高质量。可以说，成本较低性能优质的工业传感器，对现代化工业生产体系非常重要。

2）通过射频识别（RFID）、红外感应器、全球定位系统、激光扫描器等信息传感设备，按约定的协议，将物品与互联网相连接，进行信息交换和通信，以实现智能化识别、定位、追踪、监控和管理。

3）微波雷达、视频图像、红外图像、气味、语音、文字等类人感知的复杂信号。

4）执行器是自动化设备中接收控制信息并对受控对象施加控制作用的装置。执行器也是控制系统向通路中直接改变操纵变量的仪器，其由执行机构和调节机构组成，而执行器的信息也是感知的重要部分。

（2）实时分析　实时分析是对显性数据的进一步理解。是将感知的数据转化成认知的信息过程，是对原始数据赋予意义的过程，也是发现物理实体状态在时空域和逻辑域的内在因果性或关联性关系的过程。在工业互联网大数据平台下，实时分析功能在本地实现与数据中心的必要信息交互，采用的是边缘计算技术实现。大量的显性数据并不一定能够直观地体现出物理实体的内在联系。这就需要经过实时分析环节，利用数据挖掘、机器学习、聚类分析等数据处理分析技术，对数据进一步分析估计，让数据不断"透明"，之后将显性化的数据进一步转化为直观可理解的信息。此外，在这一过程中，人的介入也能够为分析提供有效的输入。

数学模型是实现实时分析的重要工具，可以定义为现实世界的一个特定对象，为了一个特定的目的，根据特有的内在规律，做出一些必要的简化假设，运用适当的数学工具，得到的一个数学结构。按照数学模型的建模目的分类，可分为描述模型、预报模型、优化模型、决策模型、控制模型等。数学模型还可以按照模型的表现特性分类，可分为确定性模型和随机性模型，这取决于是否考虑随机因素的影响。

除以上分类方法，数学模型还有几种分类方法：静态模型和动态模型，取决于是否考虑时间因素引起的变化；线性模型和非线性模型，取决于模型基本关系，如微分方程是否是线性的；离散模型和连续模型，指的是模型中的变量（主要是时间变量）取为离散的还是连续的。

虽然从本质上讲大多数实际问题是随机、动态、非线性的，但是由于确定性、静态、线性模型容易处理，并且往往可以作为初步的近似模型来解决问题，所以建模时常先考虑确定性、静态、线性模型。连续模型便于利用微积分方法求解析解作理论分析，而离散模型便于在计算机上作数值计算，所以用哪种模型要看具体问题而定。在具体的建模过程中将连续模型离散化，或将离散变量视作连续的，也是常采用的方法。

数学建模面临的实际问题是多种多样的，建模的目的不同、分析的方法不同、采用数学工具不同、所得到的数学模型的类型也不同，归纳出若干条准则而适用于一切实际问题的数学建模，是不存在的。

（3）科学决策　科学决策是对信息的综合处理。决策是根据积累的经验、对现实的评估和对未来的预测，为了达到明确的目的，在一定的条件约束下，所做的最优决定。智能设备能够权衡判断当前时刻获取的所有来自不同系统或不同环境下的信息，形成最优决策来对物理空间实体进行控制。

分析决策并最终形成最优策略是智能设备的核心环节。智能设备在系统最初投入运行时可能无法立刻产生效果，往往在系统运行一段时间之后逐渐形成一定范围内的知识。对信息的进一步分析与判断，使得信息真正地转变成知识，并且不断地迭代、优化形成系统运行、产品状态、企业发展所需的知识库，具体根据生产工艺和相关数学模型对 CPS 设备进行优化设定，以使设备处于良好的工作状态并获得优良的产品质量。科学决策主要是完成控制系统的控制功能不断完善，控制范围不断扩大以及控制精度的不断提高等工作。

科学决策的核心任务是应用软件的开发，所有的设定及实时数据收集靠应用软件来完成。应用软件是实时软件，是必须满足时间约束的软件，除了具有多道程序并发特性以外，还要具有实时性、在线性、高可靠性等特性。实时性是指在没有其他进程竞争 CPU 时，某个进程必须能在规定的响应时间内执行完毕；在线性是把计算机作为整个生产过程的一部分，生产过程不停，计算机工作也不能停；高可靠性是为了避免因软件故障引起的生产事故或设备事故的发生。科学决策承担的功能整体可看作一个实时系统的工作过程，这个过程可以被抽象为实时数据采集-实时数据处理-实时输出。

智能设备由一些紧密相连的子系统组成。例如，精炼生产过程就是由加热、吹氩搅拌、加料、喂丝、冷却 5 个主要子过程组成。它们的稳态工况是由一系列物理量如温度、压力、重量、长度等值所规定，而后者由子过程的控制器（常规的控制器或电子计算机控制）的设定点所决定。子系统的工况由子系统的控制器所决定，或者是一些由计算机设定的决策变量所决定。各子系统之间有着各种连接，例如工业过程中有着管道连接，运送着固体、液体或气体形式的原料，有着各类传送带或运输装置。从系统理论的研究角度来看，这称作"关联"。协调是系统控制的关键问题，所谓协调问题，就是如何使各子系统相互配合、协调工作，共同完成系统的总任务。

（4）精准执行　精准执行是对科学决策的精准物理实现。在信息空间分析并形成的决策最终将会作用到物理空间，而物理空间的实体设备只能以数据的形式接受信息空间的决策。因此，执行的本质是将信息空间产生的决策转换成物理实体可以执行的命令，进行物理层面的实现。输出更为优化的数据，使得物理空间设备运行更加可靠，资源调度更加合理，实现企业高效运营，各环节智能协同效果逐步优化。

精准执行依赖于准确可靠地实现对设备的顺序控制、逻辑控制及简单的数学模型计算，同时采用先进控制策略按照决策的控制命令对设备进行相关参数的闭环控制。先进控制通常是基于一种模型的控制策略，先进控制策略内容丰富、覆盖面广，主要包括预测控制、自适应控制、鲁棒控制、智能控制（专家系统、模糊控制、神经网络控制）、软测量技术、推断控制、解耦控制、双重控制、优化控制技术（遗传算法、PID 参数优化自整定技术、正交实验优化技术、自适应在线优化技术）等。

其中嵌入式控制主要针对物理实体进行控制，是实现精准执行的手段。通过嵌入式软件，从传感器、仪器、仪表或在线测量设备采集被控对象和环境的参数信息而实现"感知"，通过数据处理"分析"被控对象和环境的状况，通过控制目标、控制规则或模型计算而"决策"，向执行器发出控制指令并"执行"。不停地进行"感知-分析-决策-执行"的循环，直至达成控制目标。

（5）健康维护　健康维护是通过机内测试、自愈控制实现的。机内测试是提高智能设备可靠性，并减少维护费用的关键技术。通过附加在设备内的软件和硬件对设备进行在线故障自检测。通过设备状态的感知，对设备由于磨损发生的寿命性故障进行预测。其中自愈控制是指在智能设备运行过程中，通过对设备运行状态的感知，对设备的偶发性故障进行诊断；通过实时监测分析可能引发非正常工况的条件及发生前的征兆，采用诊断预测、智能决策和主动控制等方法使智能设备在非正常早期阶段就发现其产生原因并彻底根除。

健康维护具体是指，在智能设备运行中通过各种手段，掌握设备运行状态，判定产生故障的部位和原因，并预测、预报设备未来的状态，从而找出对策的一门技术。它是防止事故和计划外停机的有效手段，能及时、正确地对各种异常状态或故障状态做出诊断，预防或消除故障，对设备的运行进行必要的指导，提高设备运行的可靠性、安全性和有效性，以期把故障损失降低到最低。保证设备发挥最大的设计能力，制定合理的检测维修制度，以便在允许的条件下充分挖掘设备潜力，延长服役期限和使用寿命，降低设备全寿命周期费用。通过检测监视、故障分析、性能评估等，为设备结构修改、优化设计、合理制造及生产过程提供数据和信息。健康维护包括以下4个等级。

1）状态监测。设备状态监测的任务是监视设备的状态，判断其是否正常。预测和诊断设备的故障并及时加以处理，并为设备的故障分析、性能评估、合理使用和安全工作提供信息和准备基础数据。通常设备的状态可分为正常状态、异常状态和故障状态3种：正常状态指设备的整体或其局部没有缺陷，或虽有缺陷但其性能仍在允许的限度范围内；异常状态指缺陷在设备中已有一定程度的扩展，使设备状态信号发生一定程度的变化，设备性能已劣化，但仍能维持工作，此时应注意设备性能的发展趋势，即设备应在人员监护下运行；故障状态则是指设备性能指标已有大的下降，设备已不能维持正常工作。设备的故障状态严重程度之分，包括已有故障复发并有进一步发展趋势的早期故障；程度尚不很重，设备尚可勉强"带病"运行的一般功能性故障；由于某种原因瞬间发生的突发性紧急故障等。

2）故障诊断。故障诊断的任务是根据状态监测所获得的信息，结合已知的结构特性和参数以及环境条件，结合该设备的运行历史（包括运行记录和曾发生过的故障及维修记录等），对设备可能要发生或已经发生的故障进行预报和分析、判断，确定故障的性质、类别、程度、原因、部位，指出故障发生和发展的趋势及其后果，提出控制故障继续发展和消除故障的调整、维修、治理的对策措施，并加以实施，最终使设备复原到正常状态。

3）指导设备的管理维修。设备的管理和维修方式的发展经历了3个阶段，即由早期的事后维修方式，发展到定期预防维修方式，再到现在视情况随时维修。定期维修制度可以预防事故的发生，但可能出现过剩维修或不足维修的弊端，视情况随时维修是一种更科学、更合理的维修方式，但要能做到视情况随时维修，其条件是有赖于完善的状态监测和故障诊断技术的发展和实施。设备劣化趋势分析属于设备预测维修的内容，也是状态维修中与其他维修方式相比，所具有的显著而独特的方式，其目标是从过去和现在已知情况出发，利用一定的技术方法，分析设备的正常、异常和故障3种状态，推测故障的发展过程，以做出维修决策和过程控制。

4）容错控制是利用系统的冗余资源来实现故障容错，即在某些部件发生故障的情况下，通过动态重构、故障补偿、缺陷自修复等现代高新技术和手段，对故障进行补偿、抑制、削弱或消除，仍能保证设备按原定性能指标继续运行，或以牺牲性能为代价，保证设备在规定时间内完成其预定功能。

（6）智能接口　构建智能制造系统的一个重要工作是通过工业现场总线、工业以太网、工业无线网络和异构网络集成等技术，构建系统诸要素之间的信息"神经脉络系统"。通过这些"神经脉络"，实现各类机构、装置、传感器之间信息的互联互通，是支撑数据流动的通道。作为智能制造系统"神经脉络"的端点，智能接口是实现"神经脉络"信息畅通的关键。

智能装置的智能接口包括两部分：一是传感器接口，可以方便、灵活的接入各种感知传感器，包括数据传感器、标签传感器等；二是网络接口，智能设备通过网络接口与其他设备共享感知的状态数据、设备运行的数据、分析结果数据。智能设备可通过网络接口与上级设备共享状态数据、操作命令、工艺路线等。

实现智能接口功能的关键是协议，智能设备应支持包括各种现场总线在内的多种协议。智能接口具有状态的自动诊断、功能的自恢复、协议的自动分析、设备的自动识别、数据的自动共享等功能。实现具有足够带宽和速度、即插即通（Plug-and-Share）的智能接口的应用目前应用范围十分广。

（7）人机交互　CPS系统的人机交互系统包括高级控制功能HMI画面、基础过程控制HMI画面和单元控制HMI画面几部分。

高级控制功能HMI画面可分成显示画面和输入画面两种类型。操作人员可通过显示画面了解CPS的模型、优化、健康维护等深度信息。操作人员可通过输入画面和键盘向计算机输入必要的数据和命令。在组织生产过程中，CPS计算机需要将生产时各种数据汇总并保存成各种报表，以供分析。一般有以下几种报表：

1）班报和日报。班报和日报包括每班和每天的生产情况，如产品规格、产量、收得率、设备停机时间等。

2）工程记录。工程记录主要是记录跟设定计算和设定相关的数据信息，如设定计算输入数据和计算结果、设定值数据、实际测量值数据、自学习计算数据等。

3）质量报告。质量报告主要是产品的质量分类数据。

基础过程控制HMI画面实现过程或设备工艺描述、动态显示、数据趋势和报表、报警等功能，也可以实现操作命令的输入。在冶金自动化系统中，目前趋势是CPS和基础自动化级的HMI合成一体，即HMI的硬件、图形软件、应用画面不再严格区分为CPS和基础自动化级。如果还有区分的话，就是只有给数学模型计算用的数据从CPS的HMI画面输入。其他数据输入和显示均由基础自动化级的HMI画面完成。

单元控制HMI画面主要指功能独立设备通过触摸屏等实现操作功能，包括状态显示及现场操作等。

（8）数据存储功能　数据存储功能，是数据流在生产过程中产生的临时文件或生产过程中需要查找的信息，该功能是其他功能得以实现的基础。在智能设备层级，数据存储功能主要体现为实时性和可靠性要求。实时数据库采集、存储流程信息，用来指导工艺改进、降低物料、增加产量等。其既可以独立，也可以直接作为数据中心的一部分（数据中心分布式存储，服从整体设计）。

6.2.2　智能设备核心技术

（1）过程建模技术　一般生产过程都属于典型的复杂工业过程，通过建模可实现实际系统分析和设计、预测或预报实际系统的某些状态的未来发展趋势、对系统实行最优控制。过程建模技术主要包括多元回归技术、序列分析技术、统计建模技术、支持向量机技术、神经网络技术、辨识技术等。

（2）控制技术　为满足CPS系统的生产过程操作和控制的稳定性，改善工业生产过程的动态性能，减少关键变量的运行波动幅度，使其更接近于优化目标值，从而将工业生产过程推向更接近装置约束边界条件下的运行，最终达到增强工业生产过程的稳定性和安全性，保证产品质量的均匀性，提高目标产品的收益率，提高生产装置的处理能力，降低生产过程运行成本以及减少环境污染等目的，现代复杂的工业生产过程越来越需求先进控制技术，这些技术主要包括自适应控制技术、预测控制技术、推理控制技术、解耦控制技术、鲁棒控制技术、模糊控制技术、神经网络控制技术以及专家系统等。

（3）优化技术　过程工艺的优化通常是在生产条件允许的前提下，以提高产品的质量、产量或缩短运行时间等为目标。目标的实现一般由最佳操作轨线来保证，所谓的操作轨线就是去寻找各个最佳工艺参数的设定值，指的是过程中易于测量的控制变量，如温度、流量等的变化曲线。因为现代控制技术的进步和现代化生产对过程优化要求的不断提高，使控制和优化的关系越来越密不可分，先进控制算法往往具有基于模型的、含有某种优化性能指标的特点，其实施过程中需要对出现的优化问题进行实时求解。优化技术可使用的方法包括分支定界法、外部近似法、广义 Benders 法、模拟退火法、遗传算法、粒子群算法等。

（4）故障诊断技术　故障诊断是指根据系统的相关信息，利用有效手段检测系统是否发生故障，以及发生故障的位置和类型，进而找到故障原因等。广义上的故障诊断包括故障检测、故障分离、故障识别和故障决策 4 个部分。

基于解析模型的方法是故障诊断领域研究最早的一种方法，已经十分成熟，它是利用系统的物理模型对产生的残差进行评价，判断系统是否发生故障。因此，从残差产生的角度，解析模型方法包括状态估计、基于参数估计以及基于等价空间 3 种方法。基于经验知识的方法对于系统模型的精确程度要求不高，主要是依赖专家和相关操作人员的经验，利用启发式的知识对系统的故障进行推理判断，以达到故障诊断的目的。现有的基于经验知识的故障诊断方法一般分为 3 大类：基于专家系统的方法、基于定性仿真的方法以及基于模糊逻辑推理的方法。基于数据驱动的方法一般可以分成 5 类：机器学习法、信息融合法、信号处理法、粗糙集法以及统计分析法。

（5）通信技术　CPS 通信具有通信类型多、实时性好、稳定性高、数据量少、连接设备多等特点。通信方式包括基于串行接口的通信、基于以太网的通信、基于现场总线的通信、新的超高速网络、全局数据内存网。此外，还有无线通信方式，包括移动通信技术方面的 4G 网络技术、蓝牙技术、无线宽带技术、超宽带技术。当前的无线宽带接入方式主要有 4 种：微波宽带接入技术、卫星接入技术、红外光通信接入、多点微波接入技术等。在工业互联网的背景下，其是全球工业系统与高级计算、分析、感应技术以及互联网连接融合的主要体现，它通过智能机器间的连接最终将人机连接，结合软件和大数据分析，重构全球工业、激发生产力。

（6）边缘计算技术　边缘计算指在靠近物或数据源头的网络边缘侧，融合网络、计算、存储、应用核心能力的开放平台，就近提供边缘智能服务，满足行业数字化在敏捷连接、实时业务、数据优化、应用智能、安全与隐私保护等方面的关键需求。CPS 组成均具有计算和通信功能，通过每一个 CPS 的边缘计算，数据在边缘侧就能解决，更适合实时的数据分析和智能化处理。边缘计算聚焦实时、短周期数据的分析，具有安全、快捷、易于管理等优势，能更好地支撑 CPS 单元的实时智能化处理与执行，满足网络的实时需求，从而使计算资源更加有效地得到利用。此外，边缘计算虽靠近执行单元，但同时也是云端所需高价值数据的采集单元，可以更好地支撑云端的智能服务。

（7）智能感知技术　随着科学技术的发展，普适计算的概念和物联网的概念逐渐成为人们熟悉的话题。CPS 对通过传感器等器件来代替人的感知器件具有更高要求和期待，以完成工业生产过程中高强度、高精度以及繁琐度较高的工作，为了提升生产过程的认知水平，智能感知技术应运而生。智能感知技术重点研究基于生物特征、以自然语言和动态图像的理解为基础的"以人为中心"的智能信息处理和控制技术。包括基于 RFID 的智能感知与分析系统、机器视觉方面的智能感知技术、基于模型的智能感知技术、大数据深度感知技术等。

（8）自学习技术　自学习技术模仿生物学习功能，在系统运行过程中通过评估已有行为的正确性或优良度，自动修改系统结构或参数以改进自身品质。强化学习是其中重要方法，其关键要素有 environment（环境）、reward（回报）、action（行动）和 state（状态）。技术主要包括各种神经网络技术等。CPS 通过自学习可以提高认知能力、组织能力，实现自身功能的持续改进。

6.2.3 智能设备示例

从企业智能制造的总体设计可知，企业 CPS 基本单元为系统级 CPS，称为智能设备，其往往由不同的智能单元构成，以钢包精炼炉设备为例，钢包精炼炉为调节钢水成分、温度和缓冲连铸环节的炼钢智能设备。目前情况下，其信息系统由二级计算机控制系统构成，而物理系统则由电极机构、钢包车、喂丝机构、吹氩、冷却系统、变压器、加投料机构等一些物理系统构成。此外，单台无人天车、测温取样机器人、加料机器人等作为智能单元出现，这些智能单元的感知和执行能力较强，而分析决策能力相对简单。鉴于此，在智能制造总体设计与研究上，不对智能单元进行过多描述，以下将以 LF（Ladle Furnace）为例介绍智能设备信息系统相关内容。

LF 是 20 世纪 70 年代初期由日本发展起来的钢包精炼型炉外精炼设备。1971 年，日本大同特殊钢公司的大森厂在总结和消化 ASEA-SKF、VAD 和 VOD 等精炼法的基础上，开发了 LF。LF 的应用和发展极大地推动了新钢种、新工艺的研究开发，促进了炉外精炼技术的进步和钢铁工业的发展。LF 具有保持炉内还原气氛、氩气搅拌、埋弧加热和合成渣精炼等独特的精炼功能，尽管 LF 设备结构比较简单，但它具备了许多有效的炉外精炼手段，如合成渣处理、加热、搅拌、合金成分调整等。LF 还可以提高钢液的纯净度及满足连铸对钢液成分及温度的要求，从而协调炼钢与连铸节奏。LF 合成渣精炼可以更好地完成脱硫、脱氧、去除夹杂的作用，进而可开发合金含量较高的钢种。这些使得转炉配 LF 已在炉外精炼设备中占了主导地位。

总的来说，LF 处于转炉与连铸两个生产环节之间，实现钢水的温度与成分调节。因此在 LF 精炼阶段，可以把控制内容分为造渣控制、温度控制、成分控制，以及为了均匀钢水温度与成分进行搅拌控制 4 个部分。在现有的生产条件下，在对这几个部分的控制中，存在几个问题：终点渣系精确控制困难，主要表现在炉次之间的精炼终点渣系组成波动较大，不利于钢水质量的稳定；温度不能在线实时监测，尤其是温度的带电点测精度不高，同时钢水成分的采样化验时间相对滞后，不能实现温度与成分同步满足工艺要求，从而难以提高生产效率；吹氩强度的调整策略复杂，需要综合考虑气路通透性情况、精炼阶段、供电系统运行状况和脱硫情况等进行搅拌控制；操作过程中难以避免地引入个人因素，主要是个人的操作经验和习惯，导致不同操作人员之间的操作手法存在差异，可能引起钢水质量在不同操作人员之间存在一定的波动，不利于钢水质量的稳定控制。

（1）终点渣预报及硫含量预报 LF 精炼渣对钢水脱硫、脱氧、去气、吸收夹杂等有着非常重要的作用。控制好 LF 渣系组成，使精炼渣系在精炼过程具有适当的流动性和相对的稳定性，并且具有良好的脱硫、脱氧效果，是精炼阶段造渣最理想的情况。另外，合理造渣制度不仅要考虑终点渣的组成，还要考虑其脱硫效果，使精炼后的钢水硫含量达到成分控制要求。为了实现造渣过程的自动控制，LF 终点渣成分预报是首先需要解决的问题，在对终点渣预报的基础上，进而通过脱硫反应的热力学和动力学特性，并结合现场的生产数据建立起硫含量预报模型。

为了对钢水硫含量在线实时预报，需要确定脱硫动力学模型的参数，然而反应的动力学因素，即脱硫反应速率是实时动态变化的，它与渣钢反应面积、硫的分配比和限制性环节的传质速率有关，这 3 个参数都是很难定性得到的，但是定性分析可以得出：渣钢反应面积与搅拌情况有关，分配比与熔渣的硫容量有关，而传质速率主要受温度影响，因此可以以氩气搅拌强度、渣的硫容量、温度作为期望输入，以现场生产数据统计得到的反应平均速率作为期望输出，建立起基于智能算法的数据模型。基于数据建模的方法已经广泛用于实际过程的分析与建模中，比较流行的基于数据的建模方法有线性回归方法、模糊方法和神经网络方法等。在脱硫过程中，反应的动力学参数作为模型的因变量，与影响其数值大小的自变量之间存在着典型的非线性关系，因此需要采用非线性的建模方法，神经网络方法就是一种非常高效的数据建模方法。

影响反应平衡时间的因素有氩气搅拌情况、渣的动力学状态、反应进行时间，在现场工艺条件下，渣的动力学状态很难定量确定，但是由于渣况的状态是工艺人员人为控制的，因此炉次之间的渣况波动可以认为是变化不大的常量，因此不必作为数据模型的输入参数。在数据模型中，选取氩气搅拌、反应进行时间和平衡时硫含量作为动力学模型的输入，现场取样硫含量作为模型的输出，对神经网络进行训练学习，通过交叉验证对模型进行验证，得到最后的动力学模型。

（2）温度预报模型　连铸为保证好的铸坯质量及稳定的工艺过程，其对钢水温度提出了更为苛刻的要求，所以如何建立合理的温度制度、精确控制钢液温度显得尤为重要。而对 LF 钢水温度的准确预测，是合理组织生产、提高钢水质量、降低炼钢成本、实现钢水温度控制的重要前提。

LF 精炼过程中遵循能量守恒原理，即系统能量的增量=输入系统的能量-系统损失的能量。影响 LF 温度的能量收支情况，温度的能量输入为电弧加热的能量，它是刨除掉一部分损失的电弧功率后进入熔池的电弧功率。进入熔池的热量又可分为 4 个去向：第一部分用于钢液和炉渣的升温热；第二部分用于渣料、合金熔化升温热；第三部分为通过炉衬损失的热量，包括炉衬的蓄热和由包壳与周围大气的热交换而损失的热量；第四部分为渣面损失的热量，包括渣面的散热和氩气带走的热量。

合金与造渣材料的热效应在原理上存在着不同，主要是合金在熔解进入钢液本体时会有些氧化消耗，即合金收得率的问题，氧化反应产生的热量会影响合金的热效应，尤其是活泼的金属元素（如铝），其氧化反应对合金整体的热效应表现影响极大，相比而言，造渣材料不存在氧化反应放热，在计算上要相对简单。

炉次的热损失机理计算相当复杂，一种方法是钢包热状态从转炉出钢开始计算，通过建立相应的非稳态方程，求解出炉衬（包底和包壁）在径向方向上的温度分布，再通过方程式计算炉衬的热损失。

通过渣面损失的热量包括渣面的散热和氩气带走的热量，渣面的散热主要以渣面的辐射散热为主。在 LF 的处理过程中，一直都在进行吹氩搅拌，当吹氩强度过大时，会将钢液表面的渣层吹开而使部分钢液裸露于大气中。吹氩强度越大，钢包上部钢液裸露的面积也会相应地变大，钢液直接向大气中对流和辐射的热损失增大。研究表明，钢液裸露面比渣面的温度高约 300~400℃，而且越靠近裸露面，渣面的温度也越高。同时发现渣温降低到一定程度后，其温度变化不大。由于辐射散热量与绝对温度存在四次方的关系，因此钢液裸露面即使很小，其散热量也远大于渣面的散热量。可认为吹氩过程中钢液裸露面的形成是引起吹氩温降的主要原因，正因为如此才把它作为渣面损失热量的一部分。

另外，LF 电弧的行为及传热效率对温度预报影响较大。LF 炉是交流电弧炉，AC 电弧每周波极性易变化，因而电弧行为是相当复杂的。LF 中电弧的行为与炉渣的泡沫化程度或者说与电弧与炉渣的相对高度有关。有关研究表明，当电弧被炉渣包围时，与敞开电弧相比，电弧的行为会发生的变化包括：电弧燃烧的稳定性显著提高；炉渣的磁屏蔽效果；炉渣对电弧而言温度很低，因而能对电弧起冷却作用，从而提高电弧的功率密度和电位梯度，使电弧变细和变短；炉渣对电弧等离子体成分的影响。影响电弧传热效率的因素包括渣厚的影响和电弧电压的影响。

当冶炼实现埋弧操作时，渣层将有效地屏蔽和吸收电弧辐射能并传给熔池，提高了传热效率，缩短了冶炼时间，减少了辐射到炉壁、炉盖的热损失。渣是否埋弧对提高电弧传热效率是十分重要的。在渣埋弧时能量损失最低，即使在长弧（高功率因数）下运行，能量损失也无明显增加，而且长弧运行电流降低，电极消耗量也相应减少。因此，在操作中尽快造成泡沫渣并保持下去是确保炉子在整个周期内以高电压、最大功率运行和提高功率利用率的关键，而这种运行模式意味着低消耗和高生产率。

（3）合金成分优化　合金化是 LF 的一项重要任务，合金化是在取样分析值的基础上，为调整钢水的合金成分而进行的合金配料操作。在冶炼各种特殊钢材时，合金成分对产品质量至关重要，它影响着产品的各种性能。另外，由于合金料的成本比较高，因此实现合金钢的窄成分控制是所有特钢企业追求的目标。合金成分控制模型是以物料平衡原理为基础建立线性规划的优化模型。根据合金料的情况、技术规范和收得率等，决定最佳的合金补加量，做到成分满足要求、经济合理、成本最低。

为了得到各种合金钢，必须在钢水中添加相应的合金料。由于每种合金含有多种成分，也就是说，在满足同一目标成分的前提下，可以有多种合金组合方案，但应该存在一个成本最低的合金组合方案。在金料添加计算时，元素成分的收得率对合金添加量的计算具有至关重要的作用。准确判断和控制元素的收得率，是提高钢液成分调整的关键。在建立合金收得率计算模型基础上，建立优化模型，该模型由决策变量、目标函数及约束条件构成。

1）决策变量：设有 m 种合金料可供精炼炉使用，控制 n 种钢水的成分。每种合金的配入量作为决策变量，它满足非负条件，即 $i=1, 2, \cdots, m$。

2）目标函数：以配料成本最低为目标函数。

3）约束条件：成分约束，合金的加入量会导致钢水成分的变化，因此通过调节合金的加入量来调整钢液的成分。通常钢液中的每种成分的上下限值是约束，另外还有允许用量约束。

（4）加料智能学习控制　由于 LF 称料系统的控制精确度不高，其称量结果往往比设定值高。这样，对称量精确度要求较高的合金料来说，使用现有的称料系统与称量算法会造成较为严重的后果，同时也不能保证自动加料的可靠执行。在 LF 精炼阶段，为实现精确地动态定量加料，对加料系统的控制要求是准确且快速。但在实际加料过程中，快速和准确是一对矛盾。一般动态定量加料过程的生产率都有规定，在给定的生产率前提下，即称量加料时间周期一定的情况下，同时要使加料精度达到要求，可以使用迭代自学习的方法。迭代自学习控制是人工智能与自动控制相结合的新型学习控制技术，是智能控制领域中研究、开发及应用的重要发展方向之一。迭代学习控制具有拟人的学习过程与特性，类似于人的"循序渐进"的学习规律，"边学边干"的学习方法，因而可用于不确定的对象，或非线性复杂系统的智能控制。

（5）基于知识的搅拌控制　采用炉底吹氩搅拌操作，是为了使炉内钢水温度和成分均匀并加快化学反应速度，从这个目的出发，希望较高吹氩强度。而为了稳定埋弧加热，必须控制钢液面的波动，使电弧长度保持较小的变化，这与良好的搅拌相矛盾。为此应根据工艺要求制订合理的吹氩制度，并通过实际运行逐步达到最优。设计根据底吹氩气在钢包透气砖的实测出口压力、流量值以及电弧电流波动情况自动选择和调整吹氩参数。在正常情况下，如果在进站的钢水状况和氩气气路状况相差不大的情况下，炉次之间的吹氩策略基本是相同的。基于这个思路，对不同炉次的情况进行分类处理，如进站硫含量较高时，需要过程中有较强的搅拌，促进脱硫反应的进行，而当硫含量较低时，可以适当减小吹氩强度，以减小电流波动，促进钢水升温，因此可将硫含量作为进行分类处理的一个参考变量，同样地，还可选择钢种、钢包作为其余的参考变量。

对于进站待炼的炉次，首先根据其硫含量、钢种和钢包车号进行模式选择，得到相应的吹氩模式；其次根据精炼周期对该模式下的参数进行初始化；然后，根据过程中温度情况，适时地对模式参数进行动态调整，以得到合理的过程吹氩曲线；最后，根据供电系统的弧流波动情况，实时对吹氩强度进行调整，防止波动剧烈时，对电极带来较大的冲击。吹氩曲线的制定为静态模型，也可以称为模式选择模型，它根据参考变量进行模式分类，在不同模式下设定不同的全程吹氩曲线。吹氩搅拌动态调节模型，它根据现场运行时的弧流波动情况，对吹氩强度进行动态调节，防止在大吹氩强度时，电弧电流波动剧烈而带来对电极的冲击。

吹氩过程中可能会出现堵漏的异常情况，这两种异常可以通过氩气流量、氩气压力之间的关系进行判断。根据历史的正常炉次可以统计出在不同流量下的正常压力差（阀前压力-阀后压力）范围。对于堵塞的情况，在相同流量下，其压力差要小于正常压力差值，所以当出现压力差值低于正常压力范围的下限时，可以判断出发生堵塞故障。对于氩气泄露的情况，在相同流量下，其压力差要大于正常压力差值，所以当出现压力差值高于正常压力范围的上限时，可以判断出有泄漏的情况发生。

如果判断出吹氩有异常情况发生，不能继续使用正常情况下的吹氩策略。异常情况主要是指堵塞和泄漏的情况，比如透气砖被钢渣堵塞或管路发生泄漏等情况。首先，需要建立堵漏程度的评价指标。通过这个评价指标，可以判断出具体的堵漏情况，然后才可以根据具体的堵漏情况进行相应的异常情况吹氩控制。吹氩的异常控制是基于正常流量控制的，即其总体趋势与正常流量控制相同，只是各个阶段的具体吹氩流量有所变化。异常情况下的吹氩流量较正常情况下的变化部分是通过参考炉次法进行学习的，根据不同的堵漏异常程度指标，选择出参考炉次。根据参考炉次的吹氩情况，进行异常情况的吹氩流量控制。

（6）过程综合优化与控制　钢水温度是炼钢过程中需要重点控制的工艺参数之一，钢水温度对保证连铸生产过程顺利进行、降低原材料和能量消耗、提高铸坯质量均有很大影响。过高的温度不仅易造成拉漏、溢钢等事故，而且会增加钢包的热负荷，降低炉龄、增加成本，进而影响铸坯质量；温度过低的钢水流动性差，易堵水口，回炉率高。因而，设计经济合理的供电制度，既能达到对钢水温度的控制，同时又能实现节约能耗的目的。可以看出，研究合理的优化模型，对于提高炼钢行业经济效益具有现实意义。

造渣控制是炼钢过程中需要重点控制的另一个工艺参数，一方面需要考虑终点渣系组成及其脱硫效果，使终点的渣系组成在目标渣系范围内，同时要保证精炼后硫含量在钢水成分控制线以下。另一方面，还需要考虑造渣量对供电系统电弧热效率的影响及渣料本身带来的温度消耗。这两方面通常是矛盾的，要综合两方面的因素。

最优造渣制度与最优供电策略并不是相互独立的，从定性分析来说，电弧的埋弧状况对电弧热效率有较大的影响，而埋弧状况主要由造渣制度来决定，通过机理学习，可以得出影响埋弧状况的主要因素就是渣量、发泡程度、渣的各项物理指标（包括黏度等），同时精炼渣量又不宜过大，如果渣量过大，一方面会加重钢水温降，对钢水成分调整和夹杂物的去除没有意义，同时也会带来原料的浪费，因此在制定造渣制度和供电策略时要二者综合考虑。

在前面工作的基础上，根据单个炉次在其精炼阶段的能量需求，设计合理的供电策略及造渣制度。出于节能降耗考虑，为了实现降低吨钢电耗目的，优化目标是最小化单个炉次内的电耗，决策变量包括二次侧档位电压、电流、供电时间、造渣材料加入量。其中，某钢厂 LF 现场的造渣材料包括石灰、精炼渣、萤石，出于终点渣系控制的要求，含铝钢采用石灰+萤石的造渣方式，不含铝则采用石灰+精炼渣的造渣方式。优化模型约束条件包括供电时间、供电系统功率因数约束、变压器约束、温度约束、成分约束等。

（7）精炼过程监控与故障诊断　精炼炉炼钢是由许多附属设备构成的，包括变压器、钢包车、水冷炉盖及升降机构、电极及升降装置、支承平台及润滑系统、液压系统、冷却水系统、氩气系统、气动系统、高位加料系统、喂丝机、测温取样装置等。这些设备在运行过程中会发生各式各样的故障。

液压系统故障表现在这几个方面：压力故障、压力不够、压力不稳定、压力调节失灵、压力损失大；动作故障，速度达不到要求，没有动作、动作方向错误，负载速度明显下降，起步迟缓、爬升；振动和噪声；系统发热。

电气系统故障包括仪表故障、电气元件故障、PLC 故障。

水冷系统故障包括粘结腐蚀造成的阻力过大或泄露等问题。

加料系统故障包括给料机堵塞、称重料斗故障、电机故障等。

传动系统故障包括电机电磁制动器卡死、电机损坏、减速机损坏、车轮打滑、车轮轮沿裂、车轮轴承损坏、振动故障等。

氩气系统故障包括堵塞、气源压力低、管道漏气等故障。

这些故障多种多样且具有复杂性，故障原因隐蔽，引起同一故障的原因不同且可能出现现场信息不全等问题。压力不稳定常与振动噪声同时出现，系统压力故障往往和动作故障一起。系统的元件内部结构及工作状况不能从外表进行直接观察。因此，故障具有隐蔽性，往往发生在系统内部，由于不便拆装，现场的检测条件也很有限，难以直接观测，使得故障分析比较困难。

在解决上述问题的故障诊断方法中，基于定性经验的故障诊断是一种使用定性模型进行推理的方法，其核心在于利用不完备的先验知识，对系统的功能结构进行描述，建立起定性模型实现推理，并依据模型预测系统的行为，通过与实际系统行为进行比较，检测系统是否发生故障。基于定性经验的方法通常包括专家系统、图搜索、故障树分析等。由于整个精炼过程无法建立起精确的机理模型，因此，现有大多数的复合故障诊断方法均是以数据驱动方法为基础。其中的主流思想是在组成故障模式未知的情况下，对采样数据先行解耦，再与已知故障进行对比，逐一隔离和判别出可能的故障模式。这些方法中包括统计分析方法、信号处理方法、基于定量的人工智能方法。统计分析方法主要包括主成分分析、贝叶斯理论方法和偏最小二乘法等。信号处理方法有经验模态分解、小波变换、希尔伯特变换等。基于定量的人工智能方法也是精炼设备故障诊断方法的重要组成部分，包括支持向量机、人工神经网络、模糊数学、证据理论、人工免疫系统、遗传算法、群体智能算法等。近年来深度学习发展迅速，在精炼机械旋转设备故障诊断中得到尝试和应用，包括自编码器、深度置信网络、卷积神经网络、递归神经网络、生成式对抗网络等深度学习模型。

6.3　智能制造系统的系统级 CPS

前面所定义的企业单元级 CPS 为生产过程的某一道工序设备总体，其生产最终产品往往为中间产品，如炼钢工序的产品为合格的钢水。而系统级 CPS 往往为工厂级的设备总体，其生产的最终产品可以作为销售品。无论如何，从产品角度分析是一种模糊的 CPS 分类方法，归其实质，CPS 层级的划分与所考虑的整体对象有关，可灵活处理。本书中针对企业所设计的系统级 CPS 为工厂级（生产线或流程级）CPS。

企业系统级 CPS 特点，由多个单元级 CPS 构成，包括过程单元级 CPS、人员管理 CPS、货物运输 CPS 等构成物理实体，由组织、调度、协调、优化等内容构成信息系统。系统级 CPS 是一个涉及多个工序的工业生产流程级 CPS，其覆盖的技术领域多、涉及设备多、流程控制系统层级多、过程参数多，复杂的工况也容易引发组织、调度、协调、优化任务等工作难以推进。

6.3.1 物料管理功能

对于单元级 CPS，物料管理相对简单，往往仅涉及控制层面的需求。而对于系统级 CPS，在物料的供应、存储、使用等方面存在着管理方面的问题，需要优化决策。

在物料管理时，可以将物料分为主要材料与辅助材料。主要材料是构成制成品最主要的部分，而辅助材料是在配合主要材料的加工时附属于制品上。

物料的特性首先是物料的相关性，任何物料总是由于有某种需求而存在；其次是物料的流动性，既然有需求，物料总是不断从供方向需求方流动；最后物料的相关性决定了物料的流动性。三种特性相互作用、互相影响，理解物料的管理特性有助于理解物料需求管理的特点。

物料是有价值的，一方面它占用资金，为了加速资金周转，就要加快物料的流动；另一方面，在物料形态变化和流动的过程中，要用创新竞争（不仅是削价竞争）提高物料的技术含量和附加值，用最低的成本、最短的周期、最优的服务，向客户提供最满意的价值并为企业自身带来相应的利润，这也是增值链（Value-Added Chain）含义之所在。

在市场竞争日益激烈的环境下，产品生命周期越来越短，品种越来越多，而客户对交货期的要求越来越短。同时，企业对库存的控制也因为成本的压力而变得越来越严格。怎样才能有效地解决这一矛盾，是摆在企业管理者面前的难题。以下方法可以帮助企业提升自身对库存的控制能力：

1）物料规格标准化，减少物料种类，有效管理物料规格的新增与变更。
2）适时供应生产所需物料，避免停工待料。
3）适当控制采购成本，降低物料成本。
4）确保物料品质良好，并适时与供货商沟通。
5）有效率地收发物料，提高工作人员工作效率，避免物料长期存放、有废弃物料的产生。
6）掌握物料适当的存量，减少资金的积压。
7）可对物料管理施行考核。
8）充分利用仓储空间。

物料管理是企业生产经营活动中一项基本的且不可缺少的活动，企业的物料管理主要包括物料需求、物料采购及库存管理与控制三大部分。物料管理是供应链管理的一个重要环节，规范业务流程，制定合理有效的审批制度，严格控制物料管理的各个环节并保证信息在系统内及时、准确且有效地传递，最终使物料管理达到物料不间断运输、避免物料长期存放、避免盲目囤料的目的。

物料管理涉及物料代码维护及物料结构管理、物料需求计划、物料采购仓储与配送、票据管理、第三方物料管理、现场库存管理等内容。

物料管理在技术上依赖于流程的物料标识与物料驱动系统技术，有物料需求预测优化方法、仓储调度优化方法、智能物流动态路径规划技术等。物料管理的提升，可以帮助企业实现以下目标：

1）通过物料申请计划、采购、仓储、保管、领用等活动，解决物料供需之间存在的时间、空间、数量、品种、规格以及价格和质量等方面的矛盾，衔接好生产中的各个环节，确保生产可持续稳定进行。
2）实现以关键流程为主干进行企业流程再造，从而实现对企业整体物流、业务流、信息流、资金流、控制流的有效集成，进而实现资源的有效配置。

3）保证企业生产经营管理正常进行的前提下，最大限度地简化日常事务，降低原材料成本和运营成本，降低库存和占用资金，减少财务收支差错或延误。

4）运用监控、考核、管理功能，做到事先有计划，事中有控制，事后有核算。

对原燃料、辅料、备品备件等制定合理有效的计划审批流程，实行出/入库管理，并实时提供原燃料、辅料、备品备件的库存信息。

5）采用实时动态的抛帐方式，建立业务和财务的一体化，自动生成会计凭证。强大的查询体系、灵活强大的报表系统，可以自由定义各种管理报表，满足管理层对信息披露的需求，还可以根据报表的异常现象分析，追溯查询到原计划表单。

6.3.2 产品质量管控功能

产品质量管控功能包括作业技术和活动，也就是专业技术和管理技术两个方面。围绕产品质量形成全过程的各个环节，对影响工作质量的人、机、料、法、环五大因素进行控制，并对质量活动的成果进行分阶段验证，以便及时发现问题，采取相应措施，防止不合格产品的出现，尽可能地减少损失。

目前工业生产过程对于产品质量的判定多依靠人工离线操作，这就存在数据滞后时间长、质量检测人员需待命等不足，人员的劳动强度大。随着客户对产品个性化及质量需求的不断提高，加之市场竞争程度的加剧，这一形势越来越严峻。

质量在线精准判定非常重要。若判定不准确，容易造成质量事故。现有生产过程中，计算机对质量监控方法大多基于命中率模式，但这一模式存在如下缺点：

1）算法单一，信息量少。质量曲线没有包含更多信息，如标准差、上/下公差的容忍性、局部质量等问题，相同命中率之间的差异往往无法辨别。

2）实物质量与最终质量的非同步性。由于产品质量检测位置和时间的原因与最终产品质量具有较大的区别。

3）阶跃式判定方法的粗犷性。以固定容差为方法的阶跃式判定方法具有粗犷性，容易造成容差附近的质量判定大相径庭。

4）忽略不同流向、不同客户之间的不同需求。产品的流向不同，且不同客户具有不同的需求，质量的容差及质量判定方法应该具有独特性。

5）缺乏全断面质量判断技术。现有的质量监控技术，特别是凸度、温度大多都集中在单一点，缺乏对断面质量的总体判定。

6）缺乏实测数据的可靠性分析。对于实测数据，缺乏必要的可靠性分析，无法避免仪表检测误差或仪表噪点对质量判定的影响。

另外，计算机控制系统没有实现产品质量与主要工艺过程参数的相关性分析，或对生产过程中的工艺、质量参数进行在线分析，不能对存在的潜在质量问题提供预警信息，下游工序也不能提前进行参数的调整以避免质量事故的出现。一旦出现产品质量问题，往往伴随着批量的质量事故，依靠工艺分析人员去反查数据，费时费力，且对工艺分析人员的素质要求高。

如何根据产品的不同类型和需求做到精准质量判定？如何进行产品质量问题的精准追溯？如果做到产品质量问题的精准预防？其中，精准质量判定模块是精准质量追溯和设备状态数字化评价及健康管理的基础。用质量精准判定模块代替生产者对质量的预判以及代替质检人员对质量的再判定，同时可以基于工艺标准，对质量进行定量化评价，在降低产品质量异议的同时，实现少人化甚至无人化的质量判定。

产品质量精准判定的核心模块包括分类质量规则库、数字化质量评价方法、多样性工艺权值表、数据特征识别技术、规则机器学习等。

6.3.3 流程协调优化功能

为解决环保的问题，我国流程工业正从传统的局部型、粗放型生产向全流程、精细化生产的现代流程工业发展，以达到大幅提高资源与能源的利用率、有效减少污染的目的，高效化和绿色化是我国流程工业发展的必然方向。我国流程工业原料变化频繁，工况波动剧烈；生产过程涉及物理和化学反应，机理复杂；生产过程连续，不能停顿，任一工序出现问题必然会影响整个生产线和最终的产品质量；原料成分、设备状态、工艺参数和产品质量等无法实时或全面检测。此外，工业系统的优化决策还涉及多冲突目标、多冲突约束、多尺度动态优化的难题。因此，流程工业生产经营计划与管理、生产过程的运行操作与管理系统的决策分析仍然依靠知识型工作者凭借自身知识和经验来完成。在工业系统级 CPS 中，通过融合知识的生产过程优化实现工业的升级转型，即集成知识和大量模型，采用主动响应和预防策略进行优化决策和生产制造。

流程工业协调优化将由人机合作的智能优化决策系统和工业过程智能自主控制系统组成。人机合作的智能优化决策系统的优势在于：

1）对市场信息、生产条件和制造流程运行工况实时感知。
2）企业目标、生产计划与调度一体化的人机合作优化决策。
3）对决策和执行过程实现远程、移动和可视化监控。

工业过程智能自主控制系统在 PCS 的功能基础上，增加如下 4 大功能：

1）生产条件和运行工况变化的感知。
2）在控制系统设定值改变、频繁干扰和工况变化的情况下，控制系统仍然具有良好的动态性能。
3）实现过程工况远程、移动、可视化监控与自优化控制。
4）与组成生产全流程的其他工业过程控制系统相互协同，实现生产指标优化控制。

人机合作的智能优化决策系统功能，是系统级 CPS 通过信息化管理系统实现企业经营和生产过程的管理。系统级 CPS 信息化管理由部分经营决策、部分资源计划、全部制造执行、供应链和能源管理组成。决策与分析功能依赖于知识工作者的知识和经验。

人机合作智能优化决策系统的功能包括：

1）实时感知市场信息、生产条件和制造流程运行工况。
2）以企业高效化和绿色化为目标，实现企业目标、计划调度、运行指标、生产指令与控制指令一体化优化决策。
3）远程与移动可视化监控决策过程动态性能。
4）通过自学习与自优化决策，实现人与智能优化决策系统协同，使决策者在动态变化环境下精准优化决策。

当前国际上先进的流程企业采用 DCS、PLC 等先进的计算机控制系统实现了工业过程的自动控制。对于可以建立数学模型的石化等工业过程，过程控制的设定值可以通过实时优化（Real-Time Optimization, RTO）和模型预测控制（Model Predictive Control, MPC），但是对于具有综合复杂性的工业过程如冶金工业等，控制系统的设定值、运行异常工况诊断仍需依靠知识和经验。工业过程智能自主控制系统主要由智能运行优化、高性能智能控制、工况识别与自优化控制三个子系统组成，功能包括：

1）智能感知生产条件的变化。
2）以优化运行指标为目标，自适应决策控制系统的设定值。
3）高动态性能的智能跟踪控制系统设定值的改变，将实际运行指标控制在目标值范围内。
4）实时远程与移动监控，预测异常工况并排除，使系统安全优化运行。
5）与组成生产全流程的其他工业过程智能自主控制系统相互协同，实现生产全流程的全局优化。

工艺智能优化系统实现生产全流程的优化控制必须解决生产工艺参数的优化问题。提升工艺参数研究的智能化水平的目标是研制工艺智能优化系统，该系统的功能包括：
1）使生产过程虚拟化。
2）实现生产过程物质流、能源流和信息流相互作用的可视化。
3）给出符合要求的最佳生产工艺参数建议，由工艺研究人员确定最佳工艺参数。

6.3.4 设备智能运维与管理功能

在现代信息化管理和全员生产维修（Total Productive Maintenance, TPM）体系中，表现出的是企业设备管理缺乏系统性。大多数生产企业的 OA、NC、MES 等信息化系统的信息各自独立，一些涉及设备生命周期的信息、检修、润滑、备件等方面的信息不能很好地融合互通。TPM 体系管理实际执行力度较弱，效果欠佳，缺乏统一、规范的可视化管理方法的指导，导致员工对 TPM 落实不到位。在 CPS 架构体系下，过程或设备之间的关系被看作首要考虑问题，因此其信息较容易融会贯通。当然，对现有系统的改造则需做大量的工作。

实现工业设备智能运维与管理，首先需要提高员工自主维护设备的意识，这就要求设备管理人员加强设备生产维护，尤其是一线员工更应该意识到设备自主维护的重要性。因大多数流程企业生产环节众多，这就要求员工熟悉设备操作的每个环节，确保员工根据各个环节关系做到配合，深度掌握自主维护设备的技术和技巧。

在工业设备智能运维与管理的过程中，还应该注意打通工业设备综合管控平台与 MES、各个数采系统、底层中控系统的连接，统一基础代码体系和关键绩效指标（KPI）数据来源，完善数据库建设，实现设备效能、设备状态和故障异常数据、标准作业程序（Standard Operating Procedure, SOP）等信息的推送，促进工业设备管理人员与信息系统的合作。与此同时，可利用信息化平台提升精益设备管理，即主机设备加装二维码，通过扫码进入相关界面，对现场设备环境及结构、设备简介、工作原理及工艺卡、设备点检、润滑点、易损件、安全操作规程、标准作业操作规程 SOP 进行全面了解和学习。利用通信设备扫码进入主界面便可随时对以上内容进行学习、了解和掌握，保证操作人员、维修人员、管理人员可直观地看到操作流程，并准确地掌握设备各项性能，进而实现精益设备管理的全管控、全方位提升。

客户端远程画面监控，支持多类型客户端远程进行画面访问或使用虚拟现实技术完成画面监控工作。系统基于 Web 服务器将指定画面、指定数据进行 Web 发布，实现流程组态画面可基于手机、计算机等客户端集中远程被浏览、监控。保证了数据的实时性及准确性，极大地提高了设备维护效率，降低人力成本。真正实现任意时间、任意地点、任意人员（经系统权限分配）远程监测、控制现场设备，减少人员频繁出现场，确保信息的实时性及可靠性，提高客户体验友好性。

设备状态监测系统可实现设备运行实时数据监测，对现场各类设备核心运行参数、通信质量戳进行集中监控；设备运行历史数据存储，将现场各类配套风机、水泵、阀门等设备运行数据集中历史存储；设备运维云服务器，将海量分散设备运行参数、通信质量戳等数据集中存储至中央云服务器，为大数据分析、运维优化策略提供基础数据支持。

设备报警运维系统通过设备报警运维系统自动报警、自动推送、分级推送，设备运维人员可针对性地实施设备运维工作，充分提高设备运维实时性及效率。设备运维信息可集中汇总、线上登记，提高运维工作效率，保证信息上下传输的效率，规范管理措施，降低运维成本。

报警信息推送系统可以支持短信、邮件、电话报警等自动推送功能。

故障消除信息推送支持短信、邮件、电话报警等消除信息自动推送功能。

智能运维的维修管理涉及维修策略的确定、维修计划管理、维修过程控制和效果评估管理、企业资源管理及重要设备状态监测管理等基本内容。它以设备可靠性分析、设备寿命管理技术、设备状态监测与故障诊断技术和计算机管理及辅助决策技术为技术支持。

以可靠性为中心的维修是目前国际上流行的、用以确定设备预防性维修工作、优化维修制度的一种系统工程方法。它从分析设备的故障模式出发，根据故障模式对整个系统的影响及其失效特征确定有针对性的维修策略，包括事后检修、预防性维修、经济性维修、预知性维修等。及时检查和排除隐蔽功能故障是预防多重故障产生严重后果的必要措施。传统维修观念没有隐蔽功能故障这一概念，对于隐蔽功能故障与多重故障的关系不够了解，所以会出现武断地认为多重故障的严重后果是无法预防的这一想法。隐蔽功能故障的概念被提出，在了解隐蔽功能故障与多重故障存在密切关系的基础上，通过提高对隐蔽功能故障的检测能力和改进设计达到预防多重故障的目的。

隐蔽功能故障是指使用设备的人员无法发现的、不明显的故障。其包含两种情况：正常运转情况下，工作的设施对于使用设备人员的不明显故障；正常运转情况下，不工作的设施在使用时是否良好对于设备使用人员的不明显故障。

多重故障则是指由连续发生的两个或两个以上独立故障所组成的故障事件，这一事件可能产生巨大的危害。因为任一个故障可能只产生小范围的损失，但连续发生会对系统产生大范围的危害。多重故障与隐蔽功能故障有着密切的关系，如果隐蔽功能故障没有及时被发现和排除，就会造成出现多重故障的可能性，例如室内火警探测与灭火系统。火警探测属于隐蔽功能故障中的情况一，其功能对室内的人员是不明显的，除非它探测到了火灾，如果它出了某种故障而探测不到火灾，则该故障就是隐蔽的。灭火系统属于隐蔽功能故障中的情况二，除非探测到了火灾，否则灭火系统是不工作的，只有当需要使用它时，使用人员才会发现它能否工作。因此，一个隐蔽功能故障本身可能没有直接的后果，但可能增大系统发生多重故障的概率。降低隐蔽功能故障发展成为多重故障可能性的方法是适当增加检测的频率，以及时发现隐蔽功能故障。例如改进设计，增加冗余保护，都可以使多重故障的概率降低。

6.3.5 系统级 CPS 关键共性技术

企业经营和生产管理与决策过程是人、机和物三元空间融合的复杂系统，也是人参与的信息物理系统。复杂工业过程控制、全流程运行监控与运行管理、企业运作管理和生产管理的决策分析，以及最佳工艺参数的决策仍然依靠知识工作者根据其经验和知识来完成，知识型工作者在企业经营与生产过程的管理与决策中起核心作用。麦肯锡全球研究院研究报告指出：知识型工作的自动化是驱动未来全球经济的 12 种颠覆性技术之一。

复杂工业过程控制、全流程运行监控与运行管理会产生大数据，企业运作管理与决策和生产管理与决策会产生大数据，工艺研究实验也会产生大数据。工业大数据的特征是数据容量大、采样率高、采样时间段长（历史正常、历史故障、实时）以及数据类型多，如过程变量（控制量、被控量）、声音和图像、管理及运行的生产指标数据。工业大数据的出现使企业经营过程和生产全流程的建模、运行控制与优化决策研究，从过去的假设驱动型转为数据驱动型。基于数据的建模、控制与优化决策已成为自动化科学与技术中新的研究热点。大数据应用技术与人工智能驱动的知识型工作自动化，为生产工艺智能优化和生产全流程整体智能优化控制研究开辟了一条新的途径。将工业大数据和人工智能驱动的知识型工作自动化、计算机和通信技术与流程工业的物理资源紧密融合与协同，攻克下面四项关键共性技术，才有可能实现流程工业的生产工艺智能优化和生产全流程整体智能优化。

1）攻克具有综合复杂性的工业过程智能优化控制技术，实现以综合生产指标优化控制为目标的生产全流程智能协同优化控制，研制工业过程智能自主控制系统。

2）攻克人参与的 CPS 的物理机制建模、动态性能分析、关键工艺参数与生产指标的预测，和多目标动态优化决策技术，研制智能优化决策系统。

3）攻克以信息实时感知手段为核心的生产全流程运行工况感知与认知技术，研制运行工况识别与自优化控制系统。

4）攻克大数据与物理系统知识共同驱动的生产过程信息流、物质流、能源流交互作用的动态智能建模、仿真与可视化技术，研制用于流程工业控制、决策和工艺研究实验的虚拟制造系统。

攻克上述关键共性技术必须解决涉及的对自动化科学与技术、计算机和通信科学与技术、数据科学挑战的科学问题。

对自动化科学与技术挑战的科学问题包括：

1）大数据分析技术与机理相结合的复杂工业过程运行动态性能的智能建模与可视化。

2）工业过程智能优化控制系统的理论与技术。

3）大数据与知识（物理系统知识、管理系统知识等）相结合的，生产经营与管理和工业过程运行操作与管理中的多目标动态智能优化决策技术。

对计算机和通信科学与技术挑战的科学问题包括：

1）基于移动互联网的工业装备嵌入式计算机控制系统。

2）支撑大数据与知识自动化的新一代网络化、智能化管控系统。

3）复杂工业环境智能感知与认知技术。

4）实现生产工艺智能优化和生产全流程整体智能优化控制的软件平台。

对数据科学挑战的科学问题包括：

1）从价值密度低的大数据中挖掘出相关关系的数据。

2）处理数据、文本、图像等非结构化信息。

3）利用相关关系建立复杂动态系统的模型。

6.3.6 系统级 CPS 示例

本节以选矿过程为例，对系统级 CPS 加以阐释。我国具有国际一流的选矿工艺技术，主体装备也达到或超过国际标准，但生产过程的自动化、信息化、智能化技术与发达国家相比起步较晚、差距较大，成为选矿行业最主要的短板之一，这也导致资源综合回收利用率和生产率偏低。

生产过程自动化、信息化、智能化目前面临的主要问题有：

1）选矿生产原矿性质复杂、多变且不可控，但其产品必须达到相关标准才可出厂；

2）选矿生产既有流程工业连续性，又具有离散和间歇作业特征，过程机理复杂、具有多变量、非线性、大滞后和强耦合等特性；

3）国内外没有任何两个选矿厂的原矿、工艺流程和装备完全相同，企业管理水平、装备可靠性、生产运维人力资源状况参差不齐。

基于以上问题，配备选矿过程智能优化制造 CPS 就显得重要，其是以选矿厂生产经营全过程的高效化与绿色化为目标，以选矿生产工艺智能优化和选矿生产全流程整体智能优化为特征的制造模式。实施选矿过程智能优化制造可推动矿山企业生产方式和管控模式的变革，使企业实现优化工艺流程，降低生产成本，促进劳动效率和生产效益的提升。选矿过程智能优化制造 CPS 在选矿行业的应用，推动了产业链在地质、采矿、选矿、冶炼等环节的数据共享与协同，为进一步提高产业链（SoS 级 CPS）协作效率打下基础。选矿过程智能优化制造 CPS 可促进企业从生产型组织向服务型组织的转变，通过运用物联网、大数据、云计算等智能制造关键技术，不断催生远程运维、智能云服务等新的商业模式和服务形态，全面提升企业创新能力和服务能力。选矿过程智能优化制造 CPS 可实现信息共享，整合企业间优势资源，在产业链各环节实施协同创新，推动制造资源和制造能力的优化配置，以提高劳动生产率、提升产品质量。

中国有色金属、黑色金属矿以及煤炭的选矿技术已经达到国际先进水平，部分技术居国际领先地位。选矿装备大型化发展迅速，可靠性进一步增强，选矿装备及其配套设备的智能化不断发展，已达到较高水平。选矿过程检测仪表日趋完备，执行机构可靠性增加，装备智能化水平提高，基础自动化数据与经验不断积累，选矿过程建模仿真及优化控制技术进步。

选矿过程模拟仿真技术日趋完善，选矿过程优化控制技术应用卓有成效。现代企业信息化技术与选矿生产管理深度融合，行业对选矿过程自动化的理念逐步认同。智能制造相关技术已经起步，工业物联网技术成为支撑各行业智能制造的使能技术，云服务及计算平台技术的进展，为构建具有智能高效数据处理与云计算能力的选矿过程——智能制造云平台奠定了基础，大数据分析技术的进展为实现选矿智能制造提供了前提与保障，新一代人工智能基础研究和应用技术研发已经启动。上述条件为开展选矿过程智能优化制造 CPS 研究提供了很好的技术基础，现阶段启动相关关键技术研究和智能选矿厂建设技术上是可行的。

（1）选矿过程智能优化制造 CPS 总体架构　针对选矿智能优化制造的特点及技术需求分析，柴天佑等提出了选矿过程智能制造功能架构，如图 6-6 所示。

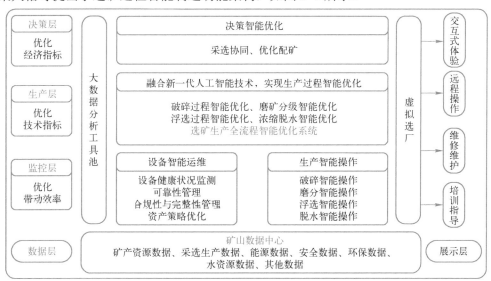

图 6-6　选矿过程智能优化制造功能架构

选矿过程智能优化制造功能架构主要分为 4 个层次：第一层是数据层，建立矿山数据中心，采集包括矿产资源、采选生产、能源、安全、环保、水资源等各类相关数据，积累形成丰富的选矿制造数据库，奠定智能优化制造的数据基础。第二层是监控层，通过实现设备的智能运维和生产的智能操作,达到减少人员,提高劳动效率的目的。同时,尽可能减少生产、运维过程数据获取时人的参与,提升数据质量和完整性,为选矿过程制造的数据挖掘奠定良好基础。第三层为生产层,融合新一代人工智能技术,实现破碎、磨矿、浮选、浓缩脱水等过程及选矿生产全流程的智能控制,优化选矿生产技术指标。第四层为决策层,通过采选协同及优化配矿的智能决策过程,优化选矿生产经济指标。

"数据中心"是"智能选矿厂"建设和运行的重要基础。建设"数据中心"、实现矿山业务数据的高效集成和管控是"智能选矿厂"建设的前提。在此基础上,第一步以提高作业效率、"无人化"和"少人化"为目标,实施选矿生产过程智能操作与智能运维,减少过程中人为因素干扰,提升选矿生产大数据质量;第二步以提升"作业品质"为目标,实施选矿生产过程智能优化,改善生产技术指标,获得技术红利;第三步以提升企业综合经济效益为目标,实施采选智能协同,提高企业科学决策能力。"虚拟选矿厂"是创造企业柔性效益的平台,它不仅是实体选矿厂的数字复制品,更是引导实体选矿厂生产优化、高效的大脑,是实体选矿厂再生产的基因。通过交互式邀游、远程操作、资产运维、培训指导等方式,进一步增强选矿生产管控和风险防控能力,形成人才、技术和创新的孵化能力与实践能力。

(2)选矿过程智能优化制造 CPS 的建设路径　基于上述功能架构,柴天佑等提出了选矿过程智能优化制造的建设路径,包含4个层次:

第一层次为选矿厂数据采集平台与选矿数据中心建设。通过建设工业物联网络框架,实现矿产资源、选矿生产、能源、安全、环保等数据的集成,保证选矿厂数据的完整性。

第二层次为智能操作选矿厂建设。建设装备远程智能监控和预测性维护系统,提高装备运转率;建设选矿全流程智能化操作系统,形成专家规则控制,实现少人无人操作调控,稳定工艺流程,优化操作岗位,提升选矿工业大数据的质量和价值。

第三层次为虚拟选矿厂建设。依照人-信息-物理系统(Human CPS,HCPS)的理念,通过虚拟选矿厂平行模拟实际选矿生产过程,实现数据的透明化和部分数据的软测量功能,并通过超实时仿真功能对选矿全流程生产进行快速决策,引导实际选矿厂快速响应,实现全流程智能优化控制和选矿厂技术指标优化。

第四层次为协同云服务平台建设。通过对全矿及全行业海量历史数据进行大数据分析,挖掘长周期数据的价值,实现选矿厂资产监管优化、全流程及采选协同和综合经济指标优化。智能选矿厂由专家、选矿流程数据与知识系统、运行状态智能感知与认知系统、选矿流程智能决策系统、虚拟选矿厂及选矿工业软件平台构成。

(3)智能选矿厂涉及的关键技术

1)选矿流程运行状态智能感知与认知技术。人的部分感知、认知功能向信息系统迁移,进而通过信息系统来控制物理系统,代替人们完成更多的脑力、体力劳动,实现选矿过程从传统的"人-物理系统"向"人-信息-物理系统"的演变。

2)选矿流程智能操作与运维技术。将人的知识深度融合于系统,赋予系统自感知、自学习的能力,并辅助、替代人进行操作、决策,在此基础上产生新的知识,进一步促进人对过程、系统的深入认识,赋予系统自决策和自执行能力,由此实现选矿过程智能优化操作与运维。

3)虚拟选矿厂设计与实现技术。虚拟选矿厂的作用在于依照"人-信息-物理系统"的理念,实现信息系统和物理系统的完美映射和深度融合。

4)采、选、冶过程智能协同技术。通过自动获取选矿产品需求变化、矿物原料资源属性方面的数据和信息,根据市场状况及企业自身资源条件,对全流程生产运营进行自适应优化决策。通过云协同平台,实现采、选、冶生产计划、产品计划、生产调度和检修计划等信息共享，应用基于知识约简的大规模协同优化决策，使采、选、冶生产达到产业链智能协同。

5）选矿工业软件及平台技术。

6.4 智能制造系统的 SoS 级 CPS

6.4.1 SoS 级 CPS 物理系统

SoS 级 CPS 为企业级 CPS，它的物理实体是由多个系统级 CPS 构成。如一个钢铁企业 CPS 物理实体包括炼铁 CPS、炼钢 CPS、轧制 CPS 等系统级 CPS。由于 CPS 体系的逐级上升特性，前面已对系统级 CPS 做了介绍，这里不再赘述。

6.4.2 SoS 级 CPS 信息系统

（1）信息系统架构设计　信息系统涵盖现有的 ERP、MES 的功能模块，打破层级界限，从一体化生产管控、全产业供应链系统、工厂设备资产全生命周期等多维度构建组织管理功能进行设计，基于统一的大数据平台，统筹管理企业运营。虽然从数据流看，系统已经完全扁平化，没有传统的层级数据库存在，但是从实际的业务来看，还是有清晰的业务管理流程。信息系统在典型 MES、ERP 功能的基础上，面向全流程和各加工工序，增加了基于工业大数据驱动的智慧优化决策、产品质量监测与预报模型、故障诊断与智能维护以及全流程能源管理与预测、市场预测分析等大数据、智能制造相关核心技术的开发。信息系统架构如图 6-7 所示。

图 6-7　信息系统架构

信息系统架构按功能类型分为几大类，主要有战略规划（Strategic Planning，SP）、运营管理（Operation Management，OM）、运营服务（Operation Service，OS）、生产管理（Production Planning，PP）、生产服务（Production Service，PS）等。

其中，战略规划侧重集团战略功能，从集团总体经营、市场开发、战略决策需求出发，利用大数据等新技术开发具有辅助决策功能的模块；运营管理体现生产厂家/产线从订单开始到计划排程的运营管理主流程，包含了订单设计、质量管理、制造资源优化、高级排程等主流程模块，还涵盖了财务、销售、采购、外部物流等紧密支持主流程的功能模块；运营服务体现了保障公司运营管理服务的功能模块群，主要包括传统 ERP 和 MES 内容中的公司日常管理内容；生产管理体现了对各工序生产过程、产品质量的管理功能模块群，主要包括传统 MES 内容中的工序 MES、质量以及厂内物流仓储等管理内容，增加质量预报、判定、控制等新的功能模块，主要保障公司最核心的生产高效运行；生产服务体现了对主生产流程的服务支持功能，主要包括设备在线诊断、健康管理、智能预测式维护、能源以及分析检验等管理内容，增加了带有智能功能的设备智能维护、设备健康管理、全生命周期类新的设备与产品管理等新功能模块，主要保障企业设备具备良好工作状态，支撑稳定高质量的生产。

以典型钢铁企业为例，其信息系统模块群如图 6-8 所示。

（2）战略规划功能模块群　战略规划功能模块群是体现战略规划的功能模块群，通过大数据分析技术，分析建立市场、产品、投资三方关系，寻找产业链中的薄弱环节和不确定因素，优化产业链间关系，实现发展战略的智慧决策。其主要包括经营规划、经营分析、市场开发规划、产品研发规划等，如图 6-9 所示。

图 6-8 典型钢铁企业的信息系统模块群

图 6-9 战略规划功能模块群

1)经营规划:结合大数据分析及预测工具,分析并预测市场发展趋势,对不同的经营计划进行模拟,为公司领导决策提供辅助支持。

2)经营分析:根据公司实际运行成绩,利用贯通企业的供应、销售、生产、劳动、财务、产品、改造、设备维护、研发等大数据,以及社会环境、国家政策、市场和用户等相互间有着密切关联的海量信息,通过统计分析手段给出有价值的经营分析信息,从多种角度给公司决策提供辅助支持。

3)市场开发规划:结合大数据分析及预测工具,分析并预测市场发展趋势,评估市场开发计划。

4)产品研发规划:结合大数据分析及预测工具,分析并预测产品及市场发展趋势,评估新产品研发计划。

(3)运营管理功能模块群 运营管理功能模块群是体现公司经营和运营管理的功能模块群,主要包括传统 ERP 和 MES 内容中的公司运营管理内容,是增强订单设计、质量管理、制造资源优化、高级计划排程的功能模块,可保障公司采购、销售和外部物流的运营管理,如图 6-10 所示。

1)电子商务/订单管理:借助互联网平台开展电子商务,并提供定制化的细节服务。主要功能包括:全渠道商务(包括移动设备、社交网站、聊天工具、联络中心和店面)、商品信息统一管理、个性化的搜索和促销、订单协调与管理以及商务社区等,支持由数据驱动的定制业务、经济高效的订单管理和履行,以及实时

图 6-10 运营管理功能模块群

库存管理等功能。

订单管理是面向大规模定制需求的管理功能,当接到用户定制的订单时,根据历史大数据和现有生产设备资料,及时、准确地评定订单的可行性、时效性、经济性等指标,并给出是否接单的决策支持。

2）订单设计系统:订单设计系统接收销售订单后,通过其中的产品需求信息完成对订单的质量设计,并将设计好的工艺路径、工艺参数、产品参数下发至高级排程系统、MES 系统、质量管理系统进行生产及质量控制指导。

订单设计系统的实施基础是产品规范数据库、工艺路线数据库、冶金规范数据库的建立。其中,产品规范数据库涵盖了规范产品标准代码,主要包括产品大类、执行标准编码、出厂牌号编码、最终用途编码等信息;工艺路径数据库涵盖了工厂名称、机组编号、工序号、产线组等信息;冶金规范数据库涵盖了工艺参数、非工艺参数、质量标记定义和参数调整设定等信息。

3）质量管理系统:质量管理系统是以产品为中心来描述的,是指产品从设计、原材料采购、制造各环节以及全制造过程的质量管理与控制。

全过程质量管理贯穿产品制造全周期,主要功能包括质量标准管理、质量评估和判定、返修及改判充当管理、产品质量缺陷管理、质量问题追溯、质量可视化监测及分析等。质量管理系统的实施保证了质量最低成本,可持续优化订单设计系统中的工艺规范数据库和产品规范数据库,优化对产品和工艺的质量设计。质量管理系统的优点在于先进的质量决策概念,将过程工艺数据和工艺曲线数据纳入质量决策,对生产过程中的工艺情况进行监控和报警,实现全生产链质量数据流的追溯,后期将集成的大数据进行分析提供各种类型质量分析报告以及质量改善建议。提供针对单件产品单工序或多工序过程在线评估,并将质量结果生成质量分析报告,这个报告支持技术人员在系统中个性化配置创建,支持用户工艺信息管理和对标管理。

质量管理系统接收订单设计系统的订单质量设计,用于质量决策。通过与 MES、工厂数据库的通信,集成生产过程中的生产数据、理化性能、过程工艺单点数据、匹配到产品的连续性曲线数据等,提供分析手段追溯分析产品质量、为实现高端产品提质上量提供数据支撑。

质量管理系统与生产管理功能模块群的质量控制的主要差异在于,质量预报和质量控制侧重质量在线监测与报警、数据采集、质量预测与质量控制,而 OM 群中质量管理系统注重管理分析追溯等功能。

4）制造资源优化:制造资源优化是指以提高制造资源可利用率、降低企业运行维护成本为目标,以优化企业维修资源、充分利用库存资源等为核心,通过信息化手段,合理安排生产、维修计划及相关资源与活动。通过提高制造资源可利用率得以增加收益,通过优化安排生产、维修等资源得以降低成本,从而提高企业的经济效益和企业的市场竞争力。

5）高级计划排程:大多数计划排程是二级排程,分为全局和工序两级排程。全局计划系统根据销售订单、工艺路径和库存物料信息等进行包括交期评审、余材充当、销产转换及制造订单拆解等操作,形成件次计划任务下发给件次排产系统。在各件次系统中根据全局系统下发的各件次任务和机组生产情况进行工序机组排产,并将对应生成的件次作业计划下传给钢区调度系统和各生产执行系统 MES。

以浦项公司为代表的智能制造系统提出一次排程技术,考虑信息系统架构已经消除数据的层级,进而原 L4 和 L3 的界限仅为业务关系,因此完全可以进行一次排程直接给出工序生产计划,业务上也更加合理。

多品种小批量以及定制化的生产要求,对排程系统的优化算法提出越来越高的要求,高级计划排程(Advanced Planning and Scheduling,APS)是智能制造的核心内容,宜采用面向多目标的智能优化方法，大数据驱动的智慧优化算法应用将是 APS 系统成功的关键。

6）财务/成本管理：财务/成本管理是企业为达到既定经营目标和实现预期的利润目标所需要的资金的筹集和形成、投放和周转、收益和成本，以及贯穿于全过程的计划安排、预算控制、分析考核等所进行的全面管理。包括典型的总账管理、应收账款、应付账款、固定资产、存货核算、现金管理、薪资福利、预算管理等。

成本管理也应属财务管理范畴，面向个性化订单管理需要，成本控制作用更加凸显，主要包括各类成本管理体系、成本核算、成本差异分析等。制定精细的成本计划，成本计算方法，对成本波动及差异进行有效分析。结合订单设计系统，对大规模个性化订单提供有力支撑。

7）采购管理：采购管理包括采购计划、供应商管理、比价采购、采购合同、到货管理、付款结算等管理内容，详细内容可参考国标——《企业资源计划 第 3 部分：ERP 功能构件规范》(GB/T 25109.3—2010)。

8）销售管理：采购管理包括销售计划、销售价格管理、销售合同、发货管理、结算等管理内容，详细内容可参考国标——《企业资源计划 第 3 部分：ERP 功能构件规范》(GB/T 25109.3—2010)。

9）外部物流管理：利用 GPS、无线网络、外部系统接入等新技术有机嵌入，在公司信息系统中集成公司与外界交互的物流场景，精确掌握原料、产品、能源以及设备等物流信息，为公司经营的智慧决策和优化排程提供大数据支持。

（4）运营服务功能模块群　运营服务功能模块群是体现公司对人力、物资、计量、安保、环境等资源型对象的管理服务功能模块群，主要包括传统 ERP 和 MES 内容中的公司运营服务内容的功能模块，为生产、经销提供运行服务，主要内容如图 6-11 所示。

图 6-11　运营服务功能模块群的主要内容

1）客户关系管理：客户关系管理（CRM）旨在管理企业最重要的目标——满足客户期望，注重与客户的交流，企业的经营是以客户为中心。基于大数据有效的客户分类与评级，增强与客户互动的各个方面，从销售和市场营销到客户服务：让现有的客户关系变得更加稳固，新客户关系进展更加快速。主要包括客户基本信息管理、客户评价、客户关怀、市场活动以及竞争对手等信息管理。

智能制造系统要求利用多种大数据的分析工具，提升客户满意度，挖掘潜在客户，服务于公司总体销售业务和品牌价值的进步。

2）人力资源：人力资源（Human Resource，HR）管理是指企业的一系列人力资源政策以及相应的管理活动。这些活动主要包括企业人力资源战略的制定、员工的招募与选拔、培训与开发、绩效管理、薪酬管理、员工流动管理、员工关系管理、员工安全与健康管理等。

3）项目管理：项目管理功能包括项目资源管理、招标投标管理、项目进度计划、成本预算、数据采集、采购及外包管理等，涵盖项目从立项、招投标、方案制定、资源平衡、资源分配、采购等项目的全程跟踪与管理。

4）办公自动化：办公自动化（Office Automation，OA）是企业内部日常办公系统，从操作者个人角度来说就是一个个人的网上办公室，是集成资讯、知识、工作信息的获取平台，把所有需要处理的、需要知道的、需要查阅的、需要参与的事件等集合在其中，提高办公效率。同时，也以网站的方式展示公司产品、企业文化、员工生活等资讯。

5）安环管理：是生产安全和环境安全的统称，管理的内容包括安全生产/环境管理机构、安全生产/环境管理人员、安全生产/环境责任制、安全生产/环境管理规章制度、安全生产/环境策划、安全生产/环境培训、安全生产/环境档案管理等。为安全生产和环境安全提供规范化、透明化、科学化的管理带来方便。

6）安保考勤：是人力资源的关联系统，功能包括安全保卫人员及业务管理、缺勤政策、离职管理、应计工时、休假申请和记录工时管理等，为人力资源部门提供单一系统，来处理所有与员工工时管理有关的事务。高级功能涉及灵活的应计规则和假期、劳动力需求预测等。

（5）生产管理功能模块群　生产管理功能模块群是体现对各产线生产过程、产品质量和内部物流调度的管理功能模块群，主要包括传统 MES 内容中的各产线作业、质量预报与控制等管理内容，保障公司最核心的生产运行。生产管理功能模块群的主要内容如图 6-12 所示。

1）产线作业：根据各类型企业产线设备的不同配置，包含的产线作业模块数量不尽相同。以典型钢铁企业为例，其产线设备包括烧结、炼铁、炼钢、连铸、热轧、冷轧、高强等经典作业功能，某钢铁企业主要产线作业模块如图 6-13 所示。

图 6-12　生产管理功能模块群的主要内容

图 6-13　某钢铁企业主要产线作业模块

2）产线产品质量预报：在传统质量管理的基础上，智能制造系统对质量管理要求的核心是建立智能化的全流程和各工序产品的质量模型，只有在准确的在线质量监测模型的基础上，才能实现对产品质量稳定性的精准控制。

主要功能包括产线加工数据收集和管理、产品质量在线预报、监测和报警管理、历史过程质量实绩记录、统计分析监控、质量评估和判定、分析工艺过程异常对产品质量的影响规则等。

3）产线产品质量控制：产品质量控制是经典的统计过程控制（Statistical Process Control，SPC）的功能延伸，面向流程加工类的产品质量控制问题，基于 SPC 以及高级的多元统计过程监测与诊断方法，进行在线质量跟踪与关键参数评估，对质量缺陷进行在线监控，及时判断问题根源，并提出纠正措施。通过在线的质量调控和离线的质量分析，可实现产线产品质量全程可控，对于异常状态可以进行实时监控与调整，在出现质量偏移的情况下，通过系统联动由二级及时调控，在制造过程的下一道工序进行修正，实现品质最优化，降低废品率及改判率。

4）厂内物流/仓储：厂内天车、摆渡车、原料库、产品仓库等物流/仓储的调度管理。自动化乃至无人化的物流管理有助于信息的精确跟踪记录，更为优化物流和仓储提供必要保障。

（6）生产服务功能模块群　生产服务功能模块群是体现公司对设备、能源等生产服务型对象的管理功能模块群，主要包括传统 ERP 和 MES 内容中的设备、能源、检验、计量等管理内容，保障生产的正常运行，增强产品生命周期管理、设备生命周期管理等功能模块。生产服务功能模块群的主要内容如图 6-14 所示。

图 6-14　生产服务功能模块群的主要内容

1）设备生命周期管理：设备生命周期管理实现了对设备从选择、采购、安装、使用、维护、调拨、闲置封存、报废到处置的全阶段的管理，深化以点检维修为核心的设备使用阶段管理，加强设备资产的处置报废阶段管理，使设备可以可靠地支撑公司生产一贯制管理和质量一贯制管理。设备管理与财务固定资产管理、APS 等系统紧密衔接，是对运营主流程业务的有力支撑系统。

2）设备在线诊断：设备在线诊断可以及时准确地判断故障的发生，避免更大的生产损失，还可以支持更快速的诊断乃至缩短故障停车时间。

基于数据驱动的设备/过程监测与故障诊断模型，在线实施对设备/过程的运行状态进行评估，及时发现故障、诊断故障，完成故障原因追溯。

3）设备智能维护：在目前的制造企业中，无论是维修还是定期的维护，其目的都是为了提高制造企业设备的开动率，从而提高生产效率。故障诊断技术的出现，大大缩短了确定设备故障所在的时间，从而提高了设备的利用率。但故障停机给制造企业所带来的损失还是非常巨大的。

根据工序内设备健康指标、订单情况、产品质量要求等实际情况进行综合评价，给出最佳的工序设备维护计划，实现预测式维护，减少故障停机时间。

智能维护将传统的被动维修模式改变为主动的维护模式，采用大数据驱动的信息分析、性能衰退过程预测、维护优化、应需式监测等技术开发与应用，设备维护体现了预防性要求，从而达到接近零的故障标准。

4）设备健康管理：设备健康管理（Prognostic and Health Management，PHM）功能是指基于大数据驱动故障预测的设备智能监测模型，预测关键设备寿命测度函数、健康因子等性能变量，建立包括故障因果图、统计分析、剩余寿命预估、保养计划决策在内的健康管理体系，实现设备状态全局跟踪管理。

5）产品生命周期管理：产品生命周期管理（Product Lifecycle Management，PLM）是指管理产品从需求、规划、设计、生产、经销、运行、使用、维修保养，直到回收再用处置的全生命周期中的信息与过程。它既是一项产品管理技术，又是一种制造系统的理念。从产品管理的角度来说，它是对产品从需求设计到报废的全程管理技术，便于信息积累、跟踪、追溯和学习等；作为制造理念，又常被解释为应该与 ERP、MES、CRM 相互融合的一种最新制造管理系统，支持并行设计、敏捷制造、协同设计和制造、网络化制造等先进的设计制造理念。

6）能源管理：能源管理系统（Energy Management System，EMS）采用分层分布式系统体系结构，对电力、燃气、水等各分类能耗数据进行采集、处理、分析，实现节能减排等目标。

在基本能源计划、能源监控基础上，基于大数据统计分析预测工具，使企业管理者对企业的能源成本比重，发展趋势有准确的掌握，并将企业的能源消费计划任务分解到各个生产部门车间，使节能工作责任明确，促进能源的精准管控。

7）分析/检验/计量管理：按照质量管理体系要求，对计量器具实施质量检验计划和检验情况管理，对分析检验标准、过程、结果进行管理。

6.4.3 虚拟系统

虚拟系统是与信息系统和物理系统中相关子系统相平行的多个模拟仿真系统的总称，也称为数字孪生系统或数字化工厂。作为智能制造体系中的重要组成部分，虚拟系统通过工厂数据中心与企业信息系统和物理系统连接。在工厂数据中心海量数据的基础上，综合运用虚拟现实、可视化仿真、智能优化、数据分析等信息技术和人工智能技术，通过离线和在线学习方式，训练和优化各类感知、控制、排程、计划、预测、分析和管理模型，面向企业制造与管理过程的全生命周期进行仿真和优化。通过对制造过程进行"再现过去""检验现在""预测未来"等数字化、图形化分析,实现制造过程的可持续优化。

现有的虚拟制造技术及其研发应用成果多为面向离散制造行业的。但现有的面向离散制造业的虚拟数字化制造技术不能完全适应流程工业智能制造的需求,因此必须分别研究和开发适合离散工业和流程工业生产特点的数字化虚拟制造技术和数字化工厂技术。下面以钢铁企业数字化虚拟系统为例,从3个方面说明虚拟系统的设计。

1. 钢铁制造对虚拟系统的需求

数字化虚拟制造的核心思想是在计算机虚拟环境中对整个生产系统的重组和运行进行仿真、评估和优化,在生产系统投入运行前就可以了解生产系统的性能,如可靠性、经济性、质量等指标,为生产过程的优化运作提供支持。

钢铁生产过程比离散制造过程复杂度更高,在生产和管理方面具有特殊的要求,因此钢铁数字化虚拟系统必须满足钢铁生产和管理的要求,实现钢铁产品的制造过程及物流过程场景重现与优化、产品工艺和质量设计、生产计划和作业计划仿真和优化、产品质量分析和预测、能耗分析和预测,完成模拟产品全生命周期的各种活动。

总体上,钢铁数字化虚拟系统可基于工厂数据中心的海量数据,通过仿真、优化、数据分析等多种信息技术手段,实现对钢铁生产过程的"再现过去、检验现在、预测未来"功能,支持对钢铁生产过程的 PDCA 循环过程管理。具体支持内容如下:

1)满足多品种小批量市场要求,支持钢铁产品工艺和质量的数字化设计。

2)符合钢铁生产的混合型连续生产要求,针对生产过程的特点,可进行关键工序虚拟制造仿真和多工序联合虚拟制造仿真和性能评估。

3)考虑动态和不确定的生产因素,对钢铁生产计划和作业计划进行仿真评估和优化。

4)考虑钢铁生产具有工序间衔接紧密、生产节奏协调一致的要求,实现生产节奏、物流过程的虚拟仿真分析。

5)针对钢铁生产工艺要求和特点,对生产主体设备进行健康状态和运维仿真分析,并对钢铁生产过程的能源消耗进行预测和仿真。

6)考虑钢铁企业的供应链环境,进行销售、采购、外协、资金流等过程的仿真分析。

2. 钢铁企业虚拟系统的架构

面向钢铁企业制造与管理过程的全生命周期进行仿真和优化,在工厂数据中心海量数据的基础上,综合运用可视化仿真技术、智能优化技术、人工智能技术和数据分析技术,通过离线和在线学习方式,训练和优化各类感知、控制、排程、计划、预测、分析和管理模型,为钢铁企业提供优化与智能化的可持续解决方案。

钢铁生产虚拟系统总体架构如图 6-15 所示。

3. 钢铁虚拟系统功能的描述

(1)钢铁产品质量和工艺数字化设计　根据各类产品设计标准,进行钢铁产品质量和工艺的数字化设计,形成钢铁产品数据管理系统,支持钢铁产品虚拟制造过程。基本功能如下:

1)钢铁产品质量指标体系和工序质量指标数字化设计。

2)钢铁产品生产工艺数字化设计。

(2)虚拟制造可视化　根据钢铁产品的质量和工艺设计,结合设备实际状况进行关键工序虚拟制造仿真,形成数字化虚拟产品;利用工厂数据中心提供的生产与质量数据,进行产品质量预测可视化分析,为生产过程和产品质量问题预判提供参考。基本功能如下:

1)单工序虚拟制造可视化仿真与评估。

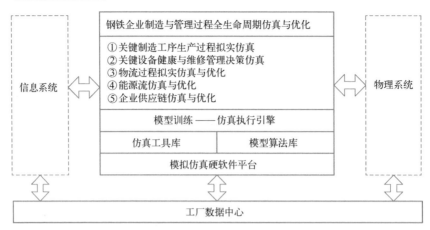

图 6-15 钢铁生产虚拟系统总体架构

2）多工序虚拟制造可视化仿真与评估。
3）单工序产品质量判定、预测与可视化分析。
4）多工序产品质量判定、预测与可视化分析。

（3）企业生产物流过程仿真分析　考虑实际生产中的各种动态变化情况，如作业时间不确定、设备故障、生产节奏不准时等，进行作业计划的仿真分析，为完善生产作业计划、进行重调度提供依据；对原料、半成品、产成品的仓储过程和运输配送进行可视优化和仿真分析，给出物流作业计划建议方案。基本功能如下：

1）单工序作业计划可视化仿真分析。
2）多工序作业计划可视化联合仿真分析。
3）生产与物流节奏仿真分析。
4）仓储物流可视化仿真与优化。
5）运输物流可视化仿真与优化。

（4）企业能源流仿真分析　利用工厂数据中心提供的各类生产与能耗数据，进行关键工序与整个生产过程的能耗预测与核算，为能源优化提供参考。基本功能如下：

1）单工序能耗可视化仿真分析。
2）多工序能耗可视化仿真分析。
3）全流程能耗仿真分析。

（5）关键设备健康与运维仿真分析　利用工厂数据中心提供的各类设备运行数据，进行关键设备生命周期预测和设备故障诊断与预警，为优化设备运维提供依据。基本功能如下：

1）关键设备生命周期预测。
2）关键设备故障诊断与预警。
3）设备维修计划分析。

（6）企业供应链仿真分析　模拟企业外部市场环境，为优化企业经营决策提供依据。基本功能如下：

1）基于制造能力约束的产品交货期协商仿真优化。
2）原材料订购策略与库存策略仿真分析。
3）销售策略与产品定价策略仿真分析。
4）资金流/现金流仿真分析。

（7）模型与算法开发环境　利用工厂数据中心提供的各类数据，根据企业运营需要，开发多种模型和算法，进行在线和离线训练、仿真与优化，为企业提供可持续的智能最优化解决方案。基本功能如下：

1）仿真工具库建设。
2）模型算法库建设。
3）模型开发与训练优化。

思 考 题

1）信息物理系统的特征是什么？
2）简述信息物理系统的体系架构。
3）简述信息物理系统的核心技术要素。
4）如何理解 CPS 的最小单元？
5）怎样设计一个行业的单元级 CPS？
6）剖析 SoS 级 CPS 信息系统中的最新功能。
7）理解基于 CPS 的智能制造系统体系架构与基本概念。

第 7 章　智能制造的核心技术

智能制造是指由智能机器和人类专家共同操作的人机一体化智能系统，它在制造过程中能进行智能活动，诸如分析、推理、判断、构思和决策等，通过人与人、人与机器、机器与机器之间的协同，去扩大、延伸和部分地取代人类专家在制造过程中的脑力劳动。

新一轮工业革命的核心是智能制造。德国的"工业 4.0"、美国的"工业互联网"和中国的新型工业化，虽在表述上不一样，但本质上异曲同工，同属对智能制造的描述。新一轮工业革命的本质是未来全球新工业革命的标准之争，各个国家都在构建自己的智能制造体系。而其背后是技术体系、标准体系和产业体系。未来智能制造领域最值得关注的核心技术，包括智能数据中心、支撑智能制造的网络系统、人工智能技术、状态感知技术、先进控制技术、科学决策技术和虚拟制造与数字孪生技术等。

7.1　智能数据中心

7.1.1　智能数据中心的基本特征

目前，业界主流厂商对下一代数据中心都设有局部或是整体的解决方案，如 IBM 公司推出"新一代数据中心"的业务；惠普推出的称之为"绿色数据中心"或者"下一代数据中心"的业务；DELL 公司联合 EMERSON 公司在业界推广绿色数据中心的解决方案。纵观这些主流厂商的解决方案，新一代的智能数据中心应该具备以下特征：

（1）绿色数据中心（Green Data Center）　低碳、节能减排是社会发展大趋势，为数据中心产业变革带来了新的挑战和市场机遇。数据中心将更加大型化、专业化、集中化，这将改变人们认为的原有数据中心是能耗中心的看法，有利于社会节能减排的推进。

大多数企业的数据中心设施存在最严重的问题是运算密度的提高导致用电密度的迅速加大，数据中心的成本随服务器的增加而成倍增加。过去的数据中心运算能力是目标，用电是"一般商品"，现在和未来的数据中心运算能力是"一般商品"，用电是焦点，因此人们需要绿色数据中心。

绿色数据中心是指数据机房中的 IT 系统，在制冷、照明和电气等方面能取得最大化的能源效率和最小化的环境影响。绿色数据中心是数据中心发展的必然。

绿色数据中心的"绿色"具体体现在整体的设计规划以及机房空调、不间断电源（UPS）、服务器等 IT 设备、管理软件应用上，要具备节能环保、高可靠可用性和合理性。绿色数据中心也是一个用于存储、管理和传播数据的储存库，其中的机械、照明、电气和计算机系统旨在将能源效率最大化和环境影响最小化。

（2）数据中心虚拟化　虚拟数据中心是将云计算概念运用于数据中心的一种新型的数据中心形态。虚拟数据中心可以通过虚拟化技术将物理资源抽象整合，动态进行资源分配和调度，实现数据中心的自动化部署，并将大大降低数据中心的运营成本。当前，虚拟化概念在数据中心发展中占据越来越重要的地位，已经延伸到桌面、统一通信等领域，不仅包括传统的服务器和网络的虚拟化，还包括桌面虚拟化、统一通信虚拟化等。虚拟数据中心就是虚拟化技术在数据中心的实现，未来的数据中心，虚拟化技术将无处不在。虚拟数据中心会将所有硬件（包括服务器、存储器和网络）整合成单一的逻辑资源，从而提高系统的使用效率和灵活性，以及应用软件的可用性和可测量性。

（3）数据中心云计算　云计算是一种基于互联网的计算方式，通过这种方式，共享的软/硬件资源和信息可以按需提供给计算机和其他设备。典型的云计算提供商往往提供通用的网络业务应用，可以通过浏览器等软件或者其他 Web 服务来访问，而软件和数据都存储在服务器上。云计算服务通常提供通用的通过浏览器访问的在线商业应用，软件和数据可存储在数据中心。

狭义云计算指基础设施的交付和使用模式，指通过网络以按需、易扩展的方式获得所需资源；广义云计算指服务的交付和使用模式，指通过网络以按需、易扩展的方式获得所需服务。这种服务可以是软件、互联网相关，也可以是其他服务。它意味着计算能力也可作为一种商品通过互联网进行流通。

（4）数据中心自动化　数据中心在进行服务器部署时，往往上线一批就要数百上千台，数量非常庞大，所以要通过手工方式对每一台进行系统升级、下发配置是非常耗时的，也要消耗很多的人力资源。现在的数据中心规模经常达到上万台级别，手工配置几乎无法按时完成任务。这时，很多数据中心纷纷寻求自动化部署的方案，减少手工操作工作量。

自动化运维就是要引入一些工具，通过这些工具来替代运维人员工作，从而减少人力成本，同时提升数据中心的运维水平。自动化运维，其实就是向数据中心引入一批工具，这批工具是"可编程"的，只需要为这批工具设计好"代码"，它便会帮人们自动完成所有的工作，而这批工具就是实现自动化运维的手段。

7.1.2　智能数据中心的架构设计

1. 数据中心存储架构演进

存储系统是数据中心的核心基础架构，是数据中心数据访问的最终承载体。存储在云计算、虚拟化、大数据等相关技术进入后已经发生了巨大的改变，块存储、文件存储、对象存储支撑起多种数据类型的读取；集中式存储已经不再是数据中心的主流存储架构，海量数据的存储访问，需要扩展性、伸缩性极强的分布式存储架构来实现。

在新的 IT 发展过程中，数据中心建设已经进入云计算时代，企业 IT 存储环境已经不能简单地从一般性业务运营需求来构建云计算的数据中心存储环境。云计算数据中心的建设不是为了满足某一个业务系统的特殊目标，是为了实现所有业务系统在云平台上能够实现灵活的资源调度、良好的伸缩性、业务扩展的弹性以及快速交付性。因此，云数据中心是一种自下而上的建设模式（如图 7-1b 所示），基于云计算平台的建设先于应用系统需求，并不再与具体的业务捆绑，应用系统的建设、扩容、升级主要以软件为主，硬件物理资源向资源池申请，存储系统成为云数据中心的可分配、可调度的资源，在这种情况下，有助于消除瓶颈、提高处理速度，使得业务系统稳定、高效、持久运行。

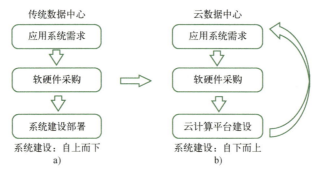

图 7-1 数据中心的系统建设发展示意图

随着数据中心从最初的孤立系统企业级应用,发展到互联网化阶段的大规模云计算服务,其存储系统架构也在不断发展(如图 7-2 所示)。

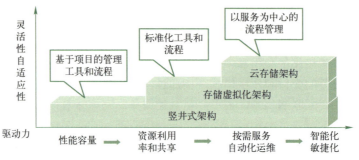

图 7-2 存储系统架构演进

从满足关键系统的性能与容量需求,到以虚拟化架构来整合数据中心存储资源,提供按需的存储服务和自动化运维,并进一步向存储系统的智能化、敏捷化演进,应用需求的变化是存储架构不断改进提升的驱动力,竖井式、存储虚拟化、云存储三种架构并存是当前现状,软件定义存储架构的出现则是后云计算时代的存储发展阶段。

1)竖井式架构。对于早期的系统,在主机架构下,数据和逻辑是一体的,采用面向过程的设计方法,每个应用是一个孤立的系统,维护相对容易,但难以相互集成。客户机/服务器架构将逻辑与数据进行了分离(不论 C/S 还是 B/S 模式,本质都是客户机/服务器架构),同样采用面向对象的设计方法,每个应用是一个孤立的系统,提供了一定后台集成的能力。竖井式架构的存储也随着系统的建设形成了自身的独立性,业务平台的硬件设备按照规划期内最大用户数来配置,而在业务初期和业务发展情况难以预测的情况下,无法真实评估存储的规模与性能要求,这往往会浪费不少硬件设备和空间、动力等资源,并且硬件资源不能灵活调度。每个业务上线都需要经过软件选型、评估资源、硬件选型、采购和实施等环节,而因其流程长、时间跨度大,不利于业务发展。

2)存储虚拟化架构。随着业务发展,数据中心存储不可避免形成大量的异构环境,标准化的管理流程难以实施。存储虚拟化架构实现了对不同结构的存储设备进行集中化管理,统一整合形成一个存储池,向服务器层屏蔽存储设备硬件的特殊性,虚拟化出统一的逻辑特性,从而实现了存储系统集中、统一而又方便的管理。使得存储池中的所有存储卷都拥有相同的属性,如性能、冗余特性、备份需求或成本,并实现自动化以及基于策略的集中存储管理。同时,存储资源的自动化管理为用户提供更高层次策略的选择。在存储池中可以定义多种存储工具来代表不同业务领域或存储用户的不同服务等级。另外,还允许用户以单元的方式管理每一个存储池内部的存储资源,根据需要添加、删除或改变,同时保持对应用服务器业务系统的透明性。基于策略的存储虚拟化架构能够管理整个存储基础机构,保持合理分配存储资源,高优先级的应用有更高的存储优先级,使用性能最好的存储。

3) 云存储架构。云存储架构是在云计算概念上延伸和发展出来的新概念,是基于网络的数据存储技术,主要提供数据存储和访问服务。云存储架构伴随着大规模云计算的数据时代的到来,将存储作为云的服务提供,不论是企业私有云还是公有云的存储,都着重于大量存储数据的创建和分布,并关注快速通过云获得数据的访问。云存储架构需要支持大规模数据负载的存储、备份、迁移、传输,同时要求其具有较大的成本、性能和管理优势。

云存储的技术部署,通过集群应用或分布式文件系统等功能,网络中大量不同类型的存储设备通过应用软件集合起来协同工作,共同对外提供数据存储和业务访问功能的一个系统,保证数据的安全性,并节约存储空间。在大规模系统支撑上,分布式文件系统、分布式对象存储等技术,为云存储的各种应用提供了高度可伸缩、可扩展和极大的弹性支撑和强大的数据访问性能,并且因为这些分布式技术对标准化硬件的支持,使得大规模云存储得以低成本的建设和运维。云存储不是要取代现有的盘阵,而是为了应对高速成长的数据量与带宽而产生的新形态存储系统,因此云存储在构建时重点考虑3点:扩容简便、性能易于增长、管理简易。

2. 智能数据架构设计

智能数据中心架构以生产过程的业务需求为导向,基于实际系统的业务架构,规划智能数据中心的数据、技术和应用(平台)架构,以搭建面向多业务领域、贯通多组织和应用层次的智能数据中心架构。数据架构设计以业务应用需求为先导,将数据作为企业核心数据资产之一,与业务流程相互融合,多视图对智能数据整个业务过程的业务、数据、技术和应用(平台) 4个架构维度进行建模,如图7-3所示,实现企业以人流、物流、资金流和信息流等各业务线的顺畅运作。智能数据架构可实现业务架构所确定的业务模式向数据模型转变,业务需求向数据功能的映射。应用(平台)架构以数据架构为基础,建立支撑业务运行的各个业务系统,通过应用系统的集成运行,实现数据的自动化流动。技术架构定义工业大数据应用的主要技术、实现手段和技术途径,实现智能数据应用的技术标准化,支撑其技术选择、开发技术组件。

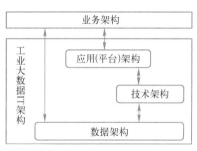

图7-3 智能数据中心架构

智能数据应用的目标是构建覆盖工业全流程、全环节和产品全生命周期的数据链,图7-4展现了智能数据在实际应用当中涉及的主要环节,包括数据源、数据收集/预处理/信息集成、数据处理与数据管理、支撑工业大数据典型应用场景4个层次。

数据源层的数据包括:第一类来自与企业生产经营相关的业务数据,主要是企业信息系统累计的大量产品生产研发数据、客户信息数据、生产性数据、物流供应数据及环境数据;第二类来自设备物联数据,指在工业生产设备物联网运行模式下,传感器实时产生收集的涵盖设备运行参数、工况状态参数、运行环境参数等评估生产设备运行状态、产品运行状态的数据;第三类来自外部物联数据,指与工业生产活动相关的互联网上产业链相关企业的外部互联网来源的数据,例如,评价企业环境绩效的环境法规、预测产品市场的宏观社会经济数据等。

数据收集/预处理/信息集成层主要实现工业各环节数据的收集与集成,打通现有信息系统的数据连接,包括企业资源计划(ERP)、制造执行系统(MES)、供应链管理(SCM)、产品生命周期管理(PLM)、客户关系管理(CRM)、过程控制系统等。

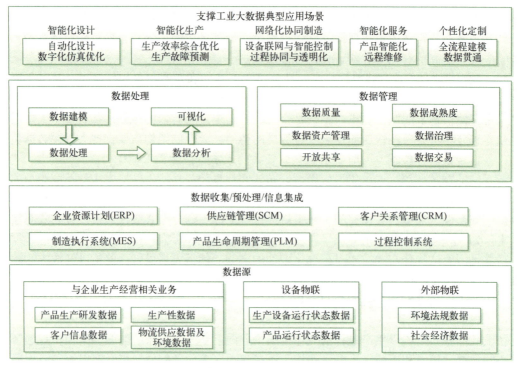

图 7-4 智能数据实际应用的主要环节

数据处理与数据管理层是工业大数据的核心环节，其关键目标是实现工业大数据面向生产过程智能化、产品智能化、新业态新模式智能化、管理智能化以及服务智能化等领域的数据处理和数据管理。通过数据建模、数据处理、数据分析，实现数据结果和 3D 工业场景的可视化，对数据质量、数据成熟度、数据资产管理、数据治理、开放共享和数据交易等进行数据管理。

支撑工业大数据典型应用场景层主要是基于数据处理和数据管理结果，生成可视化描述、控制、决策等不同应用，从而实现智能化设计、智能化生产、网络化协同制造、智能化服务和个性化定制等典型的智能制造模式，并将结果以规范化数据形式存储下来，最终构成从生产物联设备层级到控制系统层级、车间生产管理层级、企业经营层级、产业链上企业协同运营管理的持续优化闭环。

3. 技术架构设计

工业大数据技术架构共有 5 个部分，如图 7-5 所示，分别为数据采集层、数据存储与集成层、数据建模层、数据处理层、数据交互应用层。

1）数据采集层。以传感器为主要采集工具，结合 RFID、条码扫描器、生产和监测设备、PDA、人机交互、智能终端等手段采集制造领域多源、异构数据信息，并通过互联网或现场总线等技术实现源数据的实时准确传输。首次采集获得的源数据是多维异构的，为避免噪声或干扰项给后期分析带来困难，须执行同构化预处理，包括数据清洗、数据交换和数据归约。

2）数据存储与集成层。包括分布式存储技术、元数据技术、标识技术、数据集成技术。存储技术主要采用大数据分布式云存储技术，将预处理后的数据有效存储在性能和容量都能线性扩展的分布式数据库中；元数据技术包括对订单元数据、产品元数据、供应商能力等进行定义和规范的本体技术；标识技术包括分配与注册、编码分发与测试管理、存储与编码规范、解析机制等；数据集成技术，主要指面向工业数据的集成，包括互联网数据、工业软件数据、设备装备运行数据、加工控制数据与操作数据、制造结果实时反馈数据、产品检验检测数据等集成与贯通。通过数据集成技术，不仅要做到数据的采集、清洗、转换、读取，更要做到数据写入控制（即对设备装备通过数据进行远程操作）。

图 7-5　工业大数据技术架构

3）数据建模层。包括对设备物联数据、生产经营过程数据、外部互联网相关数据的建模方法和技术。对无法基于传统建模方法建立生产优化模型的相关工序建立特征模型，基于订单、机器、工艺、计划等生产历史数据、实时数据及相关生产优化仿真数据，采用聚类、分类、规则挖掘等数据挖掘方法及预测机制建立多类基于数据的工业过程优化特征模型。

4）数据处理层。在传统数据挖掘的基础上，结合新兴的云计算、Hadoop、专家系统等对同构数据执行高效准确地分析运算，包括大数据处理技术、通用处理算法和工业领域专用算法。

5）数据交互应用层。对经处理、分析运算后的数据，通过可视化技术，包括大数据可视化技术和 3D 工业场景可视化技术。可视化技术将数据分析结果，以更为直观简洁的方式展示出来，易于用户理解分析，提高决策效率；企业管理和生产管理等传统工业软件与大数据技术结合，通过对设备、用户、市场等数据的分析，提升场景可视化能力，实现对用户行为和市场需求的预测和判断。结合智能决策技术，进而实现数据辅助生产制造决策的价值。

智能数据涉及的关键技术，包括采集技术、元数据技术、标识技术、云计算技术、分布式存储技术、数据处理技术（大数据处理基础算法、工业领域专用算法）、Map Reduce 技术、可视化技术（大数据可视化、工业场景可视化）等。其中，采集技术、元数据技术、标识技术、云计算是基础；分布式文件系统为其提供数据存储架构；分布式数据库便于数据管理，同时提供高效的访问速度；Map Reduce 等技术对异构数据进行分析处理，最后利用可视化技术将成果形象生动地呈现给客户。

7.1.3　智能数据中心的典型应用

智能数据中心最直接的应用在于对全生产流程和全供应链条的完整信息进行跟踪和存储，并以此为基础为企业提供智能化应用。典型应用主要有：

1）生产质量控制。重点解决质量分析问题和质量预测问题。利用工业大数据技术，基于订单、机器、工艺、计划等生产历史数据、实时数据及相关生产优化仿真数据，采用聚类、规则挖掘等数据挖掘方法及预测机制，建立多类基于数据的生产优化特征模型。包括面向质量控制主题的制造大数据多维数据仓库结构和数据模型、制造质量影响因素模糊关联规则挖掘模型等。挖掘产品质量特性与关键工艺参数之间的关联规则，抽取过程质量控制知识，为在线工序质量控制、工艺参数优化提供指导性意见。此外，基于质量特征值的在制品质量跟踪方法，建立与工位节点设备、人员、工艺、物料等动态实时信息的多维视图，挖掘质量缺陷分布规律，为在制品装配过程的质量跟踪与追溯管理提供依据。

2）生产计划与排程。制造业面对多品种小批量的生产模式，数据的精细化自动及时采集（MES/DCS）及多变性导致数据剧烈增大。大数据给予企业更详细的数据信息，发现历史预测与实际的偏差概率，考虑产能约束、人员技能约束、物料可用约束、工装模具约束，通过智能的优化算法，制定预计划排产，并监控计划与现场实际的偏差，动态地调整计划排产。通过数据的关联分析及监控，企业能更准确地制定计划。

3）产品需求预测。在产品开发方面，分析当前需求变化和组合形式，通过消费人群的关注点进行产品功能、性能的调整。利用互联网网络爬虫技术、Web 服务等不同技术，获取互联网相关基础数据、企业内部数据、用户的行为数据及第三方数据，通过用户画像能客观、准确的实现目标用户属性描述，做出用户喜好、功能需求统计，从而设计制造更加符合核心需要的新产品，为企业提供更多的潜在销售机会，并且画像可让系统进行智能分组，获得不同类型的目标用户群，针对每一个群体策划并推送针对性的营销。此外，通过历史数据的多维度组合，可以看出区域性需求占比和变化、产品品类的市场受欢迎程度以及最常见的组合形式、消费者的层次等，以此来调整产品策略和铺货策略。

4）供应链优化。供应链环节工业大数据的应用主要体现在供应链优化，即通过全产业链的信息整合，使整个生产系统达到协同优化，让生产系统更加动态灵活，进一步提高生产效率和降低生产成本。主要应用有供应链配送体系优化和用户需求快速响应。

供应链配送体系优化，主要是通过 RFID 等产品电子标识技术、物联网技术以及移动互联网技术能帮助工业企业获得完整的产品供应链的大数据。利用销售数据、产品的传感器数据和出自供应商数据库的数据，工业制造企业可准确地分析和预测全球不同区域的需求，从而提高配送和仓储的效能。利用产品中传感器所产生的数据，分析产品故障部分，确认配件需求，可以预测何处以及何时需要零件。这将会极大地提高产品时效性、减少库存、优化供应链。

用户需求快速响应。即利用先进数据分析和预测工具，对实时需求预测与分析，增强商业运营及用户体验。例如，电子商务企业可以通过大数据提前分析和预测各地商品需求量，从而提高配送和仓储的效能，保证了次日货到的客户体验。

7.2 支撑智能制造的网络系统

7.2.1 工业互联网的特点

工业互联网不同于传统的商业互联网，工业互联网是互联网发展的新领域，是在互联网基础之上、面向实体经济应用的演进升级。工业互联网网络连接对象从只连接人发展到可连接人、机、物。同时，连接数量更多，场景更复杂，网络技术要求更高。

商业互联网应用门槛较低，发展模式可复制性强，由传统的互联网企业驱动其发展。而工业互联网的发展模式更复杂，它涉及行业多、标准杂，专业化要求高，难有统一的发展模式，由制造业企业来推动。

商业互联网产业属于轻资产，投资回收期短，对社会资本吸引大。而工业互联网属于重资产，资产专用性强，投资回报周期长。同时，工业互联网具有高度的复杂性，仍有诸多问题需要人们在实践中解决。

根据中国信息通信研究院和工业互联网产业联盟（Alliance of Industrial Internet，AII）给出的定义，工业互联网是互联网和新一代信息技术与工业系统全方位深度融合所形成的产业和应用生态，是工业智能化发展的关键综合信息基础设施。工业互联网的本质是以机器、原材料、控制系统、信息系统、产品及人的网络互连为基础，通过对工业数据的深度感知，实时传输交换，快速计算处理及高级建模分析，实现智能控制、运营优化和生产组织方式的变革。

工业互联网包含网络、平台、安全等3大基本要素，其中网络是基础、平台是核心、安全是保障。工业互联网涉及6大重点领域，即工业互联网网络与标识解析、工业传感与控制、工业互联网平台、工业软件、安全保障、系统集成。

7.2.2 全球工业互联网的发展概况

1. 美国工业互联网发展概况

2008年国际金融危机之后，美国意识到之前的"去工业化"导致了"产业空心化"问题，从而开展了"再工业化"战略。美国实施了"先进制造业伙伴计划"，构建"国家制造业创新网络"。重点突破信息物理系统、先进传感与控制、大数据分析、可信网络、高性能计算、信息安全等工业互联网关键技术中的难关，为工业互联网的发展和应用提供有力支撑。希望通过生产关系、生产方式以及技术革新，使工业重新焕发强大生命力和竞争力，并通过新一轮技术革命的成果引领和改造其他产业，推动产业优化升级，加速第四次工业革命的进程。

2014年，美国的GE、IBM、Cisco等龙头企业就主导成立了美国工业互联网联盟（Industrial Internet Consortium，IIC。现在名为美国工业物联网联盟，Industrial IoT Consortium，IIC），共同推动工业互联网发展，强化平台服务能力。2015年，IIC发布工业互联网参考架构（Industrial Internet Reference Architecture，IIRA），系统性界定工业互联网架构体系。IIRA注重跨行业的通用性和互操作性，提供一套方法论和模型，以业务价值推动系统的设计，把数据分析作为核心，驱动工业联网系统从设备到业务信息系统的端到端全面优化。2017年，IIC修订了2015年发布的IIRA 1.7版，提出了IIRA 1.8版。IIC发布的工业互联网参考架构如图7-6所示。

2018年12月，GE提出了Predix平台，在工业互联网发展道路上进行新一轮的尝试。美国参数技术公司（Parametric

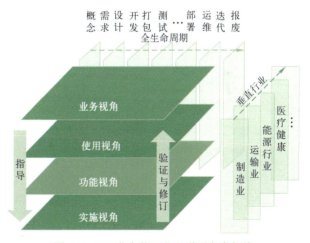

图7-6 IIC发布的工业互联网参考架构

Technology Corporation，PTC）凭借ThingWorx平台被多家研究公司评为2018年全球工业互联网市场技术领导者，成为全球应用最为广泛的工业互联网平台企业。

截至2021年年底，IIC成员已有268家，包括北美、欧洲和亚洲在内的30余个国家和地区的产业和企业代表。美国国家标准与技术研究院（National Institute of Standards and Technology，NIST）、约翰-霍普金斯大学、宾夕法尼亚大学等顶尖科研机构，英特尔、思科、AT&T、博世、施耐德、富士通等全球巨头均是IIC成员，我国华为、中国信息通信研究院等

15家企业和研究机构也加入其中。

2. 德国工业互联网发展概况

德国制造业装备领先全球，为应对新一轮科技和产业革命带来的挑战，德国提出了"工业4.0"，通过连接打通生产机器构成的"真实"世界和互联网构成的"虚拟"世界，基于工业互联网重塑新型生产制造服务体系，提高资源配置效率。

德国政府将工业4.0上升为国家战略，试图通过信息网络与工业生产系统的充分融合，打造数字工厂，实现价值链上企业间的横向集成，网络化制造系统的纵向集成以及端对端的工程数字化集成，强调机器与互联网的相互连接以改变当前的工业生产与服务模式。2019年德国进一步提出"国家工业战略2030"发展战略。从德国系列战略部署来看，其目的是进一步打造工业生产全要素、全价值链、全产业链全面连接的生产制造服务体系。

领先企业积极推动工业互联网布局。2018年8月2日，西门子公司在其发布的《愿景2020+》战略中将"数字化工业"作为未来三大运营方向之一，并启动"火箭俱乐部"全球初创企业计划，推出MindSphere平台3.0版本，联合库卡（KUKA）、费斯托（Festo）、艾森曼集团（Eisenmann Group）等18家合作伙伴共同创建"MindSphereWorld"，打造围绕MindSphere平台的生态系统，并扩展其全球影响力。西门子公司收购了低代码技术公司Mendix，大幅降低应用开发门槛，使基于平台的工业APP开发效率大幅提升。SAP将在HANA平台基础上构建涵盖边缘计算、大数据处理与应用开发功能的Leonardo平台。

2016年3月，工业互联网联盟和"工业4.0"平台代表在瑞士苏黎世探讨德国的"工业4.0"参考架构模型。德国的"工业4.0"参考架构如图7-7所示。

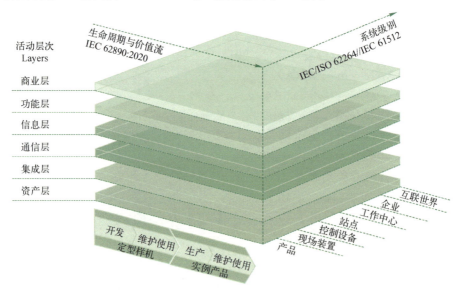

图7-7 德国的"工业4.0"参考架构

3. 其他国家工业互联网发展战略

各国打造本土工业互联网体系。英国出台"制造2050"，法国制定"新工业法国"战略，紧跟全球工业互联网发展动向，加大对本国工业互联网技术突破、产业布局、金融服务的支持力度。日本提出了"互联工业"战略，试图将人、设备、系统、技术等相互连接起来，以创造新的附加值和解决相关的社会问题。韩国将机器人、人工智能、自动驾驶和3D打印确立为智能制造产业发展的主攻方向。

国际合作与交流日趋紧密。2018 年，印度尼西亚与新加坡实施第四次工业革命缔结合作，支持印尼工业 4.0 振兴食品和饮料、纺织品和服装、汽车、化工产品等 5 个领域。2019 年初，IIC 与澳大利亚物联网联盟（IoTAA）达成协议，共同协调工业互联网发展，帮助改善数字经济。此外，印度的印孚瑟斯、塔塔等几大软件企业与美、德、日等多国制造企业广泛合作，深度参与工业互联网联盟等国际组织。

据《全球工业互联网平台创新发展白皮书（2018—2019）摘要版》的预测，目前全球工业互联网平台总体市场高速增长，2023 年全球工业互联网平台市场规模将增长至 138.2 亿美元，预期年均复合增长率达 33.4%。

7.2.3 我国工业互联网发展概况

1. 工业互联网的顶层部署

2017 年 11 月，国务院印发《关于深化"互联网+先进制造业"发展工业互联网的指导意见》，形成促进工业互联网系统全面发展的顶层设计。工信部出台了《工业互联网发展行动计划（2018—2020 年）》《工业互联网专项工作组 2018 年工作计划》《工业互联网 APP 培育工程方案（2018—2020 年）》等。2021 年，工信部印发了《工业互联网创新发展行动计划（2021—2023 年）》，明确开展网络体系强基行动、标识解析增强行动、平台体系壮大行动、数据汇聚赋能行动、新型模式培育行动、融通应用深化行动、关键标准建设行动、技术能力提升行动、产业协同发展行动、安全保障强化行动、开放合作深化行动等 11 项重点任务。

国家顶级节点是整个工业互联网标识解析体系的核心环节，是支撑工业万物互联互通的神经枢纽。按照工信部统一规划和部署，我国工业互联网的 5 个国家顶级标识解析节点设在了北京、上海、广州、武汉、重庆。

2. 工业互联网技术规范建设

2016 年 8 月，中国《工业互联网体系架构（V1.0 版）》发布，对工业互联网的体系架构、内涵与需求、网体系、数据体系、安全体系、实施路径与目标进行了系统的阐述。2019 年 8 月 27 日中国《工业互联网体系架构（V2.0 版）》正式发布，V2.0 版在 V1.0 的版本基础上深入研究，结合新技术的演进和产业发展，面向数字化转型时代需求，融合了工业互联网最新理念、价值、技术、功能、范式和流程。和 V1.0 版架构相比，V2.0 版的架构是一个组合，V1.0 版定义的是功能架构，V2.0 版不仅有功能架构，还有业务指南、实施框架、技术体系，涉及安全、数据、网络等要素。V2.0 有利于促进国内各界对工业互联网的统一认识、凝聚共识、协作共赢，促进国内工业互联网产业的推进和应用部署，共同推动工业互联网走向成熟。中国《工业互联网体系架构（V2.0 版）》形成了指导国家、社会、产业、企业等多层面工作推进的一套综合性体系框架。

2018 年 8 月，基于《工业互联网标准体系框架（版本 1.0）》和《工业互联网平台白皮书（2017）》对工业互联网平台标准体系进行细化，AII 在工信部的指导下又编写发布了《工业互联网平台标准体系框架（版本 1.0）》对工业互联网平台标准体系建设的总体思路、基本原则、标准体系框架、重点标准化方向及标准化推进建议进行了系统阐述。为业界提供体系化、系统化的工业互联网平台标准化指导框架，为制订并修订工业互联网平台国家标准、行业标准、团体标准提供参考和依据，为工业互联网平台发展提供基础支撑。

与此同时，围绕工业互联网安全的顶层设计在逐步完善，发布了工业互联网安全框架，从 3 个维度给出了工业互联网安全框架建设。另外，相关安全标准工作也在快速推进。

3. 我国工业互联网发展现状

2018年8月工信部和广东、浙江、江苏等地签订了推进工业互联网发展的部省合作协议。2018年3月广东省就先行先试，出台了《广东省深化"互联网＋先进制造业"发展工业互联网的实施方案》，2020年，广东省在全国率先建成完善的工业互联网网络基础设施和产业体系。初步建成低时延、高可靠、广覆盖的工业互联网网络基础设施，形成涵盖工业互联网关键核心环节的完整产业链。培育形成20家具备较强实力、国内领先的工业互联网平台，200家技术和模式领先的工业互联网服务商；推动1万家工业企业运用工业互联网新技术、新模式实施数字化、网络化、智能化升级，带动20万家企业"上云上平台"，进一步降低信息化构建成本，初步建立了工业互联网安全保障体系。在工业互联网领域实现率先发展、领先发展，争当全国示范。到2025年，在全国率先建成具备国际竞争力的工业互联网网络基础设施和产业体系。形成1～2家达到国际水准的工业互联网平台，建立完备可靠的安全保障体系，在工业互联网创新发展、技术产业体系构建及融合应用方面达到国际先进水平。

据工信部发布数据显示，2017年中国工业互联网市场规模达到了4677亿元，增长率为13.5%。从2018年到2020年，中国工业互联网市场规模呈现稳定上升趋势，2020年工业互联网市场规模达到9101亿元，同比上升13.21%亿元左右。年均复合增长率为10.62%。2022年工业互联网市场规模继续高速发展，达到12419亿元。在细分领域结构中，基础设施规模达到1912.89亿元，占总规模的40.9%；软件与应用规模达到1435.84亿元，占比为30.7%；通信与平台的规模为1290.85亿元，占比为27.6%；工业安全为37.42亿元，占总规模的0.8%。

国家对于工业系统的升级改造诉求足够强，万亿级市场空间足够大，工业互联网已经上升为国家战略。国家和地方政府先后出台政策推动工业互联网的落地。目前，面向网络的基础设施建设快速推进，为工业互联网的发展提供了很好的基础和土壤，以中国联通为代表的运营商已建立了提供服务的网络。大网层面，NB-lot和IPV6在2018年全部开展建设，华为、信通院联合了20多个国家展示了TSN的测试床，受到了广泛的关注。

平台体系建设快速推进。工信部已经出台了4个相关文件，指导工业APP等相关平台的发展。同时，国家也在加快推动平台相关的基础设施和支撑能力的建设，包括测试环境、公共支撑、标准等。另外，围绕着平台，大家都在进行布局，制造业、设备提供商、工业软件和信息通信企业等都在开始构建自己的平台，打造自己的产业生态链。

总体上讲，我们可以对我国工业互联网的发展现状概括为：工业互联网已从概念倡导进入实践深耕阶段，形成战略引领、规划指导、政策支持、技术创新和产业推进良性互动的良好局面。

一是体系建设全方位突破。高品质企业外骨干网、窄带物联网实现县级以上地区全覆盖，IPv6改造基本完成；标识解析体系5大国家顶级节点、10个行业/区域二级节点初步建立；具有一定行业和区域影响力的工业互联网平台超过50家，重点平台平均连接设备数量达到59万台（套），工业APP创新步伐明显加快；国家、省级/行业、企业三级协同的安全监测技术体系初步构建。

二是应用向多领域拓展。工业互联网已广泛应用于石化、钢铁、电子信息、家电、服装、能源、机械、汽车、装备、航空航天等行业和领域，网络化协同、服务型制造、规模化定制等新模式、新业态蓬勃兴起，助力企业提升质量效益，并不断催生新的增长点。

三是生态构建多层次推进。AII成员数量突破1000家，与美欧日国家和地区的产业组织在技术创新、标准对接等方面开展深度合作，引领跨界行业企业深度协同突破。

7.2.4 工业互联网体系架构简介

1. 工业互联网的网络体系介绍

随着智能制造的发展，工厂内部数字化、网络化、智能化及其与外部数据交换的需求逐步增加，工业互联网呈现以三类企业主体、七类互联主体、八种互联类型为特点的互联体系。

三类企业主体包括工业制造企业、工业服务企业（围绕设计、制造、供应、服务等环节提供服务的各类企业）和互联网企业，这三类企业的角色在不断相互渗透、相互转换。七类互联主体包括在制品、智能机器、工厂控制系统、工厂云平台（及管理软件）、智能产品、工业互联网应用和用户。工业互联网将互联主体从传统的自动化控制进一步扩展为产品全生命周期的各个环节。八种互联类型包括了七类互联主体之间复杂多样的互联关系，成为连接设计能力、生产能力、商业能力以及用户服务的复杂网络系统。以上互联需求的发展，促使工厂网络发生新的变革，形成工业互联网整体网络体系。

2. 工业互联网大数据体系介绍

工业大数据是指在工业领域信息化应用中所产生的数据，是工业互联网的核心，是工业智能化发展的关键。工业大数据是基于网络互联和大数据技术，贯穿于工业设计、工艺、生产、管理、服务等各个环节，使工业系统具备描述、诊断、预测、决策、控制等智能化功能的模式和结果。工业大数据从类型上主要分为现场设备数据、生产管理数据和外部数据。现场设备数据是来源于工业生产线设备、相关机器、产品等方面的数据，多由传感器、设备仪器仪表、工业控制系统进行采集产生，包括设备的运行数据、生产环境数据等。生产管理数据是指传统信息管理系统中产生的数据，如 SCM、CRM、ERP、MES 的数据等。外部数据是指来源于工厂外部的数据，主要包括来自互联网的市场、环境、客户、供应链等外部环境的信息和数据。

工业大数据具有 5 大特征。一是数据体量巨大，大量机器设备的高频数据和互联网数据持续涌入。二是数据分布广泛，分布于机器设备、工业产品、管理系统、互联网等各个环节。三是结构复杂，既有结构化和半结构化的传感数据，也有非结构化数据。四是数据处理速度需求多样，生产现场级要求实现实时时间分析达到毫秒级，管理与决策应用需要支持交互式或批量数据分析。五是对数据分析的置信度要求较高，相关关系分析不足以支撑故障诊断、预测预警等工业应用，需要将物理模型与数据模型相结合，追踪挖掘因果关系。

3. 工业互联网安全体系介绍

工业互联网的安全需求可从工业和互联网两个视角分析。从工业视角看，安全的重点是保障智能化生产的连续性、可靠性，关注智能装备、工业控制设备及系统的安全；从互联网视角看，安全主要保障个性化定制、网络化协同以及服务化延伸等工业互联网应用的安全运行，以提供持续的服务能力，防止重要数据的泄露，重点关注工业应用安全、网络安全、工业数据安全以及智能产品的服务安全。因此，从构建工业互联网安全保障体系考虑，工业互联网安全体系框架主要包括五大重点：设备安全、网络安全、控制安全、应用安全和数据安全。

设备安全是指工业智能装备和智能产品的安全，包括芯片安全、嵌入式操作系统安全、相关应用软件安全以及功能安全等；网络安全是指工厂内有线网络、无线网络的安全，以及工厂外与客户、协作企业等实现互联的公共网络安全；控制安全是指生产控制安全，包括控制协议安全、控制平台安全、控制软件安全等；应用安全是指支撑工业互联网业务运行的应用软件及平台的安全；数据安全是指工厂内部重要的生产管理数据、生产操作数据以及工厂外部数据等各类数据的安全。

7.2.5 工业互联网平台简介

工业互联网从应用视角来看，可以分为"网络""数据"和"安全"3个方面，从技术视角来看，可以分为"网络""平台"与"安全"3个方面。

2017年11月27日，国务院印发《关于深化"互联网+先进制造业"发展工业互联网的指导意见》（以下简称《指导意见》）。《指导意见》提出要打造网络、平台、安全三大体系，概括讲，即网络是基础，平台是核心，安全是保障。同时推进两大应用，即提升大型企业工业互联网的创新和应用水平、加快中小企业工业互联网的应用普及。构筑三大支撑，即产业支撑、生态体系和对外开放。这是对工业互联网平台的基本认识和定位。

对于工业互联网平台的战略要义，可以概括为3点：工业互联网平台是领军企业竞争的新赛道，是全球产业布局的新方向，是制造大国竞争的新焦点。同时，从全球工业互联网发展的阶段来看，当前正处于格局未定的关键期、规模化扩张的窗口期、抢占主导权的机遇期。机遇非常难得，同时窗口期也非常短，所以企业需要紧紧抓住这个契机，加快发展工业互联网平台。

工业互联网平台是工业互联网的核心，也是面向制造业数字化、网络化、智能化需求，构建基于海量数据采集、汇聚、分析的服务体系，支撑制造资源泛在连接、弹性供给、高效配置的载体。其核心作用体现在3个方面：一是能够帮助企业实现智能化生产和管理。二是能够帮助企业实现生产方式和商业模式创新。三是能够促进形成大众创业、万众创新的多层次产业体系。

1. 中国工业互联网平台的发展现状

工业互联网的实质是人、机、物互联，是依靠对制造业不同环节植入不同传感器，不断进行实时感知和数据收集，然后借助于数据陆续对工业环节进行准确、有效地控制，最终实现提高效率的目的。时至今日，工业互联网的基础已经逐步落实，包括工业连接、高级分析、基于条件的监控、预测维护、机器学习和增强现实等。许多国家和企业都在大力投资工业互联网，中国的工业生产环境也发生了巨大变化，工业互联网平台发展迅猛。

工业互联网平台作为工业互联网的核心，是在传统云平台的基础上叠加物联网、大数据、人工智能等新兴技术，实现海量异构数据汇聚与建模分析、工业经验知识软件化与模块化、工业创新应用开发与运行，从而支撑生产智能决策、业务模式创新、资源优化配置和产业生态培育的载体。

目前我国市场上有以下几类工业云平台：

1）利用平台对接企业与用户，形成个性化定制服务能力，例如海尔COSMOPlat云平台打通需求、设计、生产等环节，实现个性化定制应用模式。

2）借助平台打通产业链上下游，进而优化资源配置，例如航天云网INDICS和树根互联等平台，通过汇聚需求与供给双方实现供需对接、资源共享的功能。

3）管理软件企业，依托平台实现从企业管理层到生产层的纵向数据集成，进而提升软件的智能精准分析能力，如SAP HANA平台。

4）设计软件企业借助平台强化基于全生命周期的数据集成能力，形成基于数字孪生的创新应用，进而缩短研发周期，加快产品迭代升级，如索为系统的SYSWARE平台。

与工业互联网相比，工业物联网平台重点在硬件网络，即物与物之间的互联。物联网与组织平台、信息管理以及软件应用等相结合，成为工业互联网平台的重要组成部分。工业互联网平台发展经历了以下几个时期：

1）萌芽期（2010年以前）：2009年，阿里公司率先开展云平台的研究，并逐步与制造、交通、能源等众多领域的领军企业合作，成为一些工业企业搭建云平台的重要推手。

2）发展初期（2010—2014年）：2010年，腾讯开放平台接入首批应用，腾讯云正式对外提供云服务。2011 年，华为公司依托其资本和云计算研发实力，发布华为云平台，面向互联网增值服务运营商、大中小型企业、科研院所等广大用户，提供包括云主机、云托管、云存储等基础云服务、超算、内容分发与加速、视频托管与发布、企业 IT、应用托管等服务和解决方案。

3）快速发展期（2015 年至今）：2015 年以后，国内企业积极开展布局，航天云网、三一重工、海尔等企业依托自身制造能力和规模优势，推出工业平台服务，并逐步实现由企业内应用向企业外服务的拓展；和利时、用友、沈阳机床、徐工集团等企业则基于自身在自动化系统、工业软件与制造装备领域的积累，进一步向平台延伸，尝试构建新时期的工业智能化解决方案。

根据《2019 年工业互联网平台白皮书》，我国各类型平台数量总计已有数百家之多，具有一定区域、行业影响力的平台数量也超过了 50 多家。2019 年 8 月 26 日，工业和信息化部正式发布了国内 "2019 年跨行业跨领域工业互联网平台清单"。

2. 工业互联网平台体系

（1）工业互联网平台的架构　工业互联网平台是面向制造业数字化、网络化、智能化需求，构建基于海量数据采集、汇聚、分析的服务体系，支撑制造资源泛在连接、弹性供给、高效配置的载体。在工业和信息化部信息化和软件服务业司的指导下，相关单位组织编写了《工业互联网平台白皮书》，其中给出了工业互联网平台的体系架构。从构成来看，工业互联网平台包含三大要素：数据采集（边缘层）、工业 PaaS（平台层）和工业 APP（应用层）。这个架构非常复杂，但可以概括成 4 点：第一点，数据采集（边缘层）是基础。就是要构建一个精准、实时、高效的数据采集体系，把数据采集上来后，通过协议转换和边缘计算，一部分在边缘侧进行处理并直接返回到机器设备，一部分传到云端进行综合利用分析，进一步优化形成决策。第二点，工业 PaaS（平台层）是核心。就是要构建一个可扩展的操作系统，为工业 APP 应用开发提供一个基础平台。第三点，工业 APP（应用层）是关键。就是要形成满足不同行业、不同场景的应用服务，并以工业 APP 的形式呈现出来。第四点，IaaS（基础设施即服务）是支撑。它是通过虚拟化技术将计算、存储、网络等资源池化，向用户提供可计量、弹性化的资源服务。

（2）工业 PaaS 平台的核心　对于工业互联网而言，工业互联网平台是核心，而对于工业互联网平台而言，工业 PaaS（平台层）是核心。从架构来看，工业 PaaS 中包含很多内容，如果把工业 PaaS（平台层）打开，其中最核心的一个要素组件可以概括为基于微服务架构的数字化模型。这个数字化模型是将大量工业技术原理、行业知识、基础工艺、模型工具等规则化、软件化、模块化，并封装为可重复使用的组件。工业 PaaS（平台层）的核心是数字化模型，如图 7-8 所示，围绕数字化模型有 5 个基本问题。

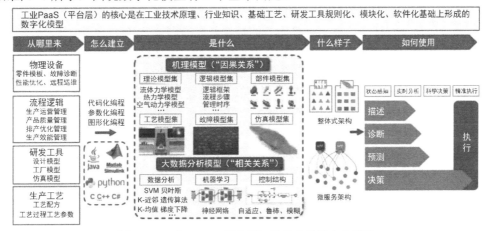

图 7-8　工业 PaaS（平台层）的核心是数字化模型

一是数字化模型是什么？数字化模型可以分为两种，一种是机理模型，包括基础理论模型（如飞机、汽车、高铁等制造过程涉及的流体力学、热力学、空气动力学方程等模型）、流程逻辑模型（如 ERP、供应链管理等业务流程中蕴含的逻辑关系）、部件模型（如飞机、汽车、工程机械等涉及的零部件三维模型）、工艺模型（如集成电路、钢铁、石化等生产过程中涉及的多种工艺、配方、参数模型）、故障模型（如设备故障关联、故障诊断模型等）、仿真模型（如风洞、温度场模型等）。机理模型本质上是各种经验知识和方法的固化，它更多是从业务逻辑原理出发，强调的是因果关系。另一种是大数据分析模型。随着大数据技术的发展，一些大数据分析模型也被广泛使用，包括基本的数据分析模型（如对数据做回归、聚类、分类、降维等基本处理的算法模型）、机器学习模型（如利用神经网络等模型对数据进行进一步辨识、预测等）以及智能控制结构模型。大数据分析模型更多的是从数据本身出发，不过分考虑机理原理，更加强调相关关系。

二是数字化模型从哪里来？这些数字化模型一部分来源于物理设备，包括飞机、汽车、高铁制造过程的零件模板，设备故障诊断、性能优化和远程运维等背后的原理、知识、经验及方法；一部分来源于业务流程逻辑，包括 ERP、供应链管理、客户关系管理、生产效能优化等这些业务系统中包含着的流程逻辑框架；此外还来源于研发工具，包括 CAD、CAE、MBD 等设计、仿真工具中的三维数字化模型、仿真环境模型等；以及生产工艺中的工艺配方、工艺流程、工艺参数等模型。

三是数字化模型怎么开发？用什么工具开发？所有的这些技术、知识、经验、方法、工艺都将通过不同的编程语言、编程方式固化形成一个个数字化模型。这些模型一部分是由具备一定开发能力的编程人员，通过代码化、参数化的编程方式直接将数字化模型以源代码的形式表示出来，但对模型背后所蕴含的知识、经验了解相对较少；另一部分是由具有深厚工业知识沉淀但不具备直接编程能力的行业专家，将长期积累的知识、经验、方法通过"拖拉拽"等形象、低门槛的图形化编程方式，简易、便捷、高效地固化成一个个数字化模型。

四是数字化模型采用什么技术架构？当把这些技术、知识、经验、方法等固化成一个个数字化模型沉淀在工业 PaaS（平台层）上时，主要以两种方式存在：一种是整体式架构，即把一个复杂大型的软件系统直接迁移至平台上；另一种是微服务架构，传统的软件架构不断碎片化成一个个功能单元，并以微服务架构形式呈现在工业 PaaS（平台层）上，构成一个微服务池。目前两种架构并存于平台之上，但随着时间的推移，整体式架构会不断地向微服务架构迁移。当工业 PaaS（平台层）上拥有大量包含着工业技术、知识、经验和方法的微服务架构模型时，应用层的工业 APP 可以快速、灵活地调用多种碎片化的微服务，实现工业 APP 快速开发部署和应用。

五是数字化模型有什么价值？一旦所有的数据都汇聚到工业 PaaS（平台层）之上，所有的工业技术、知识、经验和方法也都以数字化模型的形式沉淀在 PaaS（平台层）上，当把海量数据加入到数字化模型中，进行反复迭代、学习、分析、计算之后，可以解决物理世界四个基本问题：第一是描述物理世界发生了什么；第二是诊断为什么会发生；第三是预测下一步会发生什么；第四是决策该怎么办，决策完成之后就可以驱动物理世界执行。概括起来，就是状态感知、实时分析、科学决策、精准执行。

（3）工业互联网平台的本质　如果用一句话概括工业互联网平台的本质，那就是"数据+模型=服务"。对两化融合、智能制造而言，"数据+模型=服务"也是信息技术与制造技术融合创造价值的内在逻辑。工业互联网的本质示意图如图 7-9 所示。

从两化融合、智能制造到工业互联网平台概括起来，就是两个没变、六个改变。

两个没变：要解决的核心问题没变；解决问题的逻辑没变。

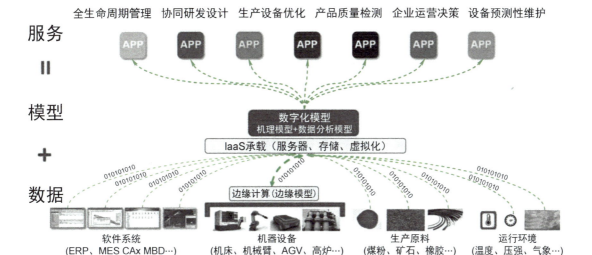

图 7-9 工业互联网的本质示意图

要解决的核心问题没变。无论是两化融合、智能制造，还是工业互联网平台，都在考虑如何提高制造业产品质量、生产效率、服务水平、降低成本，这些问题是一直存在的老问题。制造企业面临这些问题可以转化为如何提高资源配置效率问题，制造业竞争的本质是资源配置效率的竞争，两化融合、智能制造、工业互联网平台的出发点和落脚点都是考虑如何优化制造资源的配置效率。

解决问题的逻辑没变。无论是两化融合、智能制造，还是工业互联网平台，都在考虑如何通过"数据+模型"优化资源配置效率，提供更为优质的服务。就是如何采集更多的数据，实现物理世界隐性数据的显性化，实现数据的及时性、完整性、准确性，并通过各种模型软件分析处理，实现数据-信息-知识-决策的迭代，最终要把正确的数据、以正确的方式、在正确的时间传递给正确的人和机器，以优化制造资源配置效率。

推进信息化和工业化融合，加快智能制数字化、网络化、智能化，伴随着信息技术和工业技术的升级迭代，在不同的技术背景下形成了不同的解决方案。从两化融合、智能制造到工业互联网平台，制造业数字化、网络化、智能化解决方案均发生了改变，从基于传统的 IT 架构解决方案，演进到基于云的解决方案，这也带来了六个改变。

一是数据来源的改变。在传统 IT 架构解决方案中，系统采集更多的是各类业务系统、产品模型、运行环境以及互联网的数据，但对工业互联网平台来说，最大的变化是实现了更多机器和设备的互联，工业互联网平台可以源源不断地采集到各类设备和机器的数据，实现了多种数据的集成。

二是数据汇聚地改变。传统 IT 架构解决方案中数据都会汇集到本地各类业务系统中，这些系统大多是烟囱式、孤立式的业务系统。与此不同的是，在工业互联网平台架构下，越来越多的数据汇聚到了云端，在云端进行数据的集中存储、管理和计算。

三是模型部署的改变。与基于传统 IT 架构的模型部署在本地不同，工业互联网平台越来越多的将各类模型软件部署在云端。传统各类工业软件通过架构重构、代码重写的方式部署到云端，成为"云化"模型；同时很多开发者基于云端开发环境正在开发更多新型软件，成为"云生"模型。

四是模型部署方式的改变。传统 IT 架构解决方案中各类模型软件大多是一套复杂的一体化、整体式架构。对于工业互联网平台而言，各类机理模型和大数据分析模型主要以两种方式部署在云端，即整体式架构和微服务架构，当前两种部署方式同时存在，但随着时间的推移，微服务架构将会成为主流。

五是资源优化深度的改变。与传统 IT 架构解决方案相比，工业互联网平台通过将及时、准确、完整的数据汇入精准、科学、多元的模型中后，将会实现更深层次的制造资源优化配置，对物理世界认知和改造将从描述、诊断向预测、决策、优化不断演进。从最初基于数据的可视化、可描述，到基于信息的可诊断、可优化，再到基于知识的可预测、可决策。

六是资源优化广度的改变。传统 IT 架构更多面向单元级、系统级层面提供资源优化配置服务，而工业互联网平台通过各种各样以 SaaS 软件和工业 APP 形式呈现出来的服务，能够提供从单机设备、到生产线、到产业链、再到产业生态的系统之系统级优化，实现从局部优化到全局优化。

从实践上来看，当把来自于机器设备、业务系统、产品模型、生产过程以及运行环境中的大量数据汇聚到工业 PaaS（平台层）上，并将技术、知识、经验和方法以数字化模型的形式也沉淀到平台上以后，只需通过调用各种数字化模型与不同数据进行组合、分析、挖掘、展现，就可以快速、高效、灵活地开发出各类工业 APP，提供全生命周期管理、协同研发设计、生产设备优化、产品质量检测、企业运营决策、设备预测性维护等多种多样的服务。这进一步说明了工业互联网平台的本质就是"数据+模型=服务"。

3．工业互联网平台的四个视角

认识和定位工业互联网平台有 4 个视角：第一是工业云视角；第二是解决方案视角，即工业互联网平台是一套面向数字化、网络化、智能化的解决方案；第三是操作系统视角，即工业互联网平台是一个可扩展的工业操作系统；第四是产业生态视角，即工业互联网平台是构建产业生态的核心。

1）工业云视角：把工业云到工业互联网平台的发展分成 5 个阶段，如图 7-10 所示。

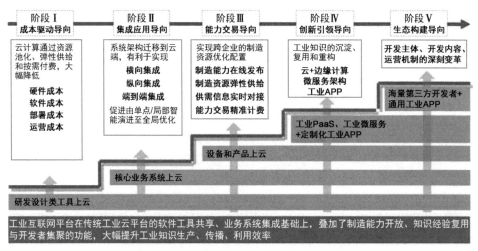

图 7-10　从工业云到工业互联网平台的五个阶段

第一个阶段是成本驱动导向，表现为研发设计类工具上云，这个阶段五六年前就在推动进行，解决的核心问题是如何降低企业的成本，以成本驱动为导向，通过资源池化、弹性供应和按需付费，大幅降低企业的硬件成本、软件成本、部署成本、运营成本。

第二个阶段是集成应用导向，表现为核心业务系统上云，以集成应用为导向，不仅仅是为了降低成本,更重要的是实现数据的互联互通和互操作。

但以上两个阶段都不是工业互联网平台,真正的工业互联网平台是从第三个阶段开始。

第三个阶段是能力交易导向,重要标志是设备和产品上云,以能力交易为导向,实现跨企业的制造资源优化配置。不仅软件上云,硬件设备也上云,在虚拟空间构造一个新的制造体系,这个制造体系可以实现制造能力在线发布、制造资源弹性供给、供需信息实时对接、能力交易精准计费,可以实现对设备和机器资源的优化配置。

第四个阶段是创新引领导向,主要是在研发设计工具、业务系统、设备产品上云之后,将工业技术、知识、经验、方法在平台上不断沉淀,以创新引领为导向。大部分企业在起步阶段,构建基于私有云的"工业 PaaS+工业微服务+定制化工业 APP",大量的工业技术、知识、经验和方法不断地在这个平台上沉淀、复用和重构,构建新的工业创新体系。但无论是工业 PaaS,还是工业微服务,在这个阶段主要是为企业自身提供服务。

第五个阶段是生态构建导向,海量的第三方开发者和通用化的工业 APP 大量出现,以生态构建为导向。在这个阶段,开发主体、开发内容和运营机制都将发生改变。

所以工业互联网平台就是在传统工业云平台软件工具共享、业务系统集成的基础上,叠加了制造能力开放、知识经验复用和开发者集聚的功能,大幅提升工业知识生产、传播和利用的效率,是一个不断演进的过程。

2)解决方案视角:基于云平台的数字化、网络化、智能化解决方案。从两化融合、智能制造到工业互联网平台,面对问题没变、解决问题的逻辑没变,面向制造业数字化、网络化、智能化的解决方案改变了,在过去的几十年,解决方案的演进经历了 3 个阶段,如图 7-11 所示。

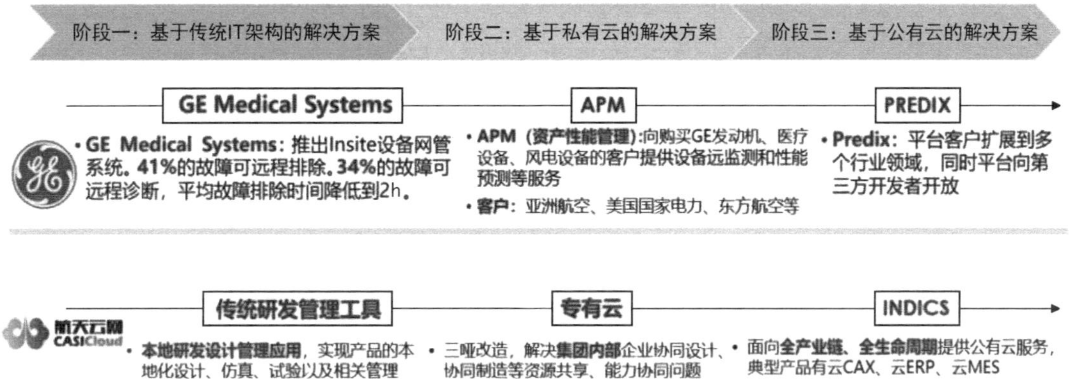

图 7-11　解决方案视角:基于云平台的数字化、网络化、智能化解决方案

第一个阶段是基于传统 IT 架构的解决方案,如 20 世纪 90 年代 GE 公司提出了基于 Medical Systems 的解决方案,他们在医疗设备上安装了很多传感器,将数据传到后台进行分析,41%的故障可以在 20min 内远程解决,34%的故障可以远程诊断出具体问题,维修人员带着相应工具、零部件,平均在 2h 内就可以解决故障问题。这样一个商业模式已经存在,并且逐渐拓展到航空发动机、风电设备维护等领域。在业务拓展过程中,也出现重复建设问题,每一个业务集团都构建了同样的业务系统。所以今天的工业互联网平台面对的问题还是同样老问题。但新的解决方案已经出现,基于传统 IT 架构的解决方案称为解决方案 1.0 版。

第二个阶段基于私有云的解决方案,是解决方案 2.0 版。越来越多的企业把基于 IT 架构面向数字化、网络化、智能化的解决方案搬到了私有云上,如 GE 公司通过 APM(资产性能管理),向购买 GE 燃气轮机、发动机、医疗设备、风电设备的客户在基于私有云的基础上提供设备远程监测和性能预测等服务。

第三个阶段是基于公有云的解决方案。GE 公司的 Predix、西门子公司的 MindSphere 等，构建基于工业云的平台，并将客户扩展到多个行业领域，同时向第三方开发者开放。工业互联网平台就是一套基于公有云的解决方案，是解决方案的 3.0 版本。两化融合的解决方案企业有一个提供制造业数字化、网络化、智能化解决方案的工具箱，在这个工具箱里，既有基于传统 IT 架构的解决方案，也有基于私有云部署的解决方案，同时也有基于公有云部署的一套解决方案，客户需要什么，企业提供什么。当然，并非工业公有云比私有云先进、私有云比传统的 IT 架构有优势，而是要根据制造业企业和客户不同的需要，来提供不同的解决方案。

3）操作系统视角：工业互联网平台是一个可拓展的工业操作系统。西门子公司把 MindSphere 定位为基于云的开放式物联网操作系统，GE 公司的技术专家曾说过：GE 公司的 Predix 会为开发者提供一个操作系统。所以，工业互联网平台实质上是一个可拓展的工业操作系统。向下拓展，可以实现对各种软/硬件资源接入、控制和管理；向上拓展，提供开发接口、存储计算及工具资源等支持，并以工业 APP 的形式提供各种各样的服务，其自身承载着蕴含大量工业知识的数字化模型与微服务。

操作系统的存在有什么意义？在一些大型软件系统开发过程中，65%的编程代码不需要重新开发，只需要对已有各种软件功能模块进行重复调用就可以。但是在工业里很多技术、知识、经验、方法创新需要从零开始，知识复用水平较低。而构建一个工业互联网平台，将大量的工业技术原理、行业知识、基础工艺、模型工具、业务流程以及行业专家的经验进行规则化、软件化、模块化，以数字化模型的形式沉淀在这个平台上。沉淀之后就不再需要做重复性工作，可以直接调用、复用、传播，重构工业创新体系，大幅度降低创新的成本和风险，提高研发、生产和服务效率。从这个角度讲，工业互联网平台就是通过提高工业知识复用水平构筑工业知识创造、传播和应用的新体系，即重构工业知识新体系。工业互联网平台重构工业知识新体系如图 7-12 所示。

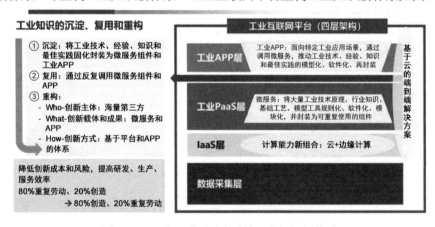

图 7-12　工业互联网平台重构工业知识新体系

在重构过程中，创新主体是海量的第三方；创新载体和成果是微服务和工业 APP；创新方式是基于平台和 APP 的体系。过去专利、品牌、渠道是企业的专有资产，现在工业企业又多了一个资产，就是企业微服务组件和各种各样的工业 APP。未来的工业 APP、微服务组件将会构造新的资产，是新的价值来源。过去工业创新 80%在做重复性劳动，如果有了这个平台，80%重复性劳动+20%创造性劳动的局面将改变。

4）产业生态视角：构建多方参与的基于工业互联网平台的产业生态。工业互联网平台是打造智能制造产业生态的核心。构建多方参与的基于工业互联网平台的产业生态如图 7-13 所示。在工业互联网平台四层架构里面，从私有云部署到公有云部署，发生了 4 个本质性的变化。

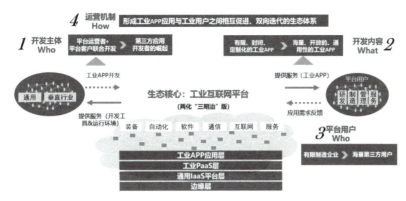

图 7-13　产业生态视角：构建多方参与的基于工业互联网平台的产业生态

一是开发主体（Who）发生变化。传统的私有云部署主要是由平台企业和用户来开发，而真正演进到公有云部署，则更多的是第三方应用开发者来开发。

二是开发内容（What）发生变化。在私有云部署下，开发内容主要为有限、封闭、定制化的工业 APP，且这些工业 APP 只为企业自身提供服务；在公有云部署下，开发内容则是海量、开放、通用的工业 APP。

三是平台用户（Who）发生变化。基于私有云部署的平台主要是由有限的制造企业自己使用。而公有云部署下，则更多的是帮助第三方中小型企业把业务系统迁移到云端，为其提供各种各样的服务。

四是运营机制（How）发生变化。当中小企业的业务系统迁移到云端，有了以工业 APP 形式呈现出各种各样服务的时候，就会形成一个工业 APP 应用和工业用户之间相互促进、双向迭代的生态体系。

7.3　人工智能技术

人工智能（Artificial Intelligence，AI）技术自 20 世纪 50 年代提出以来，人们一直致力于让计算机技术朝着越来越智能的方向发展。这是一门涉及计算机、控制学、语言学、神经学、心理学及哲学的综合性学科。同时，人工智能也是一门有强大生命力的学科，它试图改变人类的思维和生活习惯，延伸和扩展人的智能。

7.3.1　人工智能技术的产生及发展

人工智能技术是一门研究和开发用于模拟和拓展人类智能的理论方法和技术手段的新兴科学技术。智慧是人们所特有的特征。可以解释为感知、学习、理解和思维的能力，通常被解释为人认识客观事物并运用其来解决实际问题的能力。往往通过观察、记忆、想象、思维、判断等表现出来。人工智能正是一门研究、理解、模拟人们的智慧，并发现其规律的学科。

人工智能是计算机科学的一个分支，它企图了解智能的实质，并生产出一种新的能与人们的智慧相似的方式做出反应的智能机器，该领域的研究包括机器人、语言识别、图像识别、自然语言处理和专家系统等。人工智能从诞生以来，理论和技术日益成熟，应用领域也不断扩大，可以设想，未来人工智能带来的科技产品，将会是人们的智慧的"容器"，势必承载着科技的发展进步。

人工智能是对人的意识、思维的信息过程的模拟。人工智能是一门极富挑战性的科学，从事这项工作的人必须懂得计算机知识、心理学和哲学等。总的说来，人工智能研究的一个主要目标是使机器能够胜任一些通常需要人才能完成的复杂工作。

1. 人工智能技术的产生

自人类诞生以来,就力图根据当时的认识水平和技术条件,用机器来代替人的部分脑力劳动。经过科技漫长的发展,一直到进入 20 世纪后,人工智能才相继地出现一些开创性的工作。1936 年,年仅 24 岁的英国数学家 A. M. Turing 就在他的一篇名为"理想计算机"的论文中提出了著名的图灵机模型,1950 年他又在"计算机能思维吗?"一文中提出了机器能够思维的论述,可以说正是他的大胆设想和研究为人工智能技术的发展方向和模式奠定了深厚的思想基础。

1956 年,在美国达特蒙斯(Dartmouth)学院的一次聚会被认为是人工智能科学正式诞生的标志,从此在美国开始了以人工智能为研究目标的几个研究组。这其中著名的是被称为"人工智能之父"的斯坦福大学——麦卡锡(John McCartney),人工智能的概念正是由他和几位来自不同学科的专家提出来的,这门技术当时涉及数学、计算机、神经生理学、心理学等多门学科。至此人工智能技术开始作为一门成型的新兴学科茁壮成长。

2. 人工智能技术的发展

20 世纪 60 年代以来,人工智能的研究活动越来越受到重视。为了解释智能的相关原理,研究者们相继对问题求解、博弈、定理证明、程序设计等领域的可能性进行了深入研究,不仅使研究课题有所扩张和深入,而且还逐渐搞清楚了这些课题共同的基本核心问题及它们和其他学科间的相互关系。

正如社会发展的规律一样,一件新鲜事物的出现也必将经历它的低潮期,人工智能也不可避免。直到 20 世纪 80 年代中期,有关人工神经元网络的研究取得了突破性的进展,才带领人工智能走进全新的发展领域。1986 年,Rumelhart 提出了反向传播(Back Propagation,BP)学习算法,解决了多层人工神经元网络的学习问题,掀起了新的人工神经元网络的研究热潮,人工智能广泛应用于模式识别、故障诊断、预测和智能控制等多个领域。

各国开始大力发展人工智能技术,相继成立人工智能研究小组和研究委员会,并建立人工智能重点实验室,这些举动无疑将促进人工智能的全面发展,使人工智能走上新的高度。

人工智能的精彩表现,也让身处大数据时代背景下的人们对人工智能的发展寄予了无限的希望,同时也产生了思索。

7.3.2 人工智能技术的研究现状

国外关于人工智能发展问题的研究及著述有很多,如果简单地从研究结论分类,大致有两类观点。

第一,认为人工智能是人脑的模拟和扩展,其本身就是一个信息处理系统。斯坦福大学的费根鲍姆教授从知识工程的角度出发,认为知识就是力量,电子计算机则是这种力量的放大器,而能把人类知识予以放大的机器,也会把一切方面的力量予以放大。麻省理工学院的温斯顿教授认为人工智能就是研究如何使计算机去做过去只有人才能做的富有智能的工作。类似的观点在哈里亨德森的《人工智能:大脑的镜子》和休伯特德雷福斯的《计算机不能做什么》中也都有所体现。

第二,认为人工智能等同于甚至超过人类智慧。人工智能虽然是有限的,但是其向人类智慧的接近却是无限度的,随着其自身的不断突破与发展,最终将无限逼近于人类智慧。人工智能之父西蒙就持这样的观点,他认为人工智能能够达到人类智慧的水平。神经生物学家亨利马克莱姆希望通过"蓝脑计划"建立人类大脑的模型,从而揭开人脑秘密。经过大量的研究分析,他认为计算机完成人脑的复制只是时间问题。美国科学家艾什比认为,要制造一个具备综合能力的机器脑在理论上没有什么问题,所需要的只是时间和技术进步。他强调,机器脑一旦被制造出来,绝不只是简单地机械执行和模仿,它还能够自己学习,发展自己的智慧。

中国拥有一套古老的数学体系，其中《九章算术》以计算为中心，密切联系实际，主要解决人们生产、生活中的数学问题，确定了中国古代数学的框架，但是中国一直缺乏完善的数学理论体系，直到五四运动以后才真正开始了近代数学研究。20 世纪 70 年代后期，在计算机技术大发展的背景下，数学家吴文俊继承和发展了中国古代数学的传统的算法化思想，转而研究几何定理的机器证明，提出的数学机械化设想，对人工智能的许多领域都有着深远影响。随着国家对人工智能相关产业的政策扶植，人工智能的研究取得了长足的进步，在理论研究方面已经达到了世界水平。相继成立的中国人工智能学会、中国软件行业协会、人工智能协会、中国智能机器人专业委员会及中国智能自动化专业委员会等学术团体，召开了中国人工智能联合会议，中国科学家在人工智能领域取得了一些在国际上有影响的创造性成果。中国科学院院士、清华大学李衍达教授首创知识表达的情感适应模型，通过人机合作，由计算机提供候选模型，人进行情感选择，从而建立有效的信息模型。李德毅教授提出了定性和定量转换"云模型"，能够用语言值表示和处理随机不定性和模糊不定性，并成功将其应用于数据挖掘和智能控制等领域。王守觉教授则在人工神经网络的硬件化实现及高维仿生信息学方面进行了大量研究，研制成功了半导体神经网络硬件系列，并提出了"仿生模式识别"理论，为解决机器形象思维问题提供了一条新途径。另一方面，大量的著述与论文开始着力于进行人工智能发展中出现的一些具体问题的研究，如蔡曙山在"哲学家如何理解人工智能——塞尔的'中文房间争论'及其意义"一文中从语言哲学家约翰·R. 赛尔的"中文房间"模型入手，经分析得出"机器智能能够不断接近人类智能但永远不可能超过人类智能"结论；蔡自兴在"人工智能对人类的深远影响"一文中从经济、社会、文化等多个方面对人工智能进行了剖析，分析了人工智能对人类和人类社会方方面面的改造；戴汝为的"从基于逻辑的人工智能到社会智能的发展"从人工智能发展的历史进程角度切入研究，他认为采用信息网络、多媒体现代技术的"信息空间综合集成研讨体系"将会成为涌现社会智能的可操作的技术系统；王雨田在"归纳逻辑与人工智能相结合的研究问题"中以归纳的研究为例，指出当前人工智能的发展中亟须引入有关归纳的哲学、科学哲学、逻辑学、心理学、认知科学，引入知识工程、机器学习、不确定性推理等前沿科学技术基础理论的研究；郑祥福在"人工智能的四大哲学问题"中认为当代西方哲学的认知转向是和人工智能的研究协调发展的，人工智能的哲学问题已不再是人工智能的本质问题，而是关于人的意向性问题、概念框架问题、语境问题和日常化认识问题，并就这些问题给出了基本的解决思路；盛晓明、项后军在"从人工智能看科学哲学的创新"中，从人工智能的历史发展出发，在对科学哲学中几个主要学派分析比较后认为科学哲学应该经常回到"活的"科学史中去，并不断地进行理论上的大胆创新与整合，才能够迎接新兴科学的挑战，才能有将来；刘普寅、李洪兴在"软计算及其哲学内涵"一文中通过论述基于模糊逻辑系统、神经网络、遗传算法等软计算技术对于研究非线性复杂系统及处理智能信息的有效性，认为软计算在智能信息处理技术中将发挥十分重要的作用。

7.3.3 人工智能技术的分类

以目前情况来看，人工智能可以分为两大类，即强人工智能和弱人工智能。目前所处的还是属于弱人工智能阶段，之所以称为"弱"，是因为人工智能尚不具备自我思考、自我推理和解决问题的能力，也就是没有自主意识，所以并不能称之为真正意义上的智能。而强人工智能则恰好相反，配合合适的程序设计语言，人工智能便可以有自主感知能力、自主思维能力和自主行动能力。强人工智能的类型又分为两种：一种是类人的人工智能，机器完全模仿人的思维方式和行为习惯；另一种是非类人的人工智能，机器有自我的推理方式，不按照人类的思维行动模式自行推理。强人工智能具有自主意识，既可以按照预先设定的指令去做什么，也可以根据具体环境需求自己决定怎么做，做什么，具有主动处理事务的能力，也就是说可以不根据事先做好的设定去行动。就当下的技术手段和程序语言设计发展阶段而言，离实现强人工智能还有不小的距离，但是不排除在编程技术实现智能化后，人工智能会有巨大的变化。

7.3.4　人工智能技术的主要应用领域

人工智能技术是在计算机科学、控制论、信息论、心理学、语言学及哲学等多种学科相互渗透的基础上发展起来的一门新型边缘学科，主要用于研究用机器（主要是计算机）来规范和实现人类的智能行为，经过几十年的发展，人工智能在不少领域得到发展，在日常生活和学习当中也有许多应用。

（1）智能感知　智能感知包括模式识别和自然语言理解。人工智能所研究的模式识别是指用计算机代替人类或帮助人类感知的模式，是对人类感知外界功能的模拟，研究的是计算机模式识别系统，也就是使一个计算机系统具有模拟人类通过感官接受外界信息、识别和理解周围环境的感知能力。而自然语言理解，就是让计算机通过阅读文本资料建立内部数据库，可以将句子从一种语言转换为另一种语言，实现对给定的指令获取知识等。此类系统的目的就是建立一个可以生成和理解语言的软件环境。

（2）智能推理　智能推理包括问题求解、逻辑推理与定理证明、专家系统、自动程序设计。人工智能的第一个主要成果是可以解决问题的国际象棋程序的发展。在象棋应用中的某些技术，如果再往前看几步，可以将很难的问题分为一些比较容易的问题，例如开发问题搜索和问题还原等人工智能技术。而基于此的逻辑推理也是人工智能研究中最持久的子领域之一。这就需要人工智能不仅具备解决问题的能力，更要有一些假设推理和直觉技巧。在此两者的基础上出现的专家系统就是一个相对完整的智能计算机程序系统，应用大量的专家知识，解决相关领域的难题，经常要在不完全、不精确或不确定的信息基础上做出结论。而这三个功能的实现都是最终实现自动程序的基础，让计算机学会人类的编程理论并自行进行程序设计，而这一功能目前最大的贡献之一就是作为问题求解策略的调整概念。

（3）智能学习　学习能力无疑是人工智能研究中最突出和最重要的方面之一。学习是人类智慧的主要标志，是获取知识的基本手段。近年来，人工智能技术在这方面的研究取得了一定的进展，包括机器学习、神经网络、计算智能和进化计算。而智能学习正是计算机获得智能的根本途径。此外，机器学习将有助于发现人类学习的机制，帮助人们揭示人类大脑皮层的奥秘。所以这是一个一直受到关注的理论领域，思维和行动是创新的，方法也是可行的，但目前的发展水平距离理想状态还有一定的距离。

（4）智能行动　智能行动是人工智能应用最广泛的领域之一，也是最贴近生活的领域，包括机器人学习、智能控制、智能检索、智能调度与指挥、分布式人工智能与 Agent、数据挖掘与知识发现、人工生命、机器视觉等。智能行动就是对机器人操作程序的研究。从研究机器人手臂相关问题开始，进而达到较好的规划方法，以获得完善的机器人移动序列为目标。

7.4　状态感知技术

一个智能系统，始于感知，精于计算，巧于决策，勤于执行，善于学习。

没有"状态感知"，机器无法成为智能机器，即使实现了"状态感知"，还要同时具备其他条件才能实现，要实现"状态感知"，就需要各种各样的"感应器件"。无论是智能制造、工业4.0、工业互联网还是物联网，都离不开形形色色的感应器件。"感应器件"其实很早以前就已经被人们发明出来，并且在数千年以前就开始发挥作用。

7.4.1 早期的"感应器件（效应物质）"

在没有出现"传感器"这个术语之前，早就有"具有感应功能的物质"作为"感应器件"存在，在 TRIZ（发明问题的解决理论）中把这种"具有感应功能的物质"叫作"效应物质"，即各种各样的带有科学效应的物质。如一块石头，可以感知到重力（物理效应），磁场中的磁石（物理效应）可以感知到方向，并且具有同极相斥、异极相吸的效应，皮毛摩擦后起静电（物理效应）可以吸附纸屑或头发，线圈中磁通量变化会产生感应电动势等。图 7-14 所示就是在工业革命前利用石头的重力做动力的机器。

图 7-14 利用石头的重力做动力的机器

在图 7-14 中，具有一定质量的石头感应到了引力场中的万有引力而表现为重力（这里重力约等于万有引力）。在重力的作用下，石头下坠形成的拉力为机器提供了动力。在这个机器中，石头构成了最原始的人造"感应器件"。类似的工业革命前的机器系统还有水磨，有高度差、有质量的水流在重力作用下形成流动并冲击水轮，由水轮转动而形成动力，来实现磨面（或舂米）工作。

利用重力（和杠杆）效应做出的发明数不胜数，例如商代出现的桔槔，秦汉乃至魏晋南北朝出现的杆秤，明朝时期出现的钟摆，今天的塔式起重机等。

因此在"传感器"作为技术概念面世之前，早期的机器、仪器中就有了"感应器件"，例如图 7-14 中的石头、罗盘上的指南针、水平尺中的水泡等。这些"感应器件"只是整机中的一个零部件，并非专门的"传感器"。直到伴随着模块化设计的兴起，传感器才从机器/仪器中分离了出来，成为一个为整机配套的元器件。

7.4.2 专业元器件——传感器

传感器由国标 GB/T 7665—2005 加以规范和定义：能够感受规定的被测量并按照一定的规律转换成可用输出信号的器件或装置，通常由敏感元件和转换元件组成。其中的"可用输出信号"是指便于加工处理、便于传输利用的电信号。一般传感器都是由敏感元件、转换元件和转换电路三部分组成。

敏感元件，就是 7.4.1 节中介绍的"具有感应功能的物质"作为"感应器件"的"效应物质"。因此，传感器是由有"具有感应功能的物质"的"效应物质"发展而来的。没有科学效应（物理效应、化学效应等）物质作为感应器件，就没有传感器的存在。

常见的传感器有热敏传感器、光敏传感器、温敏传感器、力敏传感器、气敏传感器、湿敏传感器、声敏传感器、磁敏传感器、味敏传感器、放射线敏感传感器，共计 10 大类（还有人曾将敏感元件分为 46 类）。常见传感器如图 7-15 所示。

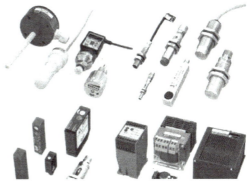

图 7-15 常见传感器

从工作原理上看，物理传感器主要是以压电、磁致伸缩、离子化、极化、热电、光电、磁电等物理效应物质做成传感器，把效应物质的被测信号量的微小变化转换成电信号；化学传感器则是以酸碱中和、化学吸附、氧化-还原、电化学反应、爆炸等化学效应物质做成传感器，把"效应物质"的被测信号量的微小变化转换成电信号；生物传感器是以光合效应、生物电效应、磁场生物效应、纳米生物效应、电流生物效应等生物效应物质做成传感器，用以检测与识别生物体内的各种微观成分。

7.4.3 无线传感器网络

无线传感器网络（Wireless Sensor Network，WSN），是一种由大量小型传感器所组成的网络。这些小型传感器一般称作传感器节点。大量传感器节点随机地部署在监测区域中，各个节点以自组织方式形成无线传感器网络。监测到的数据从某个传感器节点向其他传感器节点进行逐跳式传输，接收到监测数据的多个节点既可以处理数据，也可以传输发送这些数据，最后通过各种网络路由到达管理节点。用户可以在管理节点上对整个传感器网络进行管理和配置，收集监测数据或发布监测任务。

无线传感器网络的节点，如果进一步小型化和集成化，可以升级为智能尘埃（又称智能微尘，英文 Smart Dust，SD），即指集成了电脑、传感器、微机电系统（MEMS）、通信系统、电源等的一种超微型传感器，它可以自动探测周围环境参数，大量收集环境检测数据，实时进行计算处理，然后利用双向无线通信装置将收集到的数据在相距 300m 的微尘器件之间往来传送。当个别微尘器件因故障失效后，其他正常的微尘器件能跨过这些故障微尘器件自动连接。智能微尘体积大约在立方毫米级别，可以大量、随意布置到诸如探测人体生命体征、建筑受力、能源用量、土壤温度、交通地图、生产效率等数据的现场环境中后，形成一张智能无线传感器网络。

无线传感器网络是一项通过无线通信技术把数以万计的传感器节点以自由式进行组织与结合，进而形成的网络形式。构成传感器节点的单元分别为数据采集单元、数据传输单元、数据处理单元以及能量供应单元。其中数据采集单元通常都是采集监测区域内的信息并加以转换，比如光强度、大气压力与湿度等；数据传输单元则主要以无线通信和交流信息以及发送接收那些采集进来的数据信息为主；数据处理单元通常处理的是全部节点的路由协议和管理任务以及定位装置等；能量供应单元为缩减传感器节点占据的面积，会选择微型电池的构成形式。无线传感器网络当中的节点分为两种，一个是汇聚节点，另一个是传感器节点。汇聚节点主要指的是网关能够在传感器节点当中将错误的报告数据剔除，并与相关的报告相结合，将数据加以融合，对发生的事件进行判断。汇聚节点与用户节点连接可借助广域网络或者卫星直接通信，并对收集到的数据进行处理。

传感器网络实现了数据的采集、处理和传输 3 种功能。它与通信技术和计算机技术共同构成信息技术的 3 大支柱。无线传感器网络是由大量的静止或移动的传感器以自组织和多跳的方式构成的无线网络，以协作地感知、采集、处理和传输网络覆盖地理区域内被感知对象的信息，并最终把这些信息发送给网络的所有者。

无线传感器网络所具有的众多类型的传感器，可探测地震、电磁、温度、湿度、噪声、光强度、压力、土壤成分、移动物体的大小、速度和方向等多种多样的数值。潜在的应用领域可以归纳为军事、航空、防爆、救灾、环境、医疗、保健、家居、工业、商业等。

7.4.4 大型整机类"巨型传感器"

上面提到的智能微尘已经发展到了可以与电脑、MEMS、网络、电源等的集成。除了智能微尘和元器件级的传感器，还有很多具有"传感器"作用的大型整机类的"巨型传感器"，如雷达、照相机、望远镜、电子眼、导航设备、无人机等。

其作用都与元器件类型的传感器相同，以极其敏感的感知能力、极高的感知精度来实现对观测目标的"状态感知"。

7.4.5 由生物或人组成的"复合型传感器"

传感器的概念原本出于"模拟人的五官"，因为人具有视觉、听觉、嗅觉、触觉、味觉这些高度发达的"五感"，而且这"五感"具有相当高的"状态感知"灵敏度和精度。同样，生物界的其他动物，也有着在某些感知上远超人类五感的"状态感知"的灵敏度，例如，狗的嗅觉超过人类百倍，而蜜蜂的嗅觉又超过狗百倍。充分利用生物智能，也可以做出很多智能产品。

在2013年，英国警方使用蜜蜂作为"传感器"来缉毒获得了不错的效果。蜜蜂的嗅觉灵敏度高，其特点是闻到毒品味道就伸出舌头，舌头可以被红外传感器探测到。于是，利用这个生物效应，把训练好的蜜蜂固定在一个标准的塑料卡件内，如图7-16所示，每次以6个蜜蜂为一组，放在一个箱式毒品探测器内，然后用来检测行李。如果同时有3个蜜蜂伸出舌头，就说明行李中藏有毒品。这种技术明显地提高了检测成功率。由人和人造设备组成的"复合型传感器"在很多场合下也都发挥了极其重要的作用。

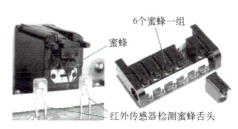

图7-16 以6个蜜蜂为一组检测

在企业的管理中，对于市场真实状态的感知（各种形式的观察、分析与调研），是一个企业能否制定出切合实际的市场营销战略的关键。在这类市场感知中所使用到的不是简单的"传感器"，但是与元器件型传感器有着一样道理的"复合型传感器"，各个层次和专业的人与人造设备都参与在这个过程中。

"状态感知"不能出错，因为错误的市场感知，必定会带来错误的市场决策以及错误的市场行动，所以状态感知是实现智能决策的首要条件。

7.4.6 状态信号特征提取

信号特征提取是从信号中获取信息的过程，是模式识别、智能系统和机械故障诊断等诸多领域的基础和关键，特征提取广泛的适用性使之在诸如语音分析、图像识别、地质勘测、气象预报、生物工程、材料探伤、军事目标识别、机械故障诊断等几乎所有的科学分支和工程领域得到了十分广泛的应用。

1）信号特征有：时域特征（均值、方差、均方差、峰值、峰值因数、峭度、脉冲因子、波形因子等）、频域特征（重心频率（FC）、均方频率（MSF）、均方根频率（RMSF）、频率方差（VF）、频率标准差（RVF）等）、时频域特征（小波系数、小波包能量、Hibert谱、边际谱等）。

2）特征提取方法有：基于时域特征提取（时间序列模型法AR模型、ARMA模型等）、基于频域特征提取（快速傅里叶变换（FFT））、基于时频域特征提取（短时傅里叶变换（STFT）、时频分布（Wigner-Ville分布、Choi-William分布）、小波变换、希尔伯特-黄变换）。

7.4.7 智能产品中的传感器

近些年来，产品的功能日趋智能，产品中加入了越来越多的传感器和智能硬件。下面介绍一些飞机、汽车、手机上常用的传感器。

（1）飞机上的传感器　一百多年前，法国人发明了皮托管，后来演变成了飞机上的空速管，可以测量飞机相对于地面的飞行速度、气压高度（由空气压强计算飞行高度）。飞机的传感器还有静压孔、陀螺仪、温度传感器、失速传感器、湿度传感器、迎角传感器、接地传感器、加速度传感器、结冰传感器、发动机振动量、刹车压力传感器等。现在一架民用飞机上大约有数千个各类物理传感器和化学传感器。

现在，人们已经不满足于仅仅开发飞机上的传感器，研发的目标已经拓展到了专用的"传感器飞机"，这是一个从元器件到整机的飞跃。

（2）汽车上的传感器　汽车电子器件越来越多地进入了车体，表现形式就是大量的电子传感器，如空气流量传感器、里程表传感器、机油压力传感器、水温传感器、ABS 传感器、节气门位置传感器、曲轴位置传感器、碰撞传感器、倒车雷达、超声波探测器、红外探测器等。

特别是在电动车中，配置了强大的专用芯片（如 NVIDIA PX2），相当于车载超级电脑，让车载计算能力有了数量级的提升，支持了高端传感器的应用。

（3）手机中的传感器　智能手机一直通过内置各种传感器来扩展其"智能"。内置的传感器越多，手机的感知能力就越强，可以开发的应用也就越多。智能手机中的传感器有：

1）触屏传感器。2015 年出现的触屏压力感应技术，更使得触摸屏技术由二维向三维方向发展。

2）三轴陀螺仪传感器。用于感知角速度的传感器，通过对角速度的计算可以感知运行方向的改变，可以自动旋转屏幕。

3）加速度传感器。感知三维空间的加速度，通过对加速度的计算可以感知运动的相对速度。

4）地磁传感器。有的加速度传感器中还配置了地磁传感器，能够感知地理的方向；陀螺仪、加速度、地磁三类传感器综合在一起又叫作九轴传感器。

5）GPS。也是一种判断经纬度的位置传感器。它与九轴传感器配合就实现整个空间位置的定向、定位及运动信息。

6）距离感应器。可以红外光来判断物体的位置。

7）气压传感器。能够对大气压变化进行检测。

8）光线感应器。用来调节手机屏幕本身的亮度，提升电池续航能力。

9）超声波传感器。用于检测人或设备是否可以进入某一地区或者被识别。

10）雷达传感技术。例如谷歌"Project Soli"项目组研发出可进行非接触式手势操控的手机。

11）指纹识别、虹膜识别、三维触控、光学防抖等新技术还在持续进入智能手机。

除了上述智能产品，其实在所有的智能设备中，都有数不清的传感器在发挥着"状态感知"作用。有状态感知，就有信息的输入/输出，就有分析、决策的依据，就打通了通往智能系统的途径。

（4）工业中常用传感器　工业中常用传感器按照测量原理分，包括电阻式传感器、电容式传感器、光电式传感器、电感式传感器、压电式传感器、半导体传感器、热电偶传感器、接近开关等。

其中电阻式传感器就是将被测量（位移、力、压力、加速度、扭矩等）的变化转换成电阻变化的传感器。电容式传感器就是将被测量的变化转换成电容变化的传感器，它的敏感部分就是具有可变参数的电容器。其最常用的形式是由两个平行电极组成，极间以空气为介质的电容器。电容式传感器可以应用于位移、振动、角度、加速度等参数的测量。

接近开关又称无触点行程开关。它能在一定的距离（几毫米至几十毫米）内检测有无物体靠近。当物体与其接近到设定距离时，开关发出"动作"信号。接近开关有自感式、电容式、涡流式、霍尔式等。

此外还有差动变压器、编码器、光纤光栅传感器、磁栅传感器等。

工业中常用传感器按照被测参数分，包括温度传感器、压力（差压）传感器、流量传感器、机械量（位置、长度、速度、角度等）传感器、化学分析传感器等。

温度传感器主要有热电阻温度传感器（Pt100、Cu100、Cu50）、热电偶温度传感器（S、R、B、K、N、E、J、T、W、L、U）、红外温度传感器等。

压力（差压）传感器主要有电容式传感器、单晶硅传感器、多晶硅传感器等。

流量传感器主要有差压式（典型的有孔板）传感器、涡街流量计、热式流量计、电磁流量计、超声波流量计等。

7.5 控制优化技术

7.5.1 基于模型的控制优化技术

过程工业（Process Industry）是形成人类物质文明的基础工业。过程工业主要通过物理变化和化学变化实现大宗原料型工业产品的生产、加工、供应、服务。过程工业包括石化、化工、冶金、制药、电力、建材、轻工、造纸、采矿、环保、电力等，是国民经济中占有主导性的行业之一。流程系统（Process System）是指由被加工的物流或能量流经过的诸单元工序所构成的系统，是一种各单元间根据生产工艺要求互相联结形成的复杂网络。其主要生产过程为连续生产；其相应原料和产品多为均一相（固、液或气体）的物料，而非由零部件组装成的物品；其产品质量多由纯度和各种物理、化学性质表征。

一直以来，建模、模拟和优化技术在流程工业中被高度重视且广泛应用。流程系统的模拟是根据对流程的充分认识和理解，以工艺过程的机理模型为基础，运用数学方法对过程进行建模描述，并通过计算机辅助计算的手段进行过程的热量衡算、物料衡算、设备规模估计和能量分析。流程模拟可为工程设计与改造、流程剖析、优化控制、环境与经济评价和教学培训等提供强有力的手段，不但能从系统整体角度分析和判断工艺流程的好坏，还可以对新开发的工艺流程提供可靠预测。这些均有助于提高工作效率和决策的科学性。而流程系统的实时优化（RTO）是指结合工艺知识和现场操作数据，通过快速、高效的优化计算技术对操作运行中的生产装置参数进行优化调整，增强其对环境变化、原材料波动、市场变化等的适应能力，保持生产装置始终处于高效、低耗并且安全的最优工作状态的技术。RTO 可以通过增加产量、提高产品质量，使生产过程始终运行在最佳工况上；可以通过经济目标的寻优，减少原料和能源的消耗，减少废弃物的排放；可以通过监测、预警、自动调整，延长设备的运行周期，减少催化剂的消耗；可以使来自计划调度的市场信息在操作层面得到及时的贯彻实施，迅速在生产过程中反映市场供求关系的变化；可以进一步深化工艺人员、操作人员对过程工艺与操作的了解，有助于工艺的改进和操作策略的调整。

流程系统模型化和优化技术从 20 世纪 50 年代开始发展起来，至今已经经历了四代。1958 年美国 Kellogg 公司推出全球第一个化工模拟程序——Flexible Flowsheeting，并将其用于单元操作设备的工艺计算。20 世纪 70 年代开始出现了一系列稳态工程流程模拟软件，如 Aspen Plus、Process、SpeedUp 和 HySim 等。这些软件在流程工业领域产生了巨大的影响。从 20 世纪 80 年代中后期开始，流程模拟和优化技术走向了成熟期。这些软件在功能和可靠性方面不断增强，应用范围不断拓宽，成本大幅下降。随着能源短缺情况和市场竞争的加剧，国外流程模拟和优化软件转向以生产企业为主，成为流程企业的计算机辅助工程（CAE）核心和计算机集成制造系统（CIMS）基础，效益明显。稳态模拟和优化技术趋于成熟。流程模拟和优化领域有代表性且应用较好的通用软件有 PRO/II、Aspen Plus 和 HySim（已被美国 Aspen Tech 收购）。从 20 世纪 90 年代开始，模拟和优化技术从"稳态"和"离线"走向"动态"和"在线"，并向实时优化发展。这一时期，新的模拟和优化软件不断问世。如加拿大 Hyprotech 公司的 Hysys、美国 Aspen Tech 公司的 Aspen Custom Modeler 和 Aspen Dynamics 等。

数学模型在流程模拟和优化中处于核心地位。流程系统的数学模型由化工单元模型和各单元间拓扑结构模型两部分组成。流程模拟和优化的目的是根据流程拓扑中已知流股的数据及过程参数，确定包含流程系统输出在内的所有流股的数值，或是根据已知过程流股的状态值计算可满足设计规定的过程参数值。目前，主流的求解方法主要包括序贯模块法（Sequential Modular Approach）、联立方程法（Equation Oriented Method）、双层法（又称联立模块法，Two Tier Approach）、数据驱动法和人工智能法。

当前，建模、模拟和优化技术的关键作用被进一步挖掘，已经成为流程工业的主导型技术和关键支撑技术。美国的制造业企业于 2010 年联合发起成立了智能制造领袖联盟（Smart Manufacturing Leadership Coalition，SMLC）。SMLC 认为，智能工厂的智能过程制造包含两个关键的组成部分，即模型和优化技术。

一方面，模型在智能过程制造中扮演了关键的角色，建立一个好的模型至关重要。SMLC 的报告指出，智能工厂的基础是模型的广泛运用。利用生产运行数据和专家知识，智能工厂将生产过程的行为和特征上升为各类工艺、业务模型和规则，根据实际需求，调度适用的模型来适应各种生产管理活动的具体需要。

利用模型，智能工厂能够预测未来的生产过程状态，从而提前感知过程参数的变化趋势。过程工业的生产过程大都具有长周期、大时延等特点，通过过程模型提前预测过程参数的变化趋势能够更好地控制各类过程；在生产计划和调度方面，通过计划和调度模型的广泛应用，能够有效地配置生产过程中消耗的各种资源，包括原料、能量、劳动力等，并产生最大的效用。解决生产计划和调度问题最为关键的是要建立反映过程特性的准确计划和调度模型。通过对调度模型的求解，能够找到所有可能的计划和调度方案中的最优方案，提升企业的生产效率和整体效益。

此外通过一体化的模型和优化，智能工厂还能够将现有流程工业生产过程的工艺过程、生产过程、管理业务流程高度集成，实现各个管理环节和各流程间的紧密衔接与整体优化，在满足设备、能源、物料约束的前提下，从全局角度实现优化。更理想的情况是，这样的优化能够考虑生产和经营过程的动态特性，能够应对外部经济因素（产品预期、价格预测、市场容量、原材料供应波动等）的变化，能够将质量、效益、环境等综合因素透明、恰当地纳入优化体系中。

另一方面，大规模的优化技术也不可或缺。智能制造过程不仅需要很好地满足企业管理层的决策需要，产生良好的应用效果，还需要在瞬息万变的市场需求下，在风险与收益当中做出平衡，为企业做出最优决策。因此，在智能过程制造中，下至过程建模及过程综合和设计，上至过程操作、控制、调度及生产计划，无不依赖于强有力的大规模优化技术，以得到具体全面的最优决策。

过程模型描述了过程的基本特点，是智能制造过程的基础。利用实验数据和物理、化学反应机理建立的模型需要进行周期性的更新，以确保模型的精确度。模型更新涉及最优实验设计、参数估计等，由此会产生非线性规划及混合整数非线性规划等大规模优化问题。

在给定的输入/输出要求下，过程制造可以采用不同的方法和设备来实现。应在可行方案中，考虑能量的综合应用、公用工程选用等，选择一套最优的生产过程，以实现过程综合。在系统结构给定的条件下，通过相应的优化计算确定各单元设备的最优尺寸、最优结构参数，以达到设计优化。

因充分运用包含过程干扰与变化的现场数据，由实时优化得到的优化结果具有抑制扰动、降低性能损失的作用，因此当其作为 APC 系统的设定值时，APC 系统根据设定值要求实施相应的最优控制作用，使得生产过程的工艺参数尽量维持在最优操作工况，在底层装置层面保证产品质量和过程的稳定。

生产计划是关于企业生产运作系统总体方面的计划，是企业在计划期应达到的产品品种、质量、产量和产值等生产任务的计划和对产品生产进度的安排。在产品质量、安全管控和能源产耗等约束条件下，引入原料及产品价格的实时波动信息，研发计划调整多周期优化分解方法，是智能过程制造能满足计划和调度协调、满足市场需求和生产工况频繁变化的有力保障。生产计划和调度在过程层面上将各种资源统筹优化，达到合理安排产品的生产进度、控制产品成本、提高劳动生产率和效益的目的。

供应链是指产品生产和流通过程中所涉及的原材料供应、生产商、分销商、零售商以及最终消费者等成员，通过与上游、下游成员的连接组成的网络结构。考虑市场需求、产量计划、生产要求及原料供应等因素，供应链优化能做出合理的生产规划、安排相应的供销方案，以快速高效地适应客户需求变化。

智能过程制造以实现节能降耗减排，提高生产效率、产品质量和附加值，降低生产成本，提高经济效益为目标，采用有效的多目标优化方法，以应对各种内部、外部条件变化，实现质量、效益、环境要素的整体优化。这种整体优化将现有流程工业生产过程的工艺过程、生产过程、管理业务流程高度集成，在满足设备、能源、物料约束的前提下，从全局角度实现优化。

从以上几点可以看出，建模、优化、控制等技术涉及智能制造的方方面面。综上所述，优化控制是智能工厂的中枢神经，它保证了智能工厂总能在给定的约束条件下做出优化的决策，集中体现了工厂的智慧，通过优化控制，分布在工厂各个角落的传感器收集的实时数据能够被运用到决策过程中。而模型是优化控制的基础，过程模型不仅描述了过程的基本特点，同时也可以整合操作人员已有的过程经验，最终在决策中加以体现。

7.5.2 系统辨识技术

系统辨识技术是通过分析未知系统的实验或运行数据（输入/输出数据）建立系统的数学模型的方法，它能够对比较复杂的实际过程对象进行建模。现代化的制造过程是一个极为复杂的系统，利用系统辨识技术，能够建立大量的输入/输出数据之间的联系，从而反映生产过程的特性。

在自动控制领域，系统辨识就是早期控制系统动态特性测试的延续。动态特性的测试，即通过实验得到系统的过渡过程曲线或频率特性曲线，再推算出系统的脉冲过渡函数或传递函数。现代系统辨识则主要是由系统的输入/输出直接求出动态方程式的结构和参数。辨识方法可以较好地解决系统噪声和测量噪声干扰的问题，可以处理多变量和非线性系统问题，而对于时变系统和分布参数问题，则可以在多级系统上做参数估计。

由动态特性测试方法直接得到的是非参数模型，而为了获得参数模型就必须探索应用更为普遍的参数估计方法。实际系统通过实验所获得的数据，都包含测量噪声，而模型的假定和简化等过程所引起的误差也可以理解为噪声。从受到噪声干扰的观测值中寻求最接近被测值的估计值，这一过程称为参数估计。参数估计是系统辨识中的基础部分，在此，它解释为在系统结构已知的情况下从系统的观测数据中找出最接近观测的估计值。

由于学科的发展，不同学科的重叠交叉已经成为各学科发展的普遍现象。系统辨识中普遍地采用了时间序列的概念和方法，这说明两者在方法上有许多共同之处。时间序列分析起步略早一些，20 世纪初，许多数理学家注意到气象、天文现象的时序特性，从而将静态模型参数估计中的概率论和数理统计移动到了离散时间序列的参数估计中。时间序列分析相当于估计具有白噪声输入的控制系统，其输入信号是不可测量的，使用的信息只有系统或过程的输出观测值。与时序分析相比，系统辨识的内容则更为广泛，它除了利用输出信号外，还利用了测量的输入控制信号，要求辨识的结果尽可能不受观测噪声或过程噪声的影响。可以说，正是数理统计学家大量深入的理论研究工作，才为系统辨识奠定了扎实的理论基础。

计算机技术的不断发展和普及，为系统辨识的广泛应用提供了技术上的保证，这也是系统辨识发展的基础之一。可以说，研究系统辨识的算法，不必担心它在计算机上的可操作性问题。计算机具有强大的硬件支持、丰富的软件资源和高速的运算能力，可以在人工不干预的情况下，在线实时地完成系统的辨识，为控制策略的设计直接提供数学模型。

系统辨识、状态估计和控制理论构成现代控制论 3 个互相渗透的领域。系统辨识是一门应用范围很广的学科，其实际应用已遍及许多领域，在工程控制、航空、航天、海洋工程、认知科学、医学、生物信息学、水文学及社会经济等方面的应用越来越广泛。

模型化是进行系统分析、仿真、设计、预测、控制和决策的前提和基础。具体来说，建立被研究的系统数学模型有以下几个方面的目的。

（1）系统仿真　为了研究不同输入下系统的输出情况，最直接的方法是对系统本身进行试验。但实际上这难以实现，原因有很多。例如，利用实际系统进行试验的费用太大；试验过程中系统可能会不稳定，使实验过程带有一定的危险性；系统的时间常数值会相当大，以致试验周期太长。为此，需要建立系统的数学模型，利用模型模仿真实系统的特性或行为，间接地对系统进行仿真研究。

（2）系统预测　不论在自然科学还是在社会科学领域，往往需要研究系统未来发展演变的规律和趋势。掌握了系统的演变规律和趋势，才可能预先做出决策，采取措施，控制系统中有关的变量。例如，启动或停闭某些机组，或者当预测到可能超越安全极限时采取紧急保护措施等。科学的定量预测大多采用模型法，即首先建立所预测系统的数学模型，根据模型对系统中某些变量的未来进行预测。

（3）系统设计和控制　在工程设计中，必须掌握系统中所包括的所有部件的特性或者子系统的特性。一项完善的设计，必须使系统各部件的特性与系统总体设计要求（如产量指标、误差、稳定性、安全性和可靠性等）相适应。为此，在设计中必须分析、考察系统各部分的特性以及各部分之间的相互作用和它们对总体系统特性的影响。显然，只有掌握了各部件和子系统的主要特征，建立了相应的数学模型，才能为系统的分析和设计提供基础，才可能根据系统特性设计控制器，按一定目标进行优化控制和系统决策。

（4）系统分析　建立数学模型就是通过机理分析或实验、观测，将所研究系统的主要特征及其主要变化规律表达出来，将所研究系统中主要变量之间的关系比较集中地揭示出来，为分析该系统提供线索和依据。

（5）故障诊断　许多复杂的系统，如导弹、飞机、核反应堆、大型化工和动力装置以及大型转动机械等，需要经常监测和检测可能出现的故障，以及时排除故障。这表明必须不断地收集系统运行过程中的信息，推断过程动态特性的变化情况。然后，根据过程特性的变化情况判断故障是否已经发生、何时发生、故障大小以及故障的位置等。

（6）验证机理模型　根据实验数据建立起系统的数学模型将非常有利于理解所获得的实验数据，可以探索和分析不同的输入条件对该系统输出变量的影响，以检验所提出的理论，从而更全面地理解系统的动态行为。

7.5.3　预测控制技术

预测控制产生于 20 世纪 70 年代末，是一种广泛应用于工业控制领域的计算机优化算法。它来源于实际应用，适用于解决多变量、有约束的工业控制过程。比较流行的预测控制算法包括模型预测控制（MAC）、动态矩阵控制（DMC）、广义预测控制（GPC）、预测函数控制（PFC）等。一般来说，预测控制无论其算法形式如何不同，都应建立在预测模型、滚动优化及反馈控制 3 项基本原理的基础上。图 7-17 给出了预测控制的基本原理。

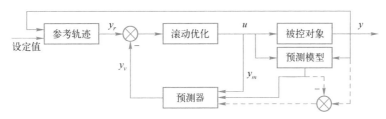

图 7-17　预测控制的基本原理

预测模型的功能是根据对象的历史信息和未来输入预测其未来输出。这里，只强调模型的功能而不强调其结构形式。因此，传统的参数模型如传递函数、状态方程可以作为预测模型，而对于线性稳定系统，甚至脉冲响应、阶跃响应等这类非参数模型，也可以直接作为预测模型。

预测控制不同于传统意义上的离散最优控制，它的优化是一种有限时域的滚动优化。在每一个采样时刻，优化性能指标只涉及从该时刻起未来有限的时间，而到下一个采样时刻，这一个优化时段向前推移。因此，预测控制不是用一个对全局相同的优化性能指标，而是在每一个时刻都有一个相对于该时刻的优化性能指标。不同时刻的优化性能指标的相对形式是相同的，但其绝对形式，即所包含的时间区域，则是不同的。因此，在预测控制中，优化不是单次离线进行，而是反复在线进行的。

预测控制是一种闭环控制算法。在通过优化确定了一系列未来的控制作用后，为了防止模型失配或环境干扰引起控制对理想状态的偏离，预测控制通常不是把这些控制作用逐一全部实施，而只是实现本时刻的控制作用。到下一采样时刻，则首先检测对象的实际输出，并利用这一实时信息对基于模型的预测进行修正，然后进行新的优化。预测控制把优化建立在系统实际的基础上，并力图在优化时对系统未来的动态做出较为准确的预测。因此，预测控制中的优化不仅基于模型，而且利用了反馈信息，因而构成了闭环优化。

由于预测控制能够有效处理多变量、复杂约束、卡边操作等情形，它不仅在石油化工工业领域中取得了成功的应用，还不断被应用于流程工业的其他领域，涉及炼油、聚合、制气、制浆与造纸等工业过程。许多大公司，如埃克森美孚公司、伊士曼化工公司、壳牌石油公司和普莱克斯公司都曾多次报道此项技术的成功应用。据报道，乙烯工厂在引入预测控制这一先进的多变量控制技术后，提高了产品的质量并且降低了能量消耗，获得了每年 2 亿～5 亿美元的整体利润。近年来在环境控制、微电子加工、航天航空、医疗设备等诸多领域中，也出现了使用预测控制解决约束优化问题的报道，如半导体生产的供应链管理、材料制造中的高压复合加工、建筑物节能控制、城市污水处理、飞行控制、卫星姿态控制、对糖尿病人血糖的控制等。

由于预测控制具有适应复杂生产过程控制的特点，所以预测控制具有强大的生命力。可以预言，随着预测控制在理论和应用两方面的不断发展和完善，它必将在工业生产过程中发挥越来越大的作用，展现出广阔的应用前景。

7.5.4 故障诊断技术

生产中的故障等异常状况是指系统中引起工况偏离正常工作状态的某种扰动或一系列扰动。异常状况有可能带来比较小的影响，如引起产品产量的降低，也有可能引发灾难性的损失，如工作人员的安全问题。智能工厂故障诊断技术的目的就是找到产生异常的原因并且及时而有效地采取补偿或者修正的措施。在动态系统中，异常状况通常会随着时间的推移而使得异常的诊断和处理相当复杂，依靠人工手段排查异常情况往往费时费力，对经验依赖性强，而且时效性、可靠性难以得到保障。通过自动化、智能化的故障诊断技术，异常情况能够被迅速、及时地侦测和处理，保证生产过程的安全、稳定。

在异常检测及处理的研究中，处于领先地位的是 ASM 联盟（The Abnormal Situation Management Consortium）。ASM 联盟是 Honeywell 公司牵头的产学研结合的国际性组织，它致力于开发用于异常检测及处理的产品。异常状况的处理需要综合考虑人类操作工的行为、过程技术、系统设计以及环境。ASM 联盟与诺瓦化工（NOVA Chemicals）的合作研究表明，在自动化系统中考虑到人为因素可以从实质上提高操作效果。通过使用 ASM 联盟的概念，如有效预警管理和显示设计等，诺瓦化工在预警前识别过程的偏移上实现了多于 35% 的增长，在提高操作员工解决问题的能力上实现了 25% 的增长，在操作反应时间上缩短了 35%～48%。这些操作效率的提升转变成了每年近 100 亿的操作成本的节省。

在异常检测及处理中，应用较为广泛的是智能视频监控系统。智能视频监控近年来发展迅速，得到了大量研究机构和企业的支持，使得电子设备的计算能力得到了飞跃的提升。在这些监控系统中，通过用图像处理技术和机器视觉技术，从实时视频中进行信息提取、高效计算，最后使得计算机能够像人一样通过视觉来认识世界和理解世界。就如操作人员或工程师一样，计算机通过摄像头获得场景中的监控目标，通过检测目标的特征确认目标是否异常并及时、准确地发出报警信息。通过这种方式，工厂能够更有效地获取准确的图像信息，处理突发事件，这大大提高了监控系统的智能化和自动化水平，有效地缓解了传统监控系统对于人的过多依赖，减轻了操作人员的工作量，并提高了工作效率，同时使监控系统的视频数据存储量和监控报警时效性得到了有效控制。

在以卡内基-梅隆大学和 Sarnoff 公司为首组成的一个重大视频监控项目 VSAM 中，现有的网络技术、数据链路通信技术、视频图像理解技术、分布式复合传感器技术等被宽泛融合，用于解决城市监管、国防安全的前沿监控和战场实时感知等目标任务。VSAM 中的视频理解技术能自动检测和跟踪多个人员、车辆的复杂场面，并进行长时间监控。VSAM 复合传感器融合技术使用有源传感器网络进行多领域的合作，每个传感器发送的标志性事件和有代表性的图像均会传回中心操作人员控制站，多视频传感器则构成一个分布式、功能整合的跟踪网络。VSAM 包含了许多先进的无线网络通信和实时监控技术，如通过无线网络连接空间的多个摄像机、传感器获取视频，并基于静止与运动摄像机对实时运动物体进行检测与跟踪。在VSAM 系统中包含了一个使用多摄像头对室外复杂光照场景中的运动人员进行实时自主监控与跟踪的模块，能对监控背景中人的相互交流情况进行监控。这就是美国马里兰大学的 W4 系统。W4 系统能够分割出视频图像帧中出现的人体，能细化到躯体的各部分，诸如头部、手、脚、躯干等，再以人体的图像进行人的外观建模，这样能在人身体出现遮挡后进行重新定位识别和准确的跟踪。针对多人活动场景，W4 系统能够自主地切分出多个单人目标，分别进行自动跟踪与判别。同时 W4 系统还能通过躯体分割的方式分离出人体的轮廓图，这样能够自动地判断运动人体有无携带特殊物品。在工业生产中逐步引入上述诊断技术，将为智能工厂提供有力的技术支撑。

7.5.5 智能调度技术

（1）产品切换调度优化技术　由于市场需求变化多端，全球市场的竞争日益激烈，传统流程工业生产装置投资巨大、产品种类相对固定、工艺路线和设备定制化程度高、适应性和灵活性受限的缺点日益显现。产品切换调度优化技术强调利用同一套装置切换生产不同牌号、不同性能的产品，最大限度地降低成本并获取经济效益，提高市场适应性和生产灵活性。

聚烯烃生产行业是典型的流程工业，其产品线复杂、牌号众多，是流程工业产品质量水平的代表。随着新型催化体系和聚合工艺的推陈出新，聚烯烃新产品不断涌现。根据百川盈孚统计，2022 年我国聚烯烃消费量超过 6900 万吨，2017—2022 年聚烯烃消费量逐年增加，从 5078.14 万吨增加至 6919.70 万吨，年复合增长率为 6.38%。但国内聚烯烃行业存在着缺陷：高端牌号工艺缺乏，根据中国海关总署统计数据，2022 年我国聚乙烯进口量为 1347 万吨、聚丙烯进口量为 451 万吨。而低端牌号产品过剩，利润微薄；工艺流程适应性较差，一套聚烯烃装置仅能生产几个牌号产品，远落后于国际上同类装置生产几十个牌号的工艺；生产灵活性较差，通常以大批量方式生产，与订单、价格脱节，导致需求旺盛时产能不足，订单低迷时库存积压。若能对现有聚烯烃生产装置加强技术改造和优化调整，从核心工艺机理的角度进行新牌号产品的开发，对产品工艺条件和切换策略进行优化，根据价格、库存、订单等情况变化、优化排产并及时地处理生产故障，可以大幅度提升装置的生产效率，实现小批量、多品种的灵活排产模式，从而提高生产的适应性、灵活性、掌握市场竞争主动权，提高企业的核心竞争力。

这个新的需求对生产运行和生产管理带来了全新的挑战。产品切换往往需要很大的代价。聚烯烃生产牌号间切换大致需要 8～24h，期间产生大量过渡料，消耗大量原料和能源。国外的聚烯烃企业可以做到几十个牌号同时排产、自动切换生产牌号，充分发挥装置的生产柔性和生产潜力。国内生产企业由于缺乏对核心调度和优化控制技术的掌握，完成切换工作的难度较大。即使有牌号切换和排产，也基本依赖于人工经验。所以从智能制造的角度而言，这里可以提升的空间相当大。

在聚烯烃生产中，切换牌号过渡料和切换时间对切换操作和切换牌号之间的工艺参数、产品质量、性能指标等依赖较强。切换损失不仅与切换牌号的品质性能有关，也与切换顺序有关。多牌号生产过程应在一个生产计划周期内尽量减少切换次数，并合理安排多牌号的切换顺序，通过优化操作减少切换时间，使总切换损失最小。视生产周期长短和质量指标精细程度的不同，牌号切换调度命题的模型尺度从生产计划到生产调度，再到操作优化和质量优化，覆盖决策层、调度层、优化层和控制层。决策层一般考虑全流程经济效益，生产计划周期可达数月，受订单计划和市场不确定因素如原料成本、产品价格等影响较大；调度层一般只根据短期生产订单制订调度规划，在多生产线上合理安排负荷，减少切换次数，在一套装置上合理安排多牌号多阶段生产顺序以减少总切换损失；优化层则考虑牌号切换的过渡过程，优化工艺操作，减少切换时间；控制层的目标是对聚烯烃牌号的质量指标进行直接的反馈控制，最终实现牌号切换操作。

这种多层次命题给建模和求解带来了很大的困难。单一模型很难适应每个层次的需求。以前调度方面的研究多注重长周期的生产计划调度，对切换操作带来的过渡损失以及产品精细质量指标考虑较少，即以前更注重"牌号调度"而不是"切换调度"。在订单式生产模式下，多产品间的切换顺序，以及牌号间的切换策略对生产效率有极大影响，两者理应被同时考虑、联合优化，由此形成了面向质量指标的牌号切换调度优化命题。

因此，面向产品微观结构质量指标，在过程机理模型的基础上，在决策层实现多牌号的优化调度，在操作层实现不同牌号间的切换过渡，并在两层之间达到最佳的融合衔接，将是新一代柔性生产过程的重要研究内容。

上述问题的本质，就是在动态过程中引入生产序列和调度因素，构造和求解相呼应的一体化优化命题，这将改变过程系统工程中将两者分别处理的传统方法。通过决策层、操作层的信息共享，增加了优化决策的自由度和灵活性，能够在一体化的架构下实现对产品质量性能、物耗能耗指标、设备利用效率、库存订单状况的全方位掌控，形成一个既包含过程状态、控制调节参数等连续变量，又包含牌号变换、任务分配、调度决策等逻辑变量的混合整数动态优化命题。通过求解这个一体化优化命题可以得到多产品的最优生产序列和最优切换策略，得到满足订单需求的循环生产计划以及相应的过程调控策略。

(2) 供应链调度优化技术　供应链是指商品到达消费者手中之前各相关方的连接或业务的衔接。它是围绕核心企业，通过对信息流、物流、资金流的控制，从采购原材料开始，制成中间产品以及最终产品，最后由销售网络把产品送到最终用户手中的，将供应商、制造商、分销商、零售商、最终用户连成一个整体的功能网链结构。成功的供应链管理能够协调并整合供应链中所有的活动，最终使它们成为无缝连接的一体化过程。智能工厂的供应链调度优化可替代人们完成整个供应链（从供货商、制造商、分销商到最终用户）的综合协调调度管理，把物流与库存成本降到最低。

供应链的决策因素包括库存的地点以及考虑需求在不确定的前提下决定每个库存地点的存量。Grossmann 等人（2009 年）研究了随机需求条件下的库存管理：在给定供应链各方、已知各零售商需求满足一定随机概率分布以及订货至交货周期的情况下，他们建立了供应链总成本的数学规划模型，并确定了每个仓库的安全库存。为了解决大规模供应链优化问题的求解难题，他们采用先进的拉格朗日松弛的办法，将问题分解为求解多个小规模子问题的最大下界。针对包含 88～150 个零售商的多个供应链问题，新方法都能够在 1h 之内求解出来（传统方法需超过 10h 的求解时间）。供应链优化技术大大提升了各仓库满足不确定性市场需求的能力，并减小了仓库的库存成本，提升了企业的经济效益。

智能工厂的供应链不仅包含原材料的运输和供应，还包括工厂内部中间产品的供应问题。通过对经营信息的充分利用和智能控制技术的广泛应用，智能工厂生产能够大大提高原料的利用率，降低库存成本，同时提高产品的品质，减少不合格产品的产量和发生率，提高产品的边际效益，并提升生产过程的环保和安全性能。一些石油公司指出，智能优化技术将为炼油石化企业提升产品附加值 3%～5%的利润，相当于全球石油及天然气行业（以 400 个全球最大的石化天然气公司计）每年 150 亿美元的业绩增长。

在这一需求的驱动下，国内外多家流程工业企业开展了与供应链调度相关技术的研究。瓦莱罗能源公司（Valero Energy Corporation）在得克萨斯州休斯敦炼油厂开展了一项全厂级的能源评估项目。该项目包括对当前能源系统的综合分析，以确定主要天然气和燃料油用户以及发电厂、锅炉及冷却水系统内部的供应关系。项目开发了相应的能源优化与管理系统，通过收集的系统分析数据及相关信息，建立了主要炼油与能源生产及供应过程的计算机模型。通过该模型，工程师能够根据过程单元能耗及需求，分析不同的供货合同、不同燃料对系统的影响，分析蒸汽锅炉的最佳负荷、发动机或汽轮机的选择，以及输入/输出能源的不同方案，并在生产要求和装备能力的约束范围内确定每台装置所需供应的燃料、蒸汽、电能以及最经济的生产负荷，综合优化能源利用效益。此外，该项目还对节能减排提出了一系列措施。据估计，这些建议的最终实施每年能为工厂节约约 130 万 MJ 的热能以及约 50 万 kW·h 的电能，节约总成本约为 50 万美元。

PPG 工业集团是一家为 100 多个国家的数以万计的汽车修理厂提供涂料等特殊化工产品的公司，每年服务超过 300 万辆汽车。PPG 公司需要能够处理庞大的供应链问题的智能化生产系统，包括实现全流程供应链的可视化，让公司的每个制造厂都能够独立运行，并改善出口市场的服务水平，缩短订货至交货的周期，同时减少冷门产品的过量库存等。因此，PPG 公司实施了一套供应链优化管理方案。通过软件自动分析计算，提出的供应方案能够减少 20% 的库存成本，在欧洲地区，产品的现货供应能力超过了 85%，特别是英国，现货供应率达到了 98%。陶氏化学（Dow Chemical）也实施了类似的供应链管理项目，该项目为它们的聚乙烯业务降低了约 10%的库存成本，同时减少了超过 50%的制定供应链计划所需的人力资源，还降低了次品率，并为公司创造了新兴市场的发展机会。

（3）能源调度优化技术　大型制造企业是典型的能耗大户，其消耗的能源介质包括电、煤、天然气、煤气、蒸汽、氧气、水等。大型制造企业能源管理普遍属于粗放型、分散化的模式，以前的加工调度方案往往采用人工经验方式制定，较少考虑能源的最优利用。能源调度优化技术能够根据各个装置的能耗模型制订最优的调度方案，使各装置的生产既能满足用户的需求，又能够保证生产的经济性，从而提高企业的经济效益。

以空分设备的能源调度优化为例，空分设备是以空气为原料，通过压缩循环、深度冷冻的方法把空气变成液态，再经过精馏，从液态空气中逐步分离生产出氧气、氮气及氩气等惰性气体的设备。经空分设备制造的各类气体产品在石化、炼钢、冶金、医疗等领域得到了广泛的应用。气体生产需要在超低温的条件下进行，对能量（特别是电能）的消耗很大。由于电价随着季节及用电情况会有很大的波动，因此气体生产公司面对的一个很重要的问题是根据电价合理调度各台装置的生产以减小能耗成本。目前，常规调度通过观察现场数据的异常情况进行人工调节，由调度人员根据个人经验给出调度方案，调度结果的好坏与调度人员的素质、经验等相关。当系统规模增大时，由于自身条件的限制，调度人员往往只能做到保证管网供应，很难在此基础上给出降低成本、扩大收益的优化结果，因此针对气体生产公司多装置、变负荷的特点，通过装置特性研究，努力形成可服务于实际生产过程的多装置联产变负荷调度运行的指导方法，对气体生产公司节能降耗、实现企业规模优化很有必要。

目前实施多装置联产调度仍有诸多难点，主要在于：①装置的变负荷产品量不是一个设定组合，也很难由几组方程式描述清楚，它是一个未知形态的区间，超出操作区间的设定值可能会导致调度问题无解、装置生产不合理等情况的出现。这需要将海量的现场数据进行归类分析，排除测量误差、运行扰动的影响，给出合理的产品调度空间。②装置的变负荷行为受管网压力影响，很难预测。常规调度计算的等间隔离散化方法已经不能满足联产变负荷调度的精度要求。这就需要建立适用于连续求解调度问题的动态优化命题。Grossmann 等人针对美国 Praxairr 公司研究了电价波动下的装置调度问题。他们认为装置运行的历史数据确定了该装置在实际生产中的可行区间，只有在该操作区间内的生产条件才是可行的、有意义的。因此，他们针对每个空分装置，利用最小化凸包方法建立了能耗、产量、纯度与操作条件之间的数据模型，并通过现场数据进行模型参数的估计和整定，使其可有效刻画各装置在不同工况下的生产能力，并在此基础上建立联产装置调度命题的全联立优化模型，有效描述负荷需求变化时的最小化切换时间与最大化生产效益。通过这一手段，Mitra 等人（2012）得到了在需求给定的情况下的最优调度方案，能够比优化前节约 4%～13%的能耗费用。

随着空分装置大型化、区域化的发展，气体生产公司的下游用户数量将越来越庞大。一个突出的问题是用户频繁而无序的间歇用气需求所导致的气体供需矛盾，这一供需矛盾集中体现在管网压力的波动上。过高的管网压力会导致气体放散，提高气体生产的成本，而过低的管网压力又会使下游用户对气体的使用受到影响。因此，气体生产公司需要既能够满足下游不断变化的用户需求，又能够优化自身经济效益的生产方案，即能够在需求存在一定随机波动的情况下，优化自身的经济效益。目前最先进的建模优化技术已经能够考虑存在随机波动的情况下的最优化问题，相关的研究包括 Li、Misener 和 Floudas 等人（2012）关于在不确定性需求下的炼油调度操作优化研究以及 Zhu、Legg 和 Laird 等人（2011）关于需求不确定性下的空分塔最优操作研究等。通过随机优化技术，智能工厂能够捕捉不确定性参数背后的本质特征，从而为管理者在不确定性条件下的决策难题提供支撑。

7.6 科学决策技术

决策是人们在政治、经济、技术和日常生活中普遍存在的一种行为，决策的成败对企业的生产制造过程的影响不容忽视。本节将首先对科学决策技术做简单的介绍，之后将会以智能制造中遇到的决策问题为例展开讨论，最后将介绍几种解决这些决策问题的科学决策方法。

7.6.1 科学决策概述

决策是根据积累的经验对现实的评估和对未来的预测，是为了达到某一明确的目的、在一定的条件约束下、从若干个可行的方案中选择一个令人满意的方案的分析判断过程，简单来说就是做最优决定的过程。

在社会变化越来越快、生产经营活动越来越复杂的今天，仅凭个人的智慧、经验和直觉来决策，显然是远远不够的。科学决策虽然没有一个固定不变的公式，但是，作为对科学决策活动规律性描述的决策程序则是做决策的过程中必须遵循的，即决策过程要理性化。根据决策的定义可知，科学决策具有目标性、可行性、择优性等特征。其中目标性是指在做决策的过程中要有明确的目的。决策总是为了解决某个问题，或是为了实现一个既定的目标。决策目标是指在一定的环境和条件下，根据预测希望得到的结果。没有目标就无从决策，有目标才能衡量决策的成功或者失败。所以目标选择是决策最首要的环节。

可行性是指供选择的决策方案要满足问题的真实情况，符合实际。决策是为了实施择优的方案，不准备实施的决策是毫无意义的。所以决策的可行性，首先取决于它所依据的数据和资料是否准确、全面，因此科学决策一定要建立在科学预测的基础上；其次，决策方案与实际情况必然存在一定的差距，为此决策应富有弹性，要留有余地，使需要与可能相结合，以保证目标实施的最大可能性。

择优性是指选择可行方案中令人满意的方案实施。其中令人满意的方案是指在诸多方案中，在一定的现实条件下，能够使主要目标得以实现，其他次要目标也完成得足够好的合理方案。决策必须根据既定目标，运用科学手段，评价各种方案的可行性以选择最优方案。除此之外，择优过程还应该寻找达到目标的最佳方法和途径以提高决策的效率与效益。

具体地讲，科学决策的程序即理性的决策过程应由五个步骤组成，即提出问题、确定目标、拟订方案、方案择优、实施反馈。生活中大多数需要进行决策的问题都是十分复杂的，因此，人们需要经过大量的调查、研究、分析、归纳，要抓住问题的关键，通过创造性思维，敏捷而准确地把亟待解决、关系重大的问题摸准抓住。发现问题后就要明确解决问题后所要达到的目标。就目标与效率相比较而言，提高效率固然重要，但谋求好效果的决定性因素是要确定正确的目标方向，即要做"对"事。因此，确定决策的目标要强调它的方向性，否则目标就只能是模糊的目标。有了目标之后便可以拟定设计方案，即为达到这一目标而寻找途径的过程。在一般情况下，达到或者实现一个既定目标，客观上可能存在着多条途径，在诸多途径中，必然有好坏之分。拟订方案就是通过探索和研究制定解决问题、实现目标的各种可供选择的可行方案。在拟订好方案之后，需要在这些方案之中寻找出为实现目标可选择的最优方案。通过对所拟订的方案进行系统分析和全面评价，对比各种方案实施的差异点，遵循一定的原则，好中选优。最后需要对选好的方案付诸实践。经过方案择优决定的决策必须回到实践中去，并且决策的优劣必须以决策的执行结果来验证。一个正确的决策，如果执行不力，也会带来很坏的结果。

科学决策除了应该保证理性的决策过程，还应该选择科学的决策方法。为解决社会生活中遇到的各种各样的决策问题，目前主要形成了三种决策方法，即主观决策方法（定性分析）、定量决策方法和主观与定量相结合的决策方法。其中定量决策方法运用数学建模方法、构建反映系统中各要素及要素关系的数学模型，并通过计算机工具对数学模型进行计算和求解，进而选择最佳的决策方案。通过这样严谨的定量分析，可以极大地缩短决策时间、提高决策精度，同时运用定量化的方法进行决策也是使研究更加科学化的重要标志。

科学决策即是通过收集所研究问题的各类相关信息数据，运用科学的决策方法进行分析评判，从而得出最优策略的过程，它是对信息的综合处理。在智能制造系统中，智能设备能够权衡判断当前时刻获取的所有来自不同系统或不同环境下的信息，通过分析这些信息形成最优决策来对物理空间实体进行控制。其中，分析决策并最终形成最优策略是智能设备的核心关键环节。智能设备不一定在系统最初投入运行时就能产生效果，往往在系统运行一段时间之后才会逐渐形成一定范围内的知识。智能设备需要对信息做进一步的分析与判断，使得信息真正地转变成知识，并通过不断地迭代优化最终形成系统运行、产品状态、企业发展所需的知识库。将科学决策技术具体到智能制造系统中就是根据生产工艺和相关数学模型对 CPS 设备进行优化设定，以使设备处于良好的工作状态从而获得优良的产品质量。这一功能的实现主要是以控制系统的控制功能不断完善、控制范围不断扩大以及控制精度的不断提高为目的。

7.6.2 智能制造中的决策问题

随着信息以及电子商务等技术的快速发展，智能制造受到了越来越多人的关注，并逐渐在实际中获得了应用。这种制造模式也必将替代传统的企业制造模式而成为制造业的主流。

在智能制造的过程中，企业需要通过招标、投标寻找商业机会，挑选企业的合作伙伴，监控企业的制造进度与品质，分析企业的风险与利润等。针对这些问题，企业在智能制造过程中必然会遇到多种决策问题，下面介绍几种主要决策问题。

(1) 生产（计划）决策　制造企业的产品生产往往涉及材料采购、零部件制造、成品装配和运输配送等多个复杂的生产阶段，生产流程以顺序或并行的方式连接在一起，构成了一个复杂的运营供应链网络。生产阶段流程多、对象多，要素之间关系复杂度高，需要企业进行决策优化。其中主要有以下几个决策问题。

1) 生产阶段分配决策问题。很多大型制造企业的供应链网络极其复杂，如何对其进行设计使生产成本最低，即如何将企业中产品各个生产阶段的生产任务合理分配到不同的公司进行生产成为一个难题。由于大型制造企业拥有许多子公司（或工厂），而这些子公司往往分布在不同的地区甚至不同的国家，且同一产品的同一生产阶段或零部件在不同的子公司或合营公司的生产成本不同，设计合适的供应链网络对产品的生产阶段进行分配有利于企业降低总生产成本。

2）生产设施选址与规模决策问题。在供应链中，配送中心是上游供应点和下游需求点之间的桥梁，它在整个供应链运行方面发挥着极其重要的作用。通常情况下，建设配送中心将消耗巨大的资金，占用大量的城市土地。一旦配送中心建设完成，它们的位置及容量规模都很难调整，短时间内很难搬迁，如果选址不当，会对社会和企业物流产生长远影响，对企业而言，错误决策可能导致巨大的利润损失和降低满足客户需求的效率。因此在选择配送中心的位置和规模时，大型制造企业通常需要考虑多个因素，如供应商和零售商的地理分布、供应商的生产能力和客户的需求量、运输条件等。所以，对配送中心的选址与建设规模的探讨是很有必要的。

3）采购与自制决策问题。在全球供应链中，各企业除自行生产产品的一些零部件外，也会选择将其他部分外包。外包的零部件一般是有需求但企业不擅长制造的。根据比较优势原则，企业偏好以低机会成本进行生产。因供应商通常会以较高生产率生产所需零部件，所以外包方式成本更低，但是外包方式由于额外的订单交易时间和从供应商到企业的配送时间，其交付周期可能会长于自制方式。所以，如果遇到客户的紧急订单或超出预期的高要求订单，企业必须自行生产产品。考虑到企业的生产能力有限，如何在多产品多时期条件下，根据随机需求平衡外包和自制两种生产模式成为一个复杂的问题。

（2）开发决策　企业未来的命运取决于企业长期的产品开发战略目标及战略方向。为使企业具有长远且旺盛的生命力，需要不断地调整产品的结构，开发新产品。在不断改进和淘汰旧产品的同时，要有计划、有步骤地及时开发新产品。因此企业要在掌握信息的基础上，高度重视并制订好有关新产品的计划，使新产品的开发有一个明确的方向，并能够保持其连续性、合理性以及长远性。

因此，在制定新产品开发策略时，应该借鉴科技发展史和产品发展史的经验和教训，分析、预测技术发展和市场需求的变化，即不仅要知道本企业的技术力量、生产能力、销售能力、资金能力，以及经营目标和战略，还应该了解相关企业的情况。那么如何在正确的时间选择正确的新产品，并在适当的时机投入市场，成为企业研发新产品的焦点问题。

1）新产品开发的选择决策。全面的新产品开发决策包括企业新产品结构决策、新产品更新换代决策和新产品开发项目决策等，这些构成了企业新产品开发的决策体系。其中最基本的决策是新产品开发项目的决策。通常，企业制定开发项目决策主要从社会可行性、技术可行性和经济效益三个方面考虑，其实质是围绕项目的需要、可能和效果，进行系统分析后做出决策，决策过程如图 7-18 所示。

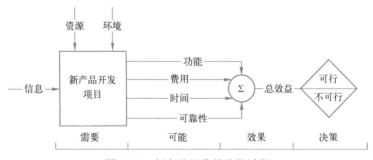

图 7-18　新产品开发的决策过程

2）新产品开发的任务指派决策。高科技企业研发新产品的主要成本来自于人力资源的投入，确立如何进行最优的人员配置使得企业用最佳的人员组合进行新产品的开发，以节约研究开发成本，降低新产品的销售价格，确定其在市场上的优势地位成为新产品开发的重要一环。

3）新产品市场投放策略分析。不断地推出新产品，对企业的发展至关重要，而新产品的成功率更是企业需要重视的。新产品的成功涉及了多种因素，其中新产品市场投放策略就是关键因素之一。新产品投放策略主要包括市场角色的定位、延迟投放的影响、投放顺序的选择等问题，而投放时间的研究主要包括如何缩短研究开发时间，投放时间确定等方面的问题。总之，新产品投放策略问题涉及因素多而且相互之间存在联系，如产品质量、消费者需求、产品品种、销售季节性和销售扩散水平等，从而使得这类问题十分复杂。

（3）其他决策

1）项目挑选决策。项目选择是制造企业面临的一个重要决策问题。项目选择的好坏是一个战略性的决策，生产成本的显著提高和激烈的竞争环境，使得项目的选择在市场机遇、成本控制和竞争力等方面决定了企业的成功与否。在注入现代的伙伴关系和协同机制下，企业通过制定合理的项目挑选策略，必将有利于实现低风险、高回报、全面提升企业竞争力的目标。

2）竞标决策。信息技术和通信技术的飞速发展，推动了市场的全球化进程。客户化需求和单件化生产使得企业面临严峻的考验，如何有效地管理企业运作是当今全球竞争环境下一个极具挑战性的问题。企业之间相互合作是一种新的管理组织模式，合作的根本目的是追求各自利益的最大化。这些利益不仅包括短期利益，还包括长期利益，即同时包含了现金收益和竞争力的增长，而合作双方很可能是处于同一市场或关联市场的竞争者或潜在竞争者。企业为了与其他企业合作，需要使自身的能力为核心公司吸收，从而利用各成员公司在业务、知识、信息、制造资源等方面的优势，占领市场共同面对市场竞争，最终提高企业的生存能力，实现双赢。如何有效地制定竞标策略直接关系企业能否通过竞争融入合作关系中，获得市场机遇。

3）伙伴挑选。虚拟企业是一种崭新的企业组织模式，也是 21 世纪企业进行生产经营和市场竞争的主要模式。相关研究表明建立虚拟企业的一个关键环节是选择具有竞争力和相融企业文化的合作伙伴。因此，研究虚拟企业的伙伴挑选策略具有很强的理论以及现实意义。伙伴挑选的成功与否直接关系到虚拟企业合作的效果和成败。

4）服务型制造决策。服务型制造（SOM）策略是一种结合服务化与传统制造业的新型制造模式。如今，已经有越来越多的企业意识到 SOM 策略的优势与重要性。企业在服务型制造业主要会面对几个问题的决策：是否该采用 SOM 策略；如何确定 SOM 策略的适用范围；如何设置合适的定价方案。这些问题主要受到企业提供定制服务的具体成本结构和成本配置的影响。

5）绿色化制造业决策。供应链管理决策者通常会考虑设施位置、能力、运输和库存成本（货物运输和设备储存期间的持有成本）等因素。但是，供应链中的运输产生的空气污染和温室气体排放同样已经成为一个不可忽视的因素。所以，除了最大限度地降低成本外，决策者们也越来越重视如何减少供应链中的碳排放量，开发出一个双目标优化模型也成为一个研究问题。

7.6.3 科学决策技术及其在智能制造中的应用

随着对决策科学化的呼声越来越高，对决策问题进行定量化的分析处理研究变得越来越重要。在决策分析方法上也逐渐出现了决策的数学化、模型化的一些方法。决策的数学化就是应用现代数学方法解决决策问题。决策的模型化是指建立决策模型，即把变量之间以及变量与目标之间的关系，用数学关系式表达出来，然后通过求模型的数学解来评估决策方案的合理性。科学决策方法目前主要有运筹学领域的一些方法、启发式算法及机器学习中的一些方法等，下面将介绍几种常见的科学决策方法及其在智能制造业中的应用。

1. 混合整数规划模型在分销中心选址决策中的应用

市场分销网络的设计决策是管理部门面临的十分重要的决策之一。一个企业的分销渠道决策将直接影响其他每一个市场营销决策,所以建立一个合理的分销网络对于一个企业来说至关重要。制造企业建立分销渠道的方法主要有中间分销商销售和建立自己的分销网络两种,因为建立企业自己的分销网络具有便于管理、能够加快企业对市场需求变化的响应速度等优势,所以对于很多大型企业来说,往往采用这种方式。

随着市场全球化的趋势,制造业必须为地理上分散的多个客户提供产品和相关的服务;由于客户需求的多样性,必须制造用以满足客户需求的多种产品;为了加快响应速度,往往要建立多个分厂。

（1）建立模型　假设有一个制造企业在各地有多个分厂,各分厂可生产该企业产品集合中的某些产品。该企业有多个需求地,为加强对分销环节的管理,考虑在这些需求地中选择一些建立大型分销中心,而在没有被选为分销中心的需求地建立小型分销点,并且每个分销点只能由一个分销中心供货。那么要解决的问题是选择哪些需求地建立分销中心,每个分销中心为哪些分销点供货;如何根据需求合理的安排各分厂的生产,即确定各分厂生产产品的种类和数量。建立模型如下:

$$\min \left(\begin{array}{l} \sum_{i=1}^{I}\sum_{j=1}^{J}a_{ij}\sum_{k=1}^{K}x_{ijk} + \sum_{i=1}^{I}\sum_{j=1}^{J}\sum_{k=1}^{K}b_{ijk}x_{ijk} + \\ \sum_{k=1}^{K}[S_k y_k + W_k(1-y_k)] + \sum_{j=1}^{J}\sum_{k=1}^{K}\sum_{\substack{l=1 \\ l \neq k}}^{L}e_{jkl}d_{ij}z_{kl} \end{array} \right) \tag{7-1}$$

$$\text{s.t.} \begin{cases} \sum_{j=1}^{J}\left(c_{ij}\sum_{k=1}^{K}x_{ijk}\right) \leqslant P_i (i=1,2,\cdots,I) \\ y_l + \sum_{k=1,k\neq l}^{K}z_{kl} = 1 (l=1,2,\cdots,L) \\ N_L y_k \leqslant \sum_{l=1,l\neq k}^{L}z_{kl} \leqslant N_U y_k (k=1,2,\cdots,K) \\ \sum_{i=1}^{I}x_{ijk} = \sum_{l=1,l\neq k}^{L}d_{lj}z_{kl} + d_{kj}y_k (j=1,2,\cdots,J;k=1,2,\cdots,K) \\ x_{ijk} \geqslant 0, z_{kl}, y_k \in \{0,1\} (\forall i,j,k,l) \end{cases} \tag{7-2}$$

式中　i——分厂序号;
　　　j——产品序号;
　　　k、l——需求地序号。

1）决策变量

x_{ijk}——第 i 个分厂向第 k 个需求地的分销中心运送的第 j 种产品的数量;

y_k——第 k 个需求地是否被选中作为分销中心,$1-y_k$ 表示第 k 个需求地是否建立分销点;

$z_{kl}(k \neq l)$——是否由第 k 个需求地的分销中心向第 l 个需求地的分销点运送货物。

2）已知变量

a_{ij}——第 i 个分厂生产第 j 种产品的单位成本;

b_{ijk}——第 j 种产品由第 i 个分厂到第 k 个需求地的单位运费;

c_{ij}——第 i 个分厂生产第 j 种产品相对于生产基准产品的占用生产能力系数；

e_{jkl}——第 j 种产品由第 k 个需求地到第 l 个需求地的单位运费；

d_{lj}——第 l 个需求地对第 j 种产品的需求量；

S_k——计划期内在第 k 个需求地建立和经营分销中心所需的固定费用；

W_k——计划期内在第 k 个需求地建立和经营分销点所需的固定费用；

P_i——第 i 个分厂基准产品的生产能力；

N_L——各分销中心分管的分销点数量下限；

N_U——各分销中心分管的分销点数量上限。

（2）参数 c_{ij} 确定的方法　假设选定第 m 种产品为基准产品，已知在计划期内第 i 个分厂如果只生产第 m（$m \in \{1,2,\cdots,J\}$）种产品，生产能力为 $P(m)$，即 $P_i = P(m)$；只生产第 n（$n \in \{1,2,\cdots,J\}$ 且 $n \neq m$）种产品，生产能力为 $P(n)$，则有 $C_{im} = 1$，$C_{in} = P(m)/P(n)$。

目标函数式（7-1）表示在设计分销网络时，应使在计划期内建立和经营网络所需的固定费用以及产品的生产和运输费用总和最小。约束条件式（7-2）按顺序分别表示在计划期内各分厂生产的各种产品的总和不应超过其生产力；一个需求地或者被选为分销中心，或者作为分销点，并由某一被选为销售中心的需求地供货；保证只有被选为分销中心的需求地才能向其他的需求地供货；限定了每个销售中心负责分管的分销点数量的上下限；各分厂对某分销中心的供货量应满足由该分销中心供货的各个需求地对各种产品的总需求。

这是一个典型的选址分配问题，模型的形式为混合 0-1 整数规划模型，该模型在供应链的设计以及重组过程中是一种常用的定量模型。这一类问题的求解在规模较大时，计算工作量相当大，为了能够较快地得到问题的解，且要求得到较高精度的解，目前多采用启发式算法与分支定界法相结合的方法进行求解。

2. 遗传算法在新产品开发的任务指派问题上的应用

（1）遗传算法　遗传算法是模拟达尔文生物进化论的自然选择和遗传学机理的生物进化过程的计算模型，是 20 世纪六七十年代由美国密歇根大学的 Holland 教授创立的，它是一种通过模拟自然进化过程搜索最优解的方法。遗传算法是一种基于"适者生存"的高度并行、随机和自适应的优化算法，通过复制、交叉、变异将问题解编码表示的"染色体"群一代一代不断地进行选择进化，最终收敛到最适应的群体，从而求得问题的最优解或满意解的过程。其优点是原理和操作简单、通用性强、不受限制条件的约束，且具有隐含并行性和全局解搜索能力，在组合优化问题中得到了广泛应用。由于遗传算法的整体搜索策略和优化搜索方法在计算时不依赖于梯度信息或其他辅助知识，而只需要影响搜索方向的目标函数和相应的适应度函数，所以遗传算法提供了一种求解复杂系统问题的通用框架，它不依赖于问题的具体领域，对问题的种类有很强的鲁棒性。所以近年来遗传算法已被相当成功地应用到单件车间调度、运输问题、旅行商问题、最优控制问题等领域，而且遗传算法因其求解多目标问题的潜力而受到了极大的重视，研究提出了多种求解多目标问题的遗传算法。遗传算法结构图如图 7-19 所示。

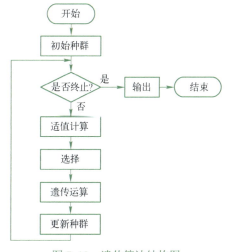

图 7-19　遗传算法结构图

(2) 应用实例　假设某企业，具有若干个分布在不同地域的研发中心，在各个研究中心进行着不同的新产品开发任务。新产品在不同研究中心的研究材料的成本是不一样的。每个研究人员具有一种或几种不同的研究技能，研究人员可以根据工作需要被指派到任何一所研究中心进行工作。不同地域的研究中心的人员工资水平也不一样，同时研究人员到异地进行工作需要增加工资的补贴，研究中心容纳研究人员的数量也是受限的。那么，所研究的决策问题就是如何指派新产品到某一研究中心，然后指派研究人员进行某一新产品的开发，才能获得最低的研究开发成本。

经分析，该模型可描述为在一个计划周期内，企业有 u 个研究人员；分别在 n 个不同的研究中心进行新产品开发，共有 m 种新产品；因为研究中心容纳的研究人员的人数有限，所以设研究中心 i 最多可容纳的人数为 q_i；新产品需要的研究技能种类为 L 种；产品 k 需要的具有研究技能 l 的研究人员个数记为 r_{kl}；研究人员 s 在研究中心 i 的人工成本记为 c_{si}；当新产品所需的研究技能不能满足时，就会派遣具有相关研究能力的研究人员去替代，随之会产生研究成本的增加，增加系数称为成本因子，用 e_{kl} 表示产品 k 使用研究技能 l 的成本因子；用 p_{sl} 表示研究人员与研究技能之间的关系，称为能力因子，若研究人员具有某研究能力则记为 1，否则为 0；为了保证新产品开发成功，必须保证其所需的研究能力满足在一定的比例之上，这一比例称为风险因子，用 ∂_k 表示新产品 k 的风险因子。则优化模型可描述为如下形式：

$$Z = \min \sum_{k=1}^{m} \sum_{s=1}^{u} \sum_{l=1}^{L} x_{skl} e_{kl} \sum_{i=1}^{n} c_{si} y_{ki} \quad (7\text{-}3)$$

$$\text{s.t.} \begin{cases} \sum_{s=1}^{u} x_{skl} p_{kl} \geq \partial_k r_{kl} (k=1,2,\cdots,m; l=1,2,\cdots,L) \\ \sum_{k=1}^{m} x_{skl} \leq p_{sl} (s=1,2,\cdots,m; l=1,2,\cdots,L) \\ \sum_{k=1}^{m} \sum_{l=1}^{L} r_{kl} y_{ki} \geq q_i (i=1,2,\cdots,n) \\ \sum_{l=1}^{L} y_{kl} = 1 (k=1,2,\cdots,m) \end{cases} \quad (7\text{-}4)$$

式中　决策变量

$$x_{skl} = \begin{cases} 1 & (研发人员 s 指派新产品 k 的研究位置 l) \\ 0 & (否则) \end{cases}$$

$$y_{ki} = \begin{cases} 1 & (新产品 k 在研究中心 i 开发) \\ 0 & (否则) \end{cases}$$

目标函数式（7-3）表示的是在新产品开发过程中，开发成本最低；约束式（7-4）按顺序分别表示每个新产品的研究能力必须满足一定的比例；研究人员指派的研究能力必须符合自身的能力因子；指派到研究中心的研究人员不能超过研究中心容纳的人数；每种新产品只能指派到一个研究中心进行开发。由模型可知这是一个典型的组合优化问题，可以用遗传算法来求解。

求解过程有以下几步：

1）染色体构造。这里采用自然数编码，因为如果采用 0，1 编码，在进行交叉变异操作时难以满足约束条件。首先建立两阶段染色体，两阶段染色体互不影响。染色体长度为 $2n+m$。

染色体的基因为自然数。第一阶段染色体的长度为 $2n$，基因 v_i 为 1 到 m 的正整数，表示第 i 个研究人员指派到第 v_i 个产品（i 为奇数）；基因 v_{i+1} 为 1 到 L 的正整数，表示第 i 个研究人员通过第 v_{i+1} 种研究技能进行新产品开发（i 为奇数）；第二阶段的染色体长度为 m，基因 v_i 为 1 到 n，表示第 i-$2n$ 个产品在 v_i 个研究中心进行开发。

2）遗传因子。无论是进行交叉还是进行变异操作，两个阶段都应保持各自的独立性，保证染色体的可行性不受到破坏。为了避免此类现象的发生，提出按阶段独立交叉规则和按阶段独立变异。

① 交叉算子：两阶段都是自然码，所以采用 CX、OX、PMX 算子。

② 变异算子：第一阶段采用随机两行的数进行交换，第二阶段由于只有一行，采用该行的随机两列进行互换。

3）适值计算。适值反映了染色体的好坏。因为目标函数是求最小值，所以染色体 p 的适值定义为 $F(p)=\text{Max}-f(p)$。其中 Max 是一个较大的数以保证 $F(p)>0$。

3. 其他的科学决策方法

（1）层次分析法　层次分析法是美国运筹学家萨蒂等人于 20 世纪 70 年代初提出的一种决策方法。该方法模仿人类对问题的认识，将一个复杂的多目标决策问题分解成多个目标或层次，并通过定性指标模糊量化的方法算出各个层次的排序和总排序，从而进行多方案优选的决策。

该方法能够将半定性、半定量问题转化为定量问题，将各种因素层次化，并逐层比较多种关联因素，为分析和预测事物的发展提供可比较的定量依据，特别适用于难以完全定量分析的复杂问题，因此在资源配置、决策支持等领域得到了广泛的应用。

（2）深度学习　深度学习的概念是由希顿等人于 2006 年提出的，是一种含有多个隐藏层的神经网络。深度学习能够通过组合低层特征形成更加抽象的高层表示属性类别或特征，以发现数据的分布式特征表示。常用的深度学习方法包括卷积神经网络、深度信念网络和堆叠自编码器等。

深度学习如卷积神经网络已经广泛应用于包括计算机视觉、语音识别、自然语言处理、音频识别、社交网络过滤、机器翻译、生物信息学和药物设计等领域。

（3）分布式决策　分布式决策是指通过将复杂系统逐层分解，将系统层的目标分解为低层级的目标，形成优化问题的层级式元素集合，并通过层与层之间的协同优化获得的最终优化的设计结果。通过分布式决策，能够降低整个系统设计优化的复杂性，实现系统的并行设计，有效地协助产品的早期开发。

目标层解法是一种常用的分布式决策方法，通过分解总体系统的设计目标，完成子系统的优化以及子系统之间的协调，从而满足系统的设计需求。该方法适用于复杂产品的多学科设计优化，能够支持并行设计活动，已经成功地应用在飞机、汽车等产品的设计中。

7.7 虚拟制造与数字孪生技术

7.7.1 虚拟制造与数字化工厂

1. 虚拟制造的概念

虚拟制造（Virtual Manufacturing，VM）是由美国首先提出的一种先进制造技术。综合国际代表性文献，对虚拟制造给出如下定义。

虚拟制造是在计算机仿真和虚拟现实技术支持下，对产品设计、制造等过程进行统一建模，通过在计算机上进行群组协同工作，实时并行地模拟产品设计、工艺规划、加工制造、性能分析、质量检验，以及企业各级管理与控制等产品制造的本质过程，实现对产品性能、产品可制造性和产品成本的预测评估，达到更加柔性灵活地组织生产，增强制造过程各级的决策与控制能力目标的一种先进制造技术理念和范式。

2. 数字化工厂的概念

数字化工厂（Digital Factory，DF）是基于 PLM 的思想，以产品全生命周期的相关数据为基础，根据虚拟制造原理，在计算机网络和虚拟现实环境中对企业整个生产过程和管理过程进行仿真、优化和重组，为制造企业产品生产的全过程提供全面管控整体解决方案的技术体系和系统。数字化工厂的概念具有广义和狭义之分，其内涵也有所区别。

狭义数字化工厂是虚拟制造技术在产品制造和管理过程的应用和具体实现。以产品（Product）、制造资源（Resource）和加工操作（Operation）为核心，在虚拟现实环境中对实际制造系统的生产过程进行计算机仿真和优化。其主要内容包括产品设计、产品工艺规划、生产线规划、生产计划、物流仿真和生产线优化等。

广义数字化工厂是狭义数字化工厂在功能和范围方面的扩展。广义数字化工厂是以制造产品和提供服务的企业为核心，包括核心制造企业、供应商、软件系统服务商、合作伙伴、协作厂商、客户、分销商等，通过将制造过程所有组成要素进行数字化、信息化，在虚拟现实环境中对实际制造系统的生产过程和管理过程进行计算机仿真和优化，实现对数字化工作流、数字化信息流的有效利用、控制和管理，达到整个制造过程高效率、低成本优化运行的目的。

广义数字化工厂的概念基于"大制造"的思想，将与产品设计、制造、服务相关的一切活动和过程都包含进来。在广义数字化工厂中，核心制造企业一方面对产品设计、零件加工、生产线规划、物流仿真、工艺规划、生产调度和优化等方面进行数据仿真和系统优化，实现虚拟制造的核心功能；另一方面还要实现产品质量的监测、预测、跟踪，以及能源消耗的预测和优化、销售、供应、物流跟踪、仓储管理等，实现狭义数字化工厂的功能。同时通过计算机网络和数据中心，将企业外部环境中各种要素的相关业务数据和信息进行交互和协同，进行供应链层级的实际企业联盟的虚拟映射，形成敏捷而虚拟的网络化、数字化虚拟制造系统。

虚拟制造是数字化工厂的核心技术，狭义数字化工厂和广义数字化工厂是虚拟制造技术和理念在企业不同业务层级的应用和具体实现。三者之间的关系如图 7-20 所示。

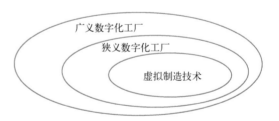

图 7-20　虚拟制造与数字化工厂（狭义和广义）的关系

3. 数字化工厂的技术体系和研究内容

数字化工厂是一种面向产品全生命周期的新型虚拟化生产组织技术体系。以产品全生命周期的相关业务流程和数据为基础，在计算机虚拟环境中对整个生产系统的重组和运行进行仿真、评估和优化，包括产品开发数字化、生产准备数字化、制造过程数字化、运作管理数字化、采购营销数字化仿真与优化等，使生产系统在投入运行前就可以了解系统的性能，分析其可靠性、经济性、质量、工期等，为生产过程的优化运作提供支持。数字化工厂的技术体系和主要研究内容如图 7-21 所示。

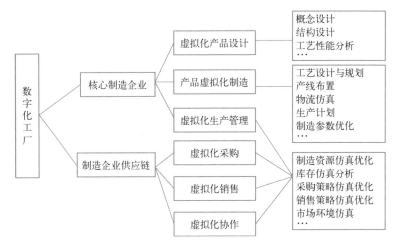

图 7-21　数字化工厂的技术体系和主要研究内容

1）虚拟产品设计。利用相关信息技术和计算机工具软件，进行数字化虚拟产品设计，不但能提高产品设计效率，还能尽早发现设计中的问题，优化产品设计。

2）虚拟产品制造。应用虚拟制造技术，对零件的加工方法、工序顺序、工装的选用、工艺参数的选用、加工工艺性、装配工艺性、装配件之间的配合性、连接件之间的连接性、运动构件的运动性等进行建模仿真，提前发现加工缺陷、发现装配时出现的问题，从而优化制造过程，提高加工效率。

3）虚拟生产过程。对产品生产过程中的各种资源和要素进行计算机仿真和优化，包括人力资源、制造资源、物料库存、生产调度、生产系统的规划设计等，同时还可对生产系统进行可靠性分析，对生产过程的资金和产品市场进行分析预测等，从而进行各类制造资源的合理配置，可有效缩短产品生产周期，降低成本。

4）虚拟企业及企业供应链。为快速响应市场需求，围绕新产品开发和生产，对不同地域的现有资源、不同的企业或不同地点的工厂进行重组。分析重组的效果是否最优，能否协调运行，并对风险和利益分配等进行评估。这种虚拟企业也称动态企业联盟，是建立在先进制造技术基础上的企业柔性化协作，在计算机虚拟环境中制造数字化产品，从概念设计到最终实现产品整个生产过程的虚拟制造，具有集成性和实效性。

4. 数字化虚拟工厂与智能制造的关系

智能制造是基于 CPS 技术构建的具有状态感知-实时分析-自主决策-精准执行-学习提升功能的数据闭环网络，以软件形成的数据自主流动来消除复杂制造系统的不确定性，在给定的时间、目标场景下，优化配置资源的一种制造范式。

CPS 技术的本质意义在于如何在虚拟世界中优化和重组实体的状态以及实体之间的关系。虚拟与实体彼此共享信息和协同活动，虚拟世界中代表实体状态和相互关系的模型和运算结果，精确对称地指导和辅助实体的行动，使实体的活动相互协同和优化，进而实现价值更加高效、准确和优化的增值。

数字化工厂面向产品全生命周期，以产品全生命周期的相关业务流程和数据为基础，在计算机虚拟环境中对整个生产系统的重组和运行进行仿真、评估和优化，在生产系统投入运行前就可以了解生产系统的性能，如可靠性、经济性、质量等指标，为生产过程的优化运行提供支持。

从以上分析和阐述可以看出数字化虚拟工厂与智能制造是紧密相关、彼此交叉的。数字化虚拟工厂是实现智能制造的基础，也是智能制造的重要组成部分。

5. 数字化虚拟制造的作用

数字化虚拟制造是在统一技术框架下对产品的设计、制造和管理过程进行集成，将与产品设计和制造相关的各种过程与技术集成在可视化、动态模拟真实过程的数字模型之上。数字化虚拟制造所进行的制造过程是在计算机上执行的数字化仿真过程，所制造的产品也是数字化虚拟产品。因而数字化虚拟制造过程不消耗现实的资源和能量，可以实现快速、反复迭代。

数字化虚拟制造从根本上改变了传统的制造模式，对未来制造业的发展产生了深远影响，它的作用主要表现为：

1）在产品设计与制造方面，借助建模与仿真技术、大数据分析与人工智能技术，快速获得产品的数字化模型，并模拟产品的制造过程乃至产品全生命周期的各种活动对产品设计的影响，预测、评价产品性能和产品的可制造性等。有效降低由于前期设计缺陷给后期制造带来的回溯更改，实现产品开发周期最短、成本最小化、产品设计质量的最优化。

2）在产品制造方面，通过对制造过程进行仿真模拟，分析未来制造产品的形态、功能、性能以及制造过程存在的问题，并针对制造过程存在的各种问题进行相应的迭代改进和优化，加深对生产过程和制造系统的认识和理解，从而更好地指导实际生产。

3）在生产组织与管理方面，通过对制造过程和管理过程进行仿真分析，可以全面改进企业的组织管理工作，对生产计划、交货期、物流过程、仓储过程等进行评估和预测，及时发现问题并改进，做出前瞻性决策和优化实施方案，对生产过程和制造系统进行优化配置，从而更加有效、经济、柔性地组织生产，增强决策与控制水平。

在企业知识发现和人才培养方面，借助大数据分析、机器学习和人工智能技术，发现和挖掘企业在产品设计、生产和管理方面的深层技术和知识，可以对生产人员进行操作、异常工艺的应急处理等训练，加快企业人才的培养。

7.7.2 数字孪生技术

数字孪生（Digital Twins）是充分利用物理模型、传感器更新、运行历史等数据，集成多学科、多物理量、多尺度、多概率的仿真过程，在虚拟空间中完成映射，反映相对应的实体装备的全生命周期过程。数字孪生是一种超越现实的概念，可以被视为一个或多个重要的、彼此依赖的装备系统的数字映射系统。

美国提出将数字孪生技术用于航空航天飞行器的健康维护与保障。首先在数字空间建立真实飞机的模型，并通过传感器实现与飞机真实状态的完全同步，这样每次飞行后，根据结构现有情况和过往载荷，可及时分析评估是否需要维修，能否承受下次任务载荷等。

数字孪生有时候也用来指代将一个工厂的厂房及产线，在没有建造之前，完成数字化模型。在虚拟的信息空间中对工厂进行仿真和模拟，并将真实参数传给实际的工厂建设。而工房和产线建成之后，在日常的运维中二者还可以继续进行信息交互。

数字孪生最为重要的启发意义在于，它实现了现实物理系统向信息空间数字化模型的反馈。人们试图将物理世界发生的一切，反馈到数字空间中。只有带有回路反馈的全生命跟踪，才是真正的全生命周期概念。这样，就可以真正在全生命周期范围内，保证数字与物理世界的协调一致。各种基于数字化模型进行的仿真、分析、数据积累、挖掘，甚至人工智能的应用，都能确保它与现实物理系统的适用性。这就是数字孪生对智能制造的意义所在。

智能系统的智能首先要感知、建模，然后才是分析、推理。如果没有数字孪生对现实生产体系的准确模型化描述，智能制造系统也就无法落实。

思 考 题

1）智能数据中心应该具备哪些特征？如何建设智能化的数据中心？

2）人工智能技术在智能制造中能发挥哪些作用？

3）工业现场测温常用的热电偶以国际标准分为 8 种，分别是 S、R、B、K、N、E、J、T；以国家标准分为 3 种 W、L、U。它们各有不同的测温范围和所适用的测温环境。那么它们常用的测温范围和所适用测温环境分别是什么？

4）列举智能制造过程中的两种决策问题，并阐述如何进行科学决策。

5）数字孪生技术在智能制造过程中的作用是什么？你认为在智能制造的全生命周期中，哪个生命周期最需要数字孪生技术？

6）除了本章列举的核心技术，未来智能制造还需要哪些核心技术？

第8章 智能制造系统建模基础

8.1 企业环境变化和智能制造系统建模

智能制造系统的核心任务是以最低的资源、能源消耗和最低的环境生态负荷,以最高的效率和劳动生产率,根据市场需求按时提供合适数量且质量优良的高性能产品。企业是制造系统的集成和表现形式,因此制造系统建模也可称为企业建模。所谓企业建模就是为实现企业目标,采用某种方法和工具从多个角度对企业系统进行刻画、分析与设计的过程。

进入 21 世纪后,企业面临的市场环境、技术环境和社会环境发生了巨大的变化,这些变化引发了改进制造模式的热潮,虚拟制造、绿色制造、智能制造等先进制造理念不断涌现。因此,需要对企业系统的目标、组织结构、功能结构和运作过程等方面进行重新认识,这就引发了对企业系统进行准确描述、深入分析与优化设计的新需求。

8.1.1 企业面临的环境变化

1. 全球动态化市场竞争

互联网的普及和应用,拓展了企业的制造和销售范围,全球化生产与销售已经成为企业普遍的经营模式。以往企业利用自身区位优势占领市场的机会将越来越小,企业必须面对来自世界任何地区的其他企业的竞争。一方面,产品销售从卖方市场变为买方市场,虽然市场对产品的需求总量巨大,但产品需求的形式和结构发生了变化,多样化和个性化产品与服务已成为市场需求的主要特征;另一方面,市场需求的发展变化呈现出快速性和不可预测性的特点,产品的生命周期越来越短,客户对各种产品的品种规格需求越来越细化,对产品质量的要求越来越高。这种对产品多样性和个性化服务的需求、需求的动态变化和不可预测,导致了企业面临着前所未有的激烈市场竞争环境,企业必须迅速适应市场的变化,缩短产品研发和制造周期,提高生产率,降低成本,提高生产过程和产品质量的稳定性、均匀性、一致性,提供高质量产品和个性化服务。

2. 科技进步和管理理念日新月异

各种新工艺、新技术广泛应用于产品设计和制造过程中,新产品的开发与制造复杂度越来越高。同时,随着信息技术不断发展,云计算、大数据、物联网、移动计算等新兴信息技术应运而生,人工智能技术飞速发展并广泛应用于经济社会各个领域。许多新的业态、新的模式和新的理念不断产生,敏捷制造、绿色制造和智能制造等先进制造理念不断推进。一方面对企业经营管理和运作模式提出了新的课题,另一方面也为企业减耗增效,提升科技水平和竞争力提供了理论支撑和技术手段。

3. 全社会环保意识增强

随着社会的进步,政府和民众的环保意识以及对环境保护的要求大大提升。企业不仅要为社会提供适用的高质量产品,还要承担社会可持续发展责任。制造企业在环保和资源利用方面的要求主要包括两个方面:一是降低企业在产品制造过程中对环境造成的各种污染,包括噪声、废气、废水、废液和废料;二是对报废或达到生命周期限度的产品进行回收、处理和再利用,对于不能回收再利用的部分进行无害化分解和处理,最大限度减少对环境的污染。

企业面临的激烈市场竞争不仅体现在产品的品种规格、价格和质量方面的竞争,产品交货期、满足客户特殊需求的产品定制化、企业技术和管理的先进性以及企业社会责任等其他因素也正逐渐成为决定竞争胜负的关键因素,必须形成以客户服务为中心的贯穿于产品全生命周期的增值服务。

8.1.2 企业建模需求

当今制造业正朝着自动化、柔性化、集成化、信息化和智能化的方向发展,伴随这个趋势,敏捷制造、绿色制造、智能制造等多种先进制造技术和先进制造模式的新思想、新理念相继诞生和应用。运用信息技术和智能技术对制造系统中的诸多要素,包括人员、设备、组织结构、管理流程、物流、信息流、能量流等进行全面优化管理,使之达到高度集成,被公认为是解决制造业 ETQCS 难题的有效手段,即以良好的环境意识(E,Environment)、最快的上市速度(T,Time to Market)、最好的质量(Q,Quality)、最低的成本(C,Cost)、最优的服务(S,Service)来提高制造业的竞争力。

企业作为制造系统的集成和表现形式,是一个非常复杂的系统,其复杂性表现在以下 4 个方面:

(1)层次多、规模大、构成成分复杂　企业是一个涉及社会、经济和物理实体的复杂系统,不仅包含物质要素,还包含技术、人员、经营管理等非物质要素,不仅有物流,还有信息流、资金流和能量流。同时,企业还包含着多个管理层次,涉及经营、生产、采购、销售、库存、财务和产品设计等多个部门。企业作为一个系统,包含了多个子系统,其规模往往是庞大的。

(2)功能与行为关联复杂　企业由多个具有特定功能的子系统所构成,各子系统之间具有复杂的联接关系,子系统的功能不仅与其内部过程相关,也受到外部关联关系的影响和制约。这种影响和制约可能是资源的冲突或竞争,也可能是信息的支撑或功能的依赖。

(3)目标与约束复杂　企业的目标表现在多个方面,例如市场响应速度快、产品质量高、生产成本低、服务优、产品功能新、对环境影响小等。影响企业目标的因素和条件非常多,既有企业内部的因素,也有企业外部环境的因素,同时目标与目标之间、目标与约束之间、约束与约束之间的关系也十分复杂。

(4)内部因素与环境变化复杂　企业是一个动态变化的系统,同时又处于动态的经济和社会环境之中,存在大量影响系统功能和性能的因素,这些因素是随机变化的,如企业内部的设备状况、产品质量状况、企业外部的价格波动、供应市场变动等。

由于企业系统的复杂性,对企业系统进行描述必须采用某种方法和手段。模型是人们为了研究和解决客观世界中存在的问题,对客观世界经过简化和抽象后,采用文字、图表、符号、关系以及实体描述所认识的客观对象的一种表现形式。对企业进行建模,即是以一种科学化、规范化、形式化的方法来描述企业不同方面的特性。这种相对规范和客观的模型可以作为对企业运行特性的理解、分析和交流的媒介,使不同的人员可以采用同样的方式研究他们关心的问题。企业的复杂性导致了企业建模的复杂性，因此仅仅采用简单的公式或一个简单模型是无法将企业描述清楚的，必须使用多视图建模方法，应用多个模型进行互补，才能将企业描述清楚。

企业模型是一种企业及其相关事务的符号化表示，它包含了企业的各种独立事实、对象和发生在企业内部的各种关联的描述。企业模型也是描述企业形态、特征和行为，记载企业知识和经验的形式化表达方法。实际上，企业建模已经在实际工作中得到广泛应用，只是过去没有明确使用企业建模这个概念。无论企业规模大小，信息化程度如何，企业都在不同程度上使用企业模型进行工作，尽管这些模型还不够规范和完善。广义上说，企业的业务流程、组织结构、资源构成、产品结构、信息联系、规章制度、管理模式、规划与计划等，都是某种形式上的企业模型。

借助企业模型可以把握企业的本质特征，从而为认识和刻画企业、分析与评估企业、改进和优化企业运行提供基础。具体来讲，通过企业建模和模型分析可以达到理解企业、改造企业和优化企业运作的目的，可以提高企业实施信息化系统的成功率，可以为企业实施先进制造、先进管理模式和知识积累提供依据。企业建模可以帮助企业实现管理规范化、业务决策科学化、企业性能评价定量化、信息系统集成化等目标。

在智能制造的背景下，企业建模需求主要体现在以下 3 个方面：

（1）先进制造模式需要企业建模　从制造技术发展的角度看，计算机集成制造系统（CIMS）是自动化、计算机、信息技术、网络通信技术发展的结果。它采用信息集成方式解决设计、管理和加工制造中存在的"自动化孤岛"问题，保证信息的正确、高效共享和交换。信息集成技术提高了生产效率，并使生产过程具有柔性。在信息集成的基础上，为进一步提高设计过程的优化和制造资源的优化，CIMS 必然向过程集成和企业集成发展。敏捷制造、数字化制造、虚拟制造等先进制造理念和模式开始出现并得到推广，这些先进的制造模式对于企业模型的需求是非常明确的。

敏捷制造的实质是围绕着产品价值链，利用不同企业的核心能力和资源，形成优势互补的企业动态联盟，构成能够迅速适应市场变化的虚拟企业，每个企业利用其核心能力和资源，以最好的质量和最低的成本完成产品的价值升值过程。因此，敏捷制造的实施不仅需要产品模型和资源模型支持对业务和资源进行分配，还需要通过建立企业合作模型、组织模型对虚拟企业进行有效组织。同时，由于动态联盟具有明显的面向项目的特征，还需要过程模型作为实施项目管理和过程管理的基础。

虚拟制造和数字化制造是利用计算机模拟实现实际的制造过程，即对产品的设计、产品的功能、性能、可制造性和可装配性，以及制造过程的各种工艺参数和条件进行模拟和测试，通过数字化产品模型或样机解决由于需要生产物理样机而造成的研制成本高、周期长、人力物力浪费等问题，同时也避免和减少了制造与装配过程中出现的困难，便于发现设计与制造过程存在的问题，从而及时进行改进和纠正。虚拟制造不仅需要产品的设计模型、加工模型、动力学、运动学、热力学模型和其他加工工艺过程机理等模型，同时还需要制造车间布局、制造工艺分析、生产计划与调度分析等模型的支持。

（2）先进管理方法需要企业建模　企业作为一个经济系统，从外部来看，它面临着竞争和变化的市场；从内部来看，它需要处理复杂的业务、协调各种关系、合理配置资源，因此需要通过有效管理组织企业的各种生产经营活动。经过多年的发展，企业管理理论与方法日益丰富，企业管理的范围也在不断扩大。企业管理从最初的设计、制造部门的独立管理，发展到了当前面向整个产品价值链的管理，从最初的企业内部的管理发展到了当前的供应链管理。相应地，企业组织结构也正在从过去的金字塔式的功能部门制结构向面向流程的扁平化结构转变。业务流程再造、供应链管理、全面质量管理等先进管理方法大大提升了企业的现代化管理水平，为企业更好地赢得市场竞争奠定了基础。

先进管理理念的推进和先进管理方法的应用，需要企业建模的支持。过程建模阶段的主要任务是准确地描述企业当前的业务过程，建立经营过程模型。过程建模是经营过程分析、经营过程重组和优化设计的基础，它用计算机可以理解和处理的形式化定义准确描述企业的经营过程，供流程分析和优化使用。根据过程模型设计的信息系统，定义系统的功能与构件配置，可以按过程来实现企业系统要素的横向集成，而不是按传统的部门或功能划分系统的结构，从而满足企业核心价值流的要求。此外，过程模型还是记录和保存经营过程知识的一种有效途径，不同的组织或信息系统可以根据不同的需求访问过程模型，实现经营过程知识的共享。除了经营过程模型外，企业的业务流程再造和优化还需要企业的组织、功能、资源模型的支撑。一方面业务流程再造的目的是优化企业组织、功能、资源的配置，提高企业的资源、人员的利用率，减少不合理的功能活动；另外一方面，任何业务流程的执行都需要在组织、人员和资源的支持下才能得以实现，所以在进行企业业务流程的仿真和优化分析时，必须要有组织、资源模型和数据为其提供支持。

（3）企业信息化和智能化需要企业建模　实施制造业信息化，采用信息和智能化技术改造和提升传统产业，已经成为所有制造企业必然采取的技术途径，良好的可持续发展的信息化系统对于企业实现其发展战略和经营目标具有重要的作用。然而在企业实施信息化过程中会遇到各种各样的困难，不同的企业对实施信息化时所面对的主要困难有不同的理解，所提出的解决方案也各有其特点。虽然不同企业面临的困难和矛盾有所差别，但是缺乏对业务模式和业务需求的正确理解、缺乏良好的企业信息化规划、不同应用软件系统之间缺乏有效集成、实施的信息系统缺乏良好的灵活性是比较主要的问题，而要解决这些问题都离不开企业模型的支持。

采用规范化的企业建模，可以准确描述和理解企业的业务模式和业务流程，不仅是解决业务需求获取的有效方法，也为企业信息化系统的规划提供了良好的依据，同时为企业实施信息化和智能化、建设和实现企业的智能制造系统奠定了基础。

8.2 企业建模

8.2.1 企业建模的概念和目的

模型是人们为了研究和解决客观世界中存在的问题，对客观现实经过思维抽象后，用文字、图表、符号、关系式以及实体来描述所认识到的客观对象的一种简化的表达形式。企业模型是人们经过抽象后得到的对于企业的认识和描述。

企业是非常复杂的系统，一般不可能用一个模型完全描述清楚，一个模型只能对企业的某个或者某些方面进行描述。因此，企业模型通常是由一组模型组成的，每个子模型完成企业某一个局部特性的描述，按照一定的约束和连接关系将所有的子模型组合在一起，构成整个企业模型。企业模型具有多视图特性，即需要采用多个视图从不同的侧面描述企业，每个视图从一个侧面描述企业的一部分特性，不同的视图之间相互补充，共同完成对企业的描述任务。比如功能视图描述企业的功能特性、信息视图描述企业使用的数据之间的关系、组织视图描述企业的组织结构、过程视图描述企业的业务过程等。由于这些不同的企业视图描述的是同一个企业对象，所以这些视图之间具有内在的联系，它们相互制约又相互集成。

企业建模必须有一个明确的目的。一般来讲，企业建模的目的可以是为了设计一个新的制造系统，对制造单元进行性能分析；可以是对现有业务过程进行分析，发现存在的问题，并寻求解决问题的途径；可以是设计和改进企业的信息系统等。总体上企业建模的目的可以归纳如下：

1）对企业进行规范化的描述，以便更好地理解企业的目标、产品结构、资源和能力构成、组织结构、业务功能和运行过程。

2）定性或定量分析企业的某些特性，为企业各类决策提供分析和决策支持，如经济、组织、设备和人员的状况、车间布局、经营和生产过程的管理与控制等，为进一步改进企业性能提供依据。

3）支持企业业务功能和信息的集成，统一考虑企业的各种业务流程及其相互联系，实现资金流、物质流、能量流和信息流的统一管理，消除业务壁垒，改进企业内部各功能部分之间的通信、合作与协调，将企业组成一个整体系统，达到提高制造效率和制造柔性、提升质量和市场反应能力，降低成本和环境污染的目标。

4）积累企业知识，为企业系统设计新的功能或构件提供依据。对企业的组织、管理、技术和产品研发等业务过程中积累的知识和经验进行整理和记录，使之成为企业自有的知识财富和企业文化。根据企业发展和市场需求，企业经常需要研发新的产品，对原有企业系统中的流程和功能进行改进，这就需要重新定义和设计企业系统中的部分结构和功能，包括信息、流程、组织、行为等，建立企业模型可以为完成这些工作提供良好的基础。

8.2.2 企业建模的基本原则

企业建模是采用一定方法，通过一系列步骤，对企业的实际对象及其现象进行抽象和简化，去掉对建模目的影响不大的细节因素和现象后，得到的一个关于企业的抽象化表达。企业建模需要依据建模方法学和系统体系结构理论，在一定原则指导下，对企业中的对象和过程进行系统化思维和表达。企业建模是一个具有创造性的智力活动，其过程是非常复杂的，不仅需要建模者熟练掌握企业建模的基本原理和方法，能在企业建模过程中恰当且灵活地运用建模的原理、方法和工具，还需要建模者对企业的经营生产过程有深刻的了解和深入的理解，能够准确地抽象出企业对象和过程的本质。

尽管目前尚未形成统一的标准化建模过程可供建模人员采用，但一般认为以下原则对于企业建模具有很好的参考价值。

（1）明确企业建模的目的、范围、视角和细致程度

1）定义建模的目的：明确建模是为了做什么。

2）定义建模的范围：说明建模覆盖的领域和范围。

3）定义建模的视角：模型描述了现实世界的哪些方面的特性。

4）定义建模的细致程度：模型的精度和粒度。

（2）抽象原则　企业建模通常先从对现实世界的抽象开始。抽象是人们解决和处理复杂问题采用的基本方法之一，由于面临的实际系统往往是复杂的，在寻找解决问题的方案之前，需要对实际的系统进行一定的简化，抽取出问题研究的本质，即重要的部分，忽略不重要的细节部分。通过抽象，可以将实际系统中的众多对象和过程中类似的部分合并，暂时忽略其细节的不同，得到既能反映系统本质又能简明表达和描述系统的模型。对一个企业进行抽象处理不仅表述所研究企业的基本行为，同时还要表达出该企业区别于其他企业的个性特征。

（3）分解原则　分解是人们处理复杂事物的基本手段。由于企业模型的复杂性，将整个企业作为一个整体进行描述和研究显然是极为困难的，因此需要对企业系统进行分解。这种分解可以是从空间角度、时间角度或功能角度进行的，分解之后企业系统将变成具有相互联系的若干子系统，这些子系统无论在规模方面还是复杂度方面都远远低于原系统。对分解后的系统进

行分别处理，大大降低了建模的复杂度。

（4）模块化原则　在企业建模过程中需要采用模块化方法，这种方法的作用类似软件工程中的程序模块化，可以对企业的实体、功能或过程进行封装，有利于管理企业的变化，方便模型的维护。

（5）重用性原则　在模块化的基础上，需要强调重用的概念和方法，应该尽量重用已经成熟的模型构件和部分通用模型，这样一方面可以减少建模的工作量，缩短建模周期，另一方面也可提高建模的质量。

（6）功能和行为分离原则　企业的功能主要表现为"做什么"，而行为主要表现为"怎么做"。在企业建模过程中要区分功能和行为，在不同的层次上对功能和行为进行分别描述，才能清晰表达出企业的特点。这样做的目的是为以后修改某一部分的功能或行为，而不影响其他部分带来便利，同时也有利于提高企业的组织柔性。

（7）活动和资源解耦的原则　活动描述了企业需要做的事情，而资源描述了执行这一活动的人或设备，实现活动与资源的解耦有利于提高企业的操作柔性。

（8）一致性原则　企业模型的一致性包括某个视图模型的一致性和不同视图模型之间的一致性。目前企业建模往往采用某一建模工具和语言来描述某一种企业视图模型，基本上可以实现视图模型内部的一致和无冗余，但还没有比较集成化的建模工具和方法来保证不同视图模型之间的一致性。因此，在企业建模过程中保证不同视图模型之间的一致性是非常重要的工作。

8.2.3　企业建模过程

企业建模过程是从不同角度对企业业务和操作进行形式化描述的过程，它由一系列活动组成，这些活动之间具有一定的逻辑顺序关系，合理制定和规范企业建模过程的每个活动的工作任务和不同活动之间的逻辑顺序，是企业建模方法学的重要研究内容。

企业建模过程通常从定义建模目的开始。首先明确要建立的模型是为了完成什么工作，在分析用户需求和对企业进行深入调研的基础上，用专业术语描述用户需求，用规范化的工具描述企业，生成一组关于企业业务和操作的形式化模型，定义企业建模需要做什么、由什么人来做、如何做等问题。图8-1用方框图的形式从宏观角度给出了企业建模的概念，其中左侧的箭头表示进行企业建模所需的主要输入信息，包括企业知识、企业本体，即对所建模企业的调研结果，以及从其他已有企业模型继承和重用的模型；右侧的箭头表示企业建模的结果，是一组关于企业的形式化描述模型，包括企业的新本体、过程模型、功能模型、信息模型、组织模型等；上方的箭头表示企业的建模目的、建模方法和评价准则；下方的箭头表示企业建模所需的资源，包括建模人员和建模工具等。

图8-1　企业建模的概念

由图8-1可以看出，企业建模过程受到多种因素的影响，既有建模目的、建模方法、建模工具和评价准则的制约，也有关于企业知识和企业本体认知的影响。在建模过程中，由于从现有的环境中所获得的输入信息是有限的，随着时间的推移，新的信息和新的思想不断出现，环境和参照系统模型也在不断变化，关于未来企业系统的设想也在发生变化，同时，企业建模的结果还需要经过实际的检验，因此企业建模不可能是一蹴而就的，而是一个需要多次反复迭代、渐进改善的过程。图 8-2 给出了企业建模的迭代改进过程。

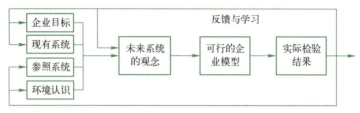

图 8-2　企业建模的迭代改进过程

从生命周期的角度看企业建模，可以将企业建模过程划分为不同的阶段。一般来讲，企业建模可以划分为需求分析、模型设计、模型实施、模型维护 4 个主要阶段，每个阶段的工作任务有所不同，需求分析阶段的主要任务是分析现有系统、明确建模目的，弄清建模要做什么；模型设计和模型实施阶段主要是解决模型如何表达、如何实现和实施等问题；模型维护阶段的主要任务是根据目标和环境的变化，对模型进行修改完善，增强模型的适应性，延长模型的生命周期。

8.2.4　企业建模内容

企业建模是建立描述企业不同侧面信息的模型，其内容非常丰富，涉及的范围也很广泛。企业建模是一个目标驱动的系统化方法，它以改进、优化企业或企业某些方面的性能为目的。因此脱离建模的目的，笼统地讲述企业建模是没有意义的。

在智能制造系统实施中，企业建模是指导企业从现行系统状态迁移到未来状态的指南，是建立智能制造系统的基础，也是指导企业实施信息系统的理论与方法。

企业建模的目的多种多样，内容也非常多，但最终都要落实到具体的建模对象上。企业建模需要说明几个问题，即 What、How、When、Who、How much 和 Where。What 主要说明企业是做什么的、企业完成哪些操作、处理什么对象；How 定义了企业的行为，即企业完成这些操作的方式和过程；When 说明企业是一个动态变化的系统，时间是企业的一个重要因素；Who 说明完成企业功能所需要的资源，即由谁或者什么设备完成企业操作；How much 反映了企业的经济特性，说明企业的成本、效益等问题；Where 主要是关于物料供应和产品销售方面的描述。具体地讲，在一个企业中，需要建模的内容主要包括以下几个方面。

（1）产品建模　产品是制造企业最终创造经济效益的载体，通过提供产品和相应服务，企业从市场上获得回报。因此，要描述一个企业，首先要描述其产品。因为不同的应用需求会导致对产品不同的描述，产品建模需要根据不同的应用需求进行。围绕着产品的生命周期，可以建立多种相关的产品模型。比如面向客户的包括产品外观、功能、性能、价格、质量和交货期等信息的产品需求模型；面向产品设计、工艺和质量人员的产品设计模型、工艺模型、虚拟制造模型等；面向生产计划人员的产品结构模型等。这些模型的形式可以是图表、文档、数字、公式等，对于复杂的产品还需要借助计算机建立产品的数字化模型，包括产品三维形态模型、动力学模型、热力学模型和其他机理模型等。

（2）过程建模　企业的业务过程（业务流程）是企业开展工作的基础，业务过程中不同活动之间的联系与执行规则是企业管理与产品开发的经验积累，也是企业知识的重要组成部分。企业的业务流程由一系列相关的任务组成，这些任务按照企业的管理规章和业务流程顺序执行，最终完成企业的功能，实现企业的经营目标。描述一个企业的流程，主要应该说明以下问题：

1）这个业务流程要做什么？其目的或期望的目标是什么？
2）这个业务流程由哪些任务组成，每一个任务经过了哪些步骤，是如何完成的？
3）这个业务流程有哪些部门参与，每一个步骤是由谁来完成的？
4）这个业务流程采用了哪些方式和手段来完成？

企业系统中包含了多个/多种业务流程，需要分别根据业务流程的特点，建立过程模型进行描述。例如对企业产品设计过程进行流程再造，需要建立产品研发过程模型，采用并行工程的观点，将开发过程中的各种串行的设计活动和过程转变为并行过程，并采用过程集成的方法支持并行流程中不同活动之间的集成与协调。

（3）组织建模　企业业务工作的开展总是在一定的组织结构下进行，目前常用企业组织结构图来描述企业的组织结构，这种方式大多只能反映企业功能和权利的层次关系，属于企业静态的功能组织结构，不能反映出企业组织结构对项目、企业集成、多功能组织、角色分配等活动的动态支持。所以除了组织结构图外，还需要根据企业的实际情况，建立能够支持企业动态特性的组织模型。

（4）功能建模　建立功能模型是为了更好地描述企业系统中各部分功能之间的关系，并且能够对功能的分解进行良好地管理。从企业外部来看，企业是一个整体，其功能是提供产品以及相应的服务。企业整体功能是由内部各个组成部分密切联系、相互协调实现的，各个组成部分的功能是企业整体功能的重要基础，如何将企业整体功能合理分解为多个相互联系、协调配合的细致功能是企业功能建模的主要任务。企业功能建模的复杂性在于，所有分解后的功能进行有机合并后应能完成企业的整体功能；通过分解所得到的不同功能之间存在着复杂的约束关系，如功能之间的信息传递、资源的竞争等；企业功能的分解需要按层次逐渐进行，需要保证功能层次的合理性和一致性，使得同一功能层次都能在相同的细致程度上进行功能分解，功能之间相互协调和支持。

（5）信息建模　信息是企业进行事务处理、实现业务功能的基础。对企业数据进行合理、规范地组织，建立企业信息模型是构建企业信息化系统、实现信息集成的基础。企业信息模型一般包括企业信息（数据）流程、数据字典、数据库实体-关系图、数据库逻辑结构、信息编码等。

（6）资源建模　资源是企业完成业务功能的物质和能力保证。企业资源一般包括企业的厂房、设备、动力供应、运输设备、原材料，人员，以及相应的知识资源。建立企业资源模型一方面是为了对企业的资源有更清晰的了解，另一方面是为了更好地发挥企业资源的作用，提高资源使用的均衡率和利用率，实现降低生产成本、提高企业效益的目标。

（7）经济建模　经济效益是衡量一个企业经营业绩的最直接指标，建立能够较好反映企业运转情况的效益评价模型，可以为全面正确地衡量企业运转效率提供客观的依据，也为企业进行业务流程改进提供指导。

（8）决策建模　决策规定了企业在未来一定时期内的业务活动方向和活动方式，它提供了各种资源配置的依据，在企业业务活动尚未开始之前决策就已经在一定程度上决定了活动的效率。决策是衡量管理水平高低的重要标志，其正确性、合理性对企业的生存和发展至关重要。因此，建立能够反映企业现状和市场环境的决策模型，对于提高决策过程的科学性和规范化具有重要作用。

8.2.5　企业建模评价准则

企业建模是一项复杂的工作，在企业模型建立完成之后，如何评价所建立模型的质量，是企业和建模者都非常关心的问题。以下给出评价企业模型应考虑的一些准则。

（1）一致性　模型的一致性是评价企业建模最重要的准则，一个高质量的企业模型必须保证一致性。一致性主要包括两种情况，即不同视图模型之间的一致性和同一视图模型的不同递阶层次之间的一致性。企业模型是由多个视图模型构成的，不同的视图模型之间存在着密切的关联，一致性要求保证这些不同的视图模型所描述的企业对象是一致的。在采用功能或过程分解方法建立递阶的层次化企业模型时，不同层次的模型之间必须保持一致。如在功能分解中，通过分解得到的下层功能必须完全实现上层模块定义的全部功能，且下层功能模块必须包含在上层模块定义的范围之内，即下层模块的功能仅是上层功能模块的细化，既不能遗漏上层模块需要的功能，也不能产生上层模块没有覆盖或要求的功能。

（2）完整性　完整性是指所建立的模型包括了所有用来解决问题需要的信息。这个准则通常很难直接满足，它的达成需要一系列渐进改善的过程。例如通过专家提问咨询，对模型的完整性进行检验，或者在模型的使用过程中不断检验和判断模型的完整性，并做出改进。

（3）适用性　适用性反映了模型的适应能力，这种适应能力通常表现为模型的通用性和可伸缩性。通用性是希望模型可以满足不同的应用需求，具有比较广泛的应用范围；而可伸缩性则是指模型可以根据需要进行扩展或裁剪以适合具体问题的需要。

（4）应用效能　这个准则反映了企业模型的实用性以及支持问题解决的效率。如果模型对解决企业面临的问题具有直接的作用且具有良好的效果，则模型的应用效能比较高。

（5）可扩充性　这个准则反映了模型是否可以方便地进行扩展以满足实际需求。企业系统内部各种因素和外部环境都在不断发生变化，企业模型需要根据这些变化情况进行补充和扩展，这种扩展和补充应尽量减小对已经建立的其他模型的影响，不破坏整个模型的一致性和完整性。

8.3　企业集成化建模方法与技术

8.3.1　企业集成化建模的体系结构

企业实施智能制造战略的目的在于获取更大的经济效益和社会效益，主要反映在快速响应市场需求、提高产品质量、降低制造成本和环境影响等方面。企业目标的实现取决于企业各种功能的集成和信息的集成，只有集成才能制定高质量的经营生产决策，保证企业的各种功能相互协调与配合，从而高效地实现企业的总体目标。

企业集成化建模是实现企业不同侧面视图模型的集成，通过集成化建模可以建立不同侧面模型之间的有机关联，提高企业模型的描述能力，保证模型的一致性。

结合智能制造系统对建模方法的需求，借鉴集成化企业建模思想，给出企业集成化建模的体系结构，如图8-3所示。企业集成化建模体系是由视图维度、模型层次维度和生命周期维度组成的一个三维立方体结构。

（1）视图维度　视图维度是集成化建模在广度空间上的展开，包括功能视图、信息视图、过程视图、组织视图、

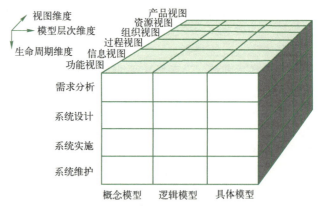

图8-3　企业集成化建模的体系结构

资源视图和产品视图，各个视图从不同的侧面描述企业的某一方面的特征。

功能视图描述企业的功能，用来说明企业需要完成的工作或任务。通过对企业目标进行分解和描述，可以确定企业各业务的细节功能及其相互关系。

过程视图通过定义活动及活动之间的逻辑关系来描述企业的工作流程。通过过程建模可以准确描述企业的经营生产过程，为流程分析和优化提供依据。

信息视图与企业的过程视图和功能视图相互关联，说明了企业处理的业务对象中包含的信息、信息之间的逻辑关系，以及信息的处理流程。建立信息视图是构建企业业务数据结构、生成数据库、进而建设信息化系统的基础。

组织视图描述了企业的组织结构及其职责和权限，通过组织建模可以明确企业的组织对象和组织对象之间的联系，为企业过程的重组和优化提供依据和支持。

资源视图是对企业生产经营中所涉及的所有物化因素进行描述，定义了企业中资源之间的逻辑关系和资源的属性。广义上，企业的资源既包括物质因素也包括非物质因素，如原材料、产品、设备、资金、人员等属于物质因素，而市场、技术、知识等属于非物质因素。考虑到企业的业务活动主要受到物资因素的约束，建立资源模型往往针对企业的物质因素，一般包括物料（原材料、产品）、设备、组织（人员）等。

产品视图定义了企业的产品结构与构成，描述了各阶段产品的属性和产品的演化过程，通过产品建模可以清晰地表达出企业的经营和生产过程，对于资源分配、流程协同与优化提供依据。

（2）模型层次维度　模型层次维度是集成化建模在深度空间上的展开，它分别从概念、逻辑和具体三个层次上表达各种视图模型。

模型的概念层次是对模型的抽象表达，确定了模型的目标和主要功能，反映了模型是做什么的；模型的逻辑层次确定了模型的结构和实现的步骤；而模型的具体层次则表达了模型的实现过程和实现方法。

（3）生命周期维度　生命周期维度是集成化建模在时间上的展开，它将企业建模划分为不同的时间阶段，即需求分析、系统设计、系统实施、系统维护，每一阶段被赋予不同的工作任务，生命周期中上一阶段的工作结果（输出）作为下一个阶段工作的开始（输入），这样从时间维度上将企业建模工作分解为相对简单而明确的任务，降低了建模的复杂性。

8.3.2　企业视图模型的关联与集成

企业模型是一种企业及其相关事务的符号化表示，它包含了企业的各种独立事实、对象和发生在企业内部的各种关联的描述。由于企业的复杂性，企业模型通常由几组模型组成，这些模型从不同的角度或侧面完成企业某一个局部特性的描述，形成企业的视图模型，按照一定的约束和连接关系将视图模型组合在一起即构成了整个企业模型。

企业建模过程由一系列具有一定逻辑顺序的活动构成，这些活动从不同角度对企业中的实体、业务和操作进行形式化描述。如图 8-4 所示，图中给出了企业集成化建模过程中各视图描述的对象，以及视图之间的关联关系。

企业建模过程一般从企业系统所包含的客观实体出发，通过对客观实体的构成、属性及其关联关系进行分析，可以建立企业的产品视图模型和资源视图模型。以产品视图模型和资源视图模型为基础，可以建立企业的过程视图模型，由过程视图模型可以归纳出企业的功能视图模型和信息流程模型。企业的组织视图模型与企业的过程视图模型和功能视图模型是相互作用的，一方面组织视图模型依赖于过程视图模型和功能视图模型，另一方面组织视图模型又对过程视图模型和功能视图模型产生影响。

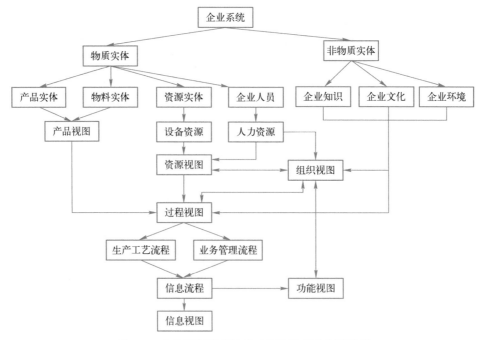

图 8-4 企业视图模型描述对象及相互的关联关系

8.3.3 产品与资源建模

企业的产品和资源是企业的客观实体,对产品和资源进行建模就是描述这些客观实体的构成、属性、分类和关联关系,一般可以采用面向对象方法中对象的表示方法进行描述。

(1) 产品建模 产品建模是对企业中的各种产品实体、产品实体之间的联系以及产品实体与其他企业要素(如生产流程)关系的模型化描述,其中产品实体指的是产品及其零部件。产品视图描述了企业产品的整体构成,说明企业能够生产哪些产品,这些产品由哪些零部件组成。同时,产品视图还隐含地反映了很多企业其他的要素信息,如过程要素、资源要素、组织要素、功能要素和信息要素。

毋庸置疑,任何产品的生产都与一系列过程相对应,如设计过程、制造过程、仓储过程、运输过程、管理过程等,伴随着产品的生产加工过程,也会有相应的资源投入,包括制造设备资源、运输资源、人力资源等。对于产品来说,其加工过程中的每一个步骤都具有一定的功能,同时必须有相应的执行者,这些执行者可能隶属于不同的组织,承担不同的职责。同时,在产品实现的过程中,会产生和处理大量的信息。因此,产品建模是其他视图模型的基础,由产品建模可以得到与之对应的资源、组织、过程、功能和信息模型。为了降低建模的复杂性,一般在产品建模时并不同时考虑对资源、组织、功能和信息视图模型进行描述,而是通过过程模型建立起与这些要素的关联。

产品视图由一系列元素构成,包括产品族、产品、半成品、零部件(原材料)等。所谓产品族是指企业中某一类产品的集合,比如便携计算机、台式计算机和服务器就是三个产品族。在同一个产品族中,有时还可能有不同的产品系列,产品系列内部还可以有不同的产品规格型号,每一个产品规格型号对应一个特定的产品实体,而产品实体往往由不同的半成品或零部件组装而成。采用这些元素的相互关联可以清晰地描述产品的静态层次结构、产品构成和分类。

图 8-5 以树状图的结构形式给出了一个产品族的组成结构,图 8-6 以类与对象表示的形式

给出了产品构成及其关联关系。

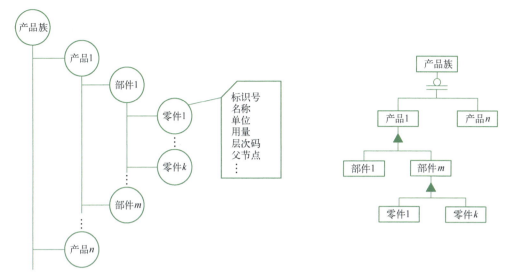

图 8-5　产品视图的树状结构　　　　图 8-6　产品视图的类与对象表示

（2）资源建模　资源是企业进行生产经营所必需的物质因素，企业经营生产过程和活动必须得到企业资源的支持。广义上讲，企业资源的概念外延非常广泛，涵盖了企业所有的物理实体，包括原材料、在制品、产品、设备、资金、人员等有形资源，也包括技术、文档、数据、知识、营销体系等无形资源。

随着先进制造模式的发展，作为企业重要组成部分的资源正受到越来越多的关注。资源不仅是企业经营过程和企业活动的载体与企业组织的从属物，也是企业实现经营目标的最重要物质基础。进行企业资源的定义、分类和组织，对资源在企业各个组织机构之间和经营过程中的流动、变换进行分析、优化、控制，可以大大提高企业资源管理和使用效率，为优化企业的经营过程、系统功能结构、组织结构提供有力的支持。因此，资源建模和优化管理对实现企业重组、增强企业的柔性和敏捷性具有重要意义。

资源建模是对企业中的各类资源的构成、分类、资源间的联系以及与其他视图模型元素之间的联系进行描述的过程。资源模型是一个范围很广的概念，凡是能够描述资源的结构及其结构之间逻辑关系的模型都可以称为资源模型。资源分类模型作为最基础的资源模型，具有结构简单、逻辑关系清晰、符合制造企业习惯的特点，以下主要介绍资源分类模型的构建。资源分类视图的主要元素包括资源类对象和资源实体对象。资源类对象是具有某些公共属性的一类资源实体集合，从分类的角度描述了企业的资源，可以嵌套定义，子资源类可以继承父类的属性，从而构成企业的资源分类树。资源实体对象则描述了某个资源个体，是企业具体的资源。图 8-7 给出了一种企业资源结构分类示例。

比较全面的资源建模一般在资源分类基础上，还要描述资源的几个通用属性，如资源的标识、资源的类型、资源的功能、资源的位置、资源的所属、资源的能力、资源状态和资源的可用性等。

从资源的使用角度分析，主要涉及资源的能力和可用性两个方面。资源的能力是指资源支持某一活动的能力，一般可用时间或其他量纲数值表示。资源的可用性是一个从时间维度到资源状态维度的映射。资源的可用性涉及资源的状态和对资源的使用与调度问题。以下几种情况影响了资源的可用性：①空闲；②被使用或预订；③暂时失效；④彻底失效或不存在。

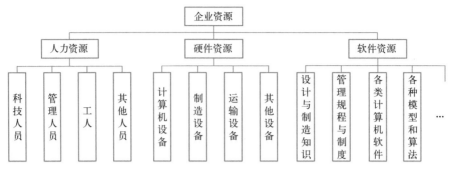

图 8-7　企业资源结构分类示例

在讨论企业资源建模时，主要应关心与企业经营过程、企业活动、企业功能的实现密切相关、提供支持的资源，如原材料、在制品、产品、人力资源、设备资源、技术资源等。对于资源的分配、使用与控制，一般可以通过功能或过程对资源的请求、考虑当前的资源状态进行动态管理，这种实体或活动与资源的关联关系可以通过面向对象方法中对象之间的联系来实现，读者可以参考相关书籍和资料，这里不再赘述。

8.3.4　过程建模

过程建模是通过定义活动及其活动之间的逻辑关系，对某项事务的工作流程所进行的模型化描述。企业的生产经营过程是由很多相互关联的活动构成的，对于这些活动进行准确定义，对它们之间的逻辑关系进行合理地安排和组织，对于提高企业活动效率，保证企业目标的实现具有重要作用。

从总体上，企业活动可以分为两类：一种是生产制造活动，另一种是业务处理活动。生产制造活动之间的逻辑关系可以由工艺流程来体现，业务处理活动之间的逻辑关系可以由业务流程来体现。目前有很多图形化工具支持工艺流程和业务流程建模，一般的流程图也基本可以满足建模要求，在此不再赘述。图 8-8 所示为以钢丝绳生产过程为例给出的生产工艺流程图，图 8-9 所示为以仓储管理过程为例给出的泳道式业务流程图。采用泳道式流程图的好处是在表现业务处理活动逻辑关系的同时，还能指出活动的承担者，为进一步的组织、功能设计和资源分配提供依据。

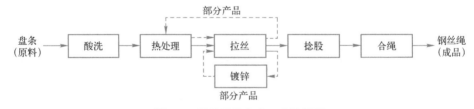

图 8-8　钢丝绳的生产工艺流程图

8.3.5　信息建模

信息是企业实现制造活动和进行业务管理活动的基础，是企业的重要资源。建立企业信息模型对于合理且规范地组织企业数据、构建企业信息化系统、实现企业信息集成具有重要作用。企业信息模型一般包括企业数据（信息）流程（Data Flow Diagram，DFD）图、数据字典（Data Dictionary，DD）、实体-联系（Entity-Relation，E-R）图、数据库逻辑结构、信息编码等，这些模型从不同的层次和角度描述了企业信息的构成和相互关系。

鉴于许多书籍、教材和参考资料中都有相关模型的详细介绍，本节仅简要介绍数据流程图和实体-联系图方法。

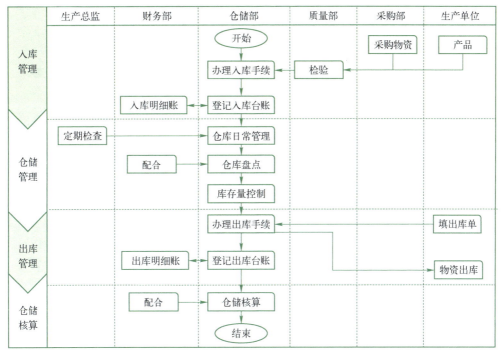

图 8-9　以仓储管理为例的泳道式业务流程图

数据流程图是对信息处理流程的一种图形化抽象表达，可以直观清晰地描述信息的处理过程，因而经常作为主要工具被用于信息系统的系统分析和设计。数据流程图一般包含几个要素：输入数据流、输出数据流、信息处理、数据存储和外部实体。对于复杂的系统，通常采用分层数据流程图进行描述，即上层数据流程图中的信息处理可以进一步分解为下层的数据流程图。图 8-10～图 8-13 以生产作业计划管理为例给出了数据流程图的示例。

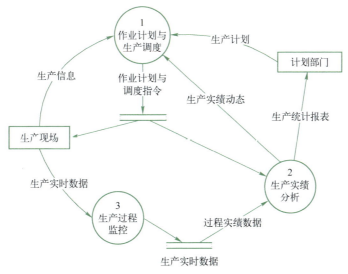

图 8-10　生产作业管理系统的 DFD

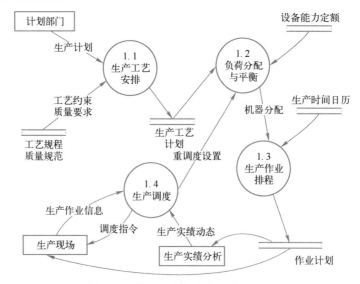

图 8-11 作业计划与生产调度的 DFD

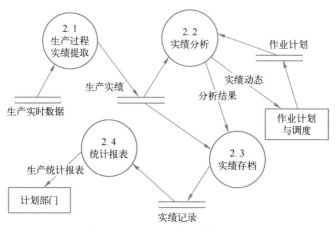

图 8-12 生产实绩分析的 DFD

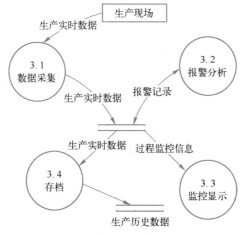

图 8-13 生产过程监控的 DFD

实体-联系（E-R）图描述了现实世界中事物与事物之间的相互联系，可以从概念层次上表达信息系统中不同对象之间的关系。实体-联系图包含三个基本要素，即实体、联系和属性。实体是现实世界中具有某些性质的事物，属性是事物具有的某些特性，联系是现实世界中事物之间的关联关系，联系也具有某种属性。E-R 图简单明了，易于使用，是一种应用广泛的信息概念模型。在实际应用中，有许多工具支持 E-R 图建模，例如面向对象方法、UML 和 IDEFIX。图 8-14 所示为以基本 E-R 模型给出了一个物资管理系统的信息模型示例，图 8-15 所示为以 IDEFIX 模型给出的一个物资采购管理的信息模型示例。

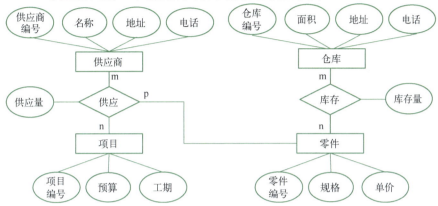

图 8-14 某项目物资管理系统的 E-R 模型

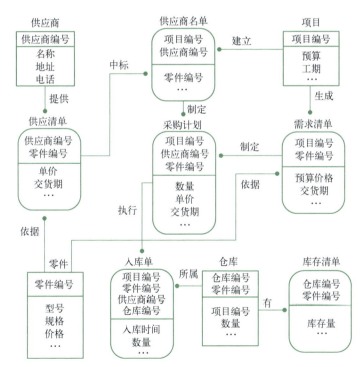

图 8-15 某项目物资采购管理的 IDEFIX 模型

8.3.6 功能建模

企业目标的实现需要企业完成一系列工作，功能建模的主要目的是描述企业的功能，说明企业中需要完成的工作或者任务是什么,即企业目标是通过哪些具体的功能活动,这些功能活动是如何连接来实现的。

功能模型与过程模型中的工艺/业务流程和信息模型中的数据流程联系紧密,三者在表现形式上可以是相同或相似的,但强调的内容有所区别。工艺/业务流程着重说明生产/管理的活动构成和顺序关系,它一般包含的对象为工艺设备、物料、信息,是对现实系统的具体表达和描述;数据流程着重描述企业处理业务对象中所包含的信息和执行具体功能的活动的输入、输出数据,以及数据之间的逻辑关系,它所涉及的处理对象仅为数据(信息),是从数据(信息)处理角度对现实系统进行抽象后的逻辑表达;功能模型是从功能角度对现实系统的一种抽象描述,更为注重业务功能的逻辑结构和相互关系,功能模型所涉及的处理对象可以包含信息之外更多的对象。从信息系统的分析与设计角度看,数据流程图在反映数据处理流程的同时,也反映了处理的功能逻辑关系,因此信息系统的功能建模与信息建模往往是交织在一起进行的。不同的功能逻辑设置和安排在某种程度上会导致信息的处理方式和处理流程不同,但由于信息建模追求信息的自然合理表达,以及信息的最简单处理过程和方式,因此在进行功能建模时必须同时考虑信息模型的合理性和简捷性。

常用的功能建模工具和方法有几种:业务流程图、数据流程图(DFD)、IDEF0 等。DFD 与 IDEF0 都是采用结构化分析思想,强调自上而下逐步求精的方法对现实世界建模,即先抓住主要问题,形成较高层次的抽象,再由粗到细、由表及里地逐步细化,将宏观功能分解成细节功能。从表达形式上看,DFD 与 IDEF0 都是用箭头和处理表达一个系统的业务流程。但 IDEF0 的箭头不仅能够表示数据流,还可以表示控制、约束,说明处理或实施所需的支撑资源和条件。

图 8-16 和图 8-17 以产品设计过程为例给出了 IDEF0 模型,有关 IDEF0 方法的相关细节内容,读者可参见相关参考书籍与文献,这里不做过多赘述。

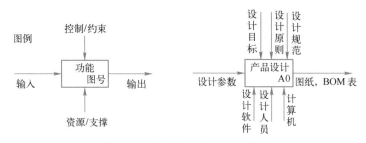

图 8-16 产品设计的 IDEF0 模型

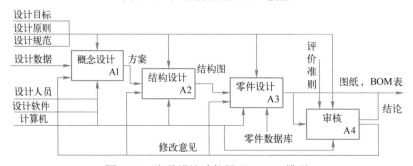

图 8-17 产品设计功能展开 IDEF0 模型

8.3.7　组织建模

企业是由人、设备、物资、技术和管理等要素构成的系统,其中人和管理都涉及企业的组织问题。所谓组织是指在一定的环境中，为实现某种共同的目标，按照一定的结构形式、活动规律，将人、财、物结合起来的具有特定功能的实体。它包含 4 层意思：①组织必须是以人为中心，把人、财、物合理配合为一体，并保持相对稳定而形成一个实体。②组织必须具有为本组织全体成员所认可的共同目标。③为了实现组织目标，组织成员之间必须按一定的规程进行分工和协作，完成某种特定的功能。④组织必须保持明确的边界，以区别于其他组织和外部环境。企业的组织体现了企业的构成机制，它由一系列层次化组织单元构成，形成一个组织树，树中的每一个节点定义了对下一层节点的约束和目标。

组织建模就是根据企业的经营目标和约束条件，根据企业组织间的内在联系和其他企业视图模型之间的关联，将组织单元构建成适当的结构，并对其结构和属性进行定义和描述。随着制造模式的发展变化，企业的组织结构也要发生相应的改变。企业组织结构改变的主要目的是提高企业的适应性，具体体现在以下几个方面。

1）敏捷性：改进企业的组织结构，使企业具有从一种模式迅速转变为另一种模式的能力。
2）自治性：企业的组织结构在不断变化的市场环境中正常工作的能力。
3）柔性：适应产品不断变化而改变生产方式的能力。
4）健壮性：在不断变化的市场环境中保持持续稳定状态的能力。
5）合作性：与伙伴以及其他企业合作的能力。

组织模型与其他企业视图模型之间具有紧密的联系，既是建立过程模型、功能模型、信息模型和资源模型的基础，也是对这些模型的补充。科学有效的组织结构是实现企业目标、确保组织管理功效的基础，因此进行组织建模必须遵循一定的原则，以保证组织结构的合理性。进行组织建模的原则如下。

1）目标原则：目标是企业一切活动的出发点和落脚点，组织必须具有明确的目标，组织中的每一部分都必须能够帮助企业目标的实现。由于企业处于动态环境之中，其各项目标之间也是相互影响、相互制约的，在不同的时间和环境下，企业目标的侧重或内容也会有所不同，因此组织建模必须考虑目标的动态性和耦合性。

2）分工原则：科学的分工有利于实现工作专业化，提高工作效率和质量。在组织建模中应该考虑不同人员的属性，进行合理的职能分配和岗位安排。

3）管理层次和幅度原则：管理层次是企业的管理阶次，管理幅度是某管理层次所覆盖的范围。管理层次决定了组织的纵向结构，而管理幅度体现了组织的横向结构。合理地规划和设计管理层次和管理幅度，不仅可以缩短信息传递路径，提高工作效率，还可以简化管理流程。

4）权利与责任统一原则：权利是指在规定的职位上具有的指挥和处理事务的能力，责任是在接受权利的同时所应尽的义务。权利与责任统一原则就是有多大的权利就必须承担相应的责任，即职权与职责相对应。

5）统一指挥原则：在企业组织结构中必须建立明确的指令等级链，保证每位下属仅对一个上级负责，上级不越层指挥，使信息和指令交互顺畅、责任明确。

企业的组织结构是企业制度的体现，随着企业制度变化、发展以及管理思想的演变，企业的组织结构形式也不断地发展变化。目前企业的组织结构模型主要有直线制、直线职能制、事业部制、矩阵制和流程型等，一般均采用组织结构图进行描述。下面介绍几种基本的组织结构形式。

（1）直线制组织结构　直线制是最早出现的企业组织形式，其特点是组织的各种职位按垂直系统排列，不设专门的职能机构，通过各级主管人员直接管理。其优点是管理结构简单，管理费用低；命令统一，决策迅速，责任明确，易于维护纪律和秩序。缺点是管理工作粗放，成员之间和组织之间横向联系差，且需要企业领导具有多种管理知识和技术知识。直线制只适用于规模较小、产品单一、工艺简单、市场相对稳定的企业。直线制组织结构如图 8-18 所示。

（2）直线职能制组织结构　直线职能制组织结构是以直线制结构为基础，增设职能部门，以适应现代工业生产而产生的一种组织结构形式，这是中国企业常见的组织形式。直线职能制的优点在于既保证了集中统一的指挥，又能发挥各种专业业务管理部门的作用。其缺点是各职能机构自成体系，协调性不强，易造成工作重复，直线制与职能部门的双重领导也容易造成效率低下和管理成本增加。直线职能制结构如图 8-19 所示。

图 8-18　直线制组织结构

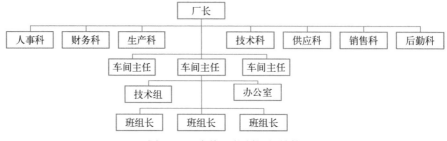

图 8-19　直线职能制组织结构

（3）事业部制组织结构　事业部制组织结构最初由美国通用公司总裁艾尔弗雷德·斯隆提出，因此也称为斯隆模型。这是一种对具有独立产品市场、独立责任和利益部门事项分权管理的组织结构形式，适用于市场庞大、产品复杂、区域分散的企业。事业部制是欧美和日本大型企业所采用的典型组织形式。集中决策，分散经营是事业部制组织的基本管理原则。其优点是企业总部与事业部之间的责、权、利划分比较明确，能够很好调动事业部员工的能动性，以便公司总部将精力集中于经营决策、长远规划和人才培养等全局性、战略性的问题上。其缺点是经营活动分散，使得管理机构增多，管理成本增加。同时，事业部之间的利益相对独立也可能影响部门之间的沟通与合作，对于资源配置和经营活动的协调带来一定困难。图 8-20 为事业部制组织结构的示意图。

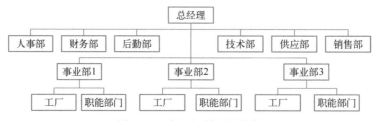

图 8-20　事业部制组织结构

（4）矩阵制组织结构　矩阵制是由项目组形式发展而来的一种组织形式，它将按职能划分的纵向领导体系和按项目划分的横向领导体系结合起来。其优点在于加强了横向联系，改变了职能部门各自为政的现象，使专业人员和专用设备得到充分利用。矩阵制组织结构灵活机动，可以随项目的开始和完成建立和解散组织。其缺点在于组织成员不固定，项目负责人责任大于权利，管理上具有一定难度。矩阵制组织结构适用于企业的重大工程项目，以及科研单位的科研活动组织。矩阵制组织结构如图 8-21 所示。

	职能部门1 人员	职能部门2 人员	职能部门3 人员	职能部门4 人员	职能部门5 人员
项目组1					
项目组2	⋮	⋮	⋮	⋮	⋮
项目组3					

图 8-21 矩阵制组织结构

(5) 流程型组织结构　流程型组织是以系统、整合理论为指导，为了提高对顾客需求的反应速度与效率，降低对顾客的产品或服务供应成本建立的，以业务流程为中心的组织。流程型组织最重要的特点是突出流程，强调以流程为导向的组织模式重组，以追求企业组织的简单化和高效化。流程型组织结构所关注的重点首先就是结果和产生这个结果的过程，这意味着企业管理的重点转变为突出客户服务、突出企业的产出效果、突出企业的运营效率，即以外部客户的观点取代内部作业方便的观点来设计任务。流程型组织将所有的业务、管理活动都视为一个流程，注重它的连续性，以全流程的观点来取代个别部门或个别活动的观点，强调全流程的绩效表现取代个别部门或个别活动的绩效，打破职能部门本位主义的思考方式，将流程中涉及的下一个部门视为客户，因此流程型组织结构鼓励各职能部门的成员互相合作，共同追求流程的绩效，也就是重视客户需求的价值。流程型组织结构重视流程效率，流程是以时间为尺度来运行的，因此这种组织结构在对每一个事件、流程的分解过程中，时间是其关注的重要对象。流程型组织结构强调运用信息工具的重要性，以自动化、电子化来实现信息流动，提高工作效率。流程型组织结构强调重新思考流程的目的，使各流程的方向和经营策略方向更加密切配合。以企业集团为例，基于流程的一般组织形态如图 8-22 所示。

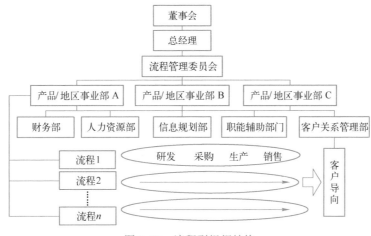

图 8-22 流程型组织结构

流程型组织结构中的各层职能如下。

1) 董事会是企业的最高决策层，负责公司的重大事项的决策。

2) 总经理全面负责公司的生产经营管理工作，组织实施执行董事会决议。

3) 流程管理委员会是基于流程组织的关键部门，连接总经理与下属事业部，是将企业的发展战略转化为具体战术的专业技术部门，是推动企业流程的执行部门。流程管理委员会采用专业的技术分析流程，建立模型、优化流程，并且监督各个事业部的流程执行情况，对流程的运行效率进行评价，对流程的绩效进行考核。

4) 产品或地区事业部可以是一个独立的法人机构，这个机构按传统的划分是具有各个职能部门的一个完整的企业形态，是具有自己产品的制造型组织，然而在基于流程的组织形态里，这个事业部的组织就必须做出相应的调整，有些职能部门要适应流程管理而不断地弱化甚至取消权限，而有些则要不断地加强其权限。基于流程的组织变革就是要按流程整合生产部门的职能，制定基于流程的企业发展战略，建立科学的流程管理制度，完善基于流程的绩效考核体系，从基于职能的旧形态转变到基于流程的新形态。

5）支持层包括财务部、人力资源部、信息规划部。通过财务部监控全部流程的运作效率，控制产品与采购品的质量。人力资源部为各个流程提供合适的人员，提供全员的培训，考核员工的绩效。信息规划部提供信息的硬件支持，负责各个流程的信息化建设，按照流程管理委员会的流程建设网络，确保流程安全稳定的运行。这三个部门并不是高于流程，而是为流程服务，支持流程的运转，各个部门都以保证流程的高效运转为己任，提供财力、人力及硬件的支持。

6）生产层是生产的第一线，是完全按照流程建立的流程小组。流程小组将流程所涉及的各个职能部门的人员整合起来，改变人员对原来的部门经理负责的形态，而转为对流程负责，每一个流程都是面向客户，并以客户为导向，根据客户的需求建立起流程。

7）职能辅助部门是为核心业务提供辅助的业务部门，例如后勤、安保等。

8）客户关系管理部是一个特殊的部门，基于流程的组织形态要以客户为导向，所以必须做好客户关系管理，提供市场的第一手资料。将客户信息传递给战略发展委员会，制定企业的发展战略，进行下一轮的发展。

思 考 题

1）阐述企业建模的目的和意义。
2）阐述企业建模的内容。
3）分析企业视图模型的关联和集成关系。
4）举例说明并分析（个人熟悉的）产品模型。
5）举例说明并分析一个（个人熟悉的）业务流程/工艺流程。
6）举例说明并分析一个（个人熟悉的）组织结构模型。
7）结合个人知识或查阅文献，建立一个系统的 DFD。
8）结合个人知识或查阅文献，建立一个系统的 E-R/IDEFIX 图。

第 9 章 智能制造系统应用案例

虽然智能制造系统仍然在完善中,但是智能制造的相关技术已经开始在一些制造企业初步应用,也取得了一些成效。特别是在离散制造业,例如飞机制造、汽车制造、电子等自动化基础好的行业,其作用得到明显的体现。本章列举的案例有的是一个智能制造产线(或工厂),集成了多项智能制造技术;有的是前文所述智能制造核心技术的典型应用,涵盖了离散与流程制造业的应用实例。

9.1 智能制造产线/工厂

9.1.1 西门子数字工厂

1. 项目概述

西门子安贝格电子制造工厂(Electronic Works Amberg,EWA)于 1989 年创建,主要生产 Simatic 可编程逻辑控制器(PLC)及其他工业自动化产品。目前,EWA 可以生产的产品种类超过 1000 种,这些产品用于控制机械设备与工厂,以实现生产过程的自动化,并为制造企业节省时间和成本,提高产品质量。EWA 自身的生产过程也应用了 Simatic 系列产品进行控制,75%的价值链由机械和机器人独立处理,只有剩余约 1/4 的工作需要由工人完成。仅在生产过程之初,工人需要手工将印制电路板(Printed Circuit Board,PCB)放置在生产线上,此后所有的工作均由机械自动控制完成。这使得工厂每天可以不间断地同时服务于全球约 60000 名用户。

目前,EWA 已经部署了数字化工厂所需的主要组件。产品与生产设备之间可以进行通信,全部生产过程均为实现 IT 控制进行了优化,使故障率最小化。尽管 EWA 的自动化程度非常高,但从工厂建设看,它自建成以来基本没发生改变:EWA 的生产面积没有扩张,员工数量也几乎未变,但产能却提升了 8 倍。

EWA 是西门子数字化企业平台的实施典范,EWA 的每个产品都有自己的代码,通过这些代码,生产系统可以了解下一步的工序信息,并"告知"生产设备,以达到控制生产的目的。EWA 的生产过程已经代表着面向未来的技术,真实世界和虚拟世界在生产过程中实现了融合,产品之间以及产品与设备之间的通信将会使生产路径进一步优化。未来随着智能制造程度的加深,工厂将能够单独、快速、低成本且高质量地加工每一个产品,从而实现更高的灵活性和经济性。

2. MindSphere 平台

西门子研发的 MindSphere 是基于云的开放式物联网操作系统,它使工厂能够以经济实惠的方式将自己的机器和实体基础设施轻松快捷地与数字世界衔接起来。利用来自几乎任意数量的互联智能设备、企业系统和联合数据源，可以分析实时操作数据。通过这种分析可以优化流程，提高资源效益和生产效率，开发新型商业模式，并降低运营和维护成本。

MindSphere 平台重点支持工业物联网。因为它基于典型的 PaaS 平台构建，使客户能够开发、运行和管理其应用，而无须花费成本或投入大量精力构建基础设施或管理快速变化的复杂软件堆栈。客户还可以通过模块化应用增强灵活性和定制功能，并提高更新速度、成本效益以及开发敏捷性。

MindSphere 平台具有容错功能和很强的可扩展性，使用微服务架构提供的应用程序编程接口（Application Programming Interface，API），可用于各种组合以构建满足客户需求的应用和功能。其中包括西门子应用、生态系统合作伙伴应用、第三方集成以及由 MindSphere 平台的客户在本地构建的应用。

MindSphere 平台提供安装即用（Out Of the Box，OOTB）的核心组件，用于对已收集的数据进行管理和可视化，这些核心组件为入门应用奠定了基础。MindSphere 应用程序框架和通用应用程序组件提供 API 和插件，可支持构建所需的结构。图 9-1 是将 MindSphere 平台表示为一系列层、组件和服务的架构示意图。

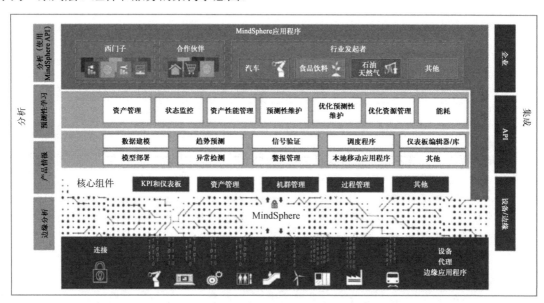

图 9-1 MindSphere 平台架构

3．工业边缘计算与人工智能

EWA 已经实现在为分布式 I/O 的组件制造 PCB 生产线上处理数据。但即使这样，生产过程也还没有得到充分的优化。这并不是因为设备利用率和过程质量造成的，问题的瓶颈在于 PCB 生产过程中最后的自动 X 射线检测部分。

指甲大小的 PCB 容纳着具有各种连接销功能的相关的总线连接器，在非集成测试中，需要对这些连接销的焊接接头进行 X 射线检查，检验其功能是否正常。那么是否应购买另一台 X 光机以提高当前的生产效率呢？

解决这一问题的另一种方式是人工智能。来自传感器的数据通过全集成自动化（Totally Integrated Automation，TIA）环境传输到云端，该环境由控制器和边缘设备组成。专家通过训练一种基于 AI 和过程参数的算法，能了解焊接接头质量的过程数据将如何表现、如何控制在设备的边缘应用程序上运行的模型。该模型可以预测 PCB 上的焊接接头是否出现故障，从而获得是否需要进行线端测试的信息。闭环分析使得这些数据可以立即用于生产中。

闭环分析和工业边缘技术也可用于铣削。例如用于 Simatic 产品 PCB 的铣削主轴由于铣削粉尘而不能始终正常工作，但最初的原因尚不清楚。与自动 X 射线检测一样，西门子专家依靠边缘计算和 AI 的组合进行预测性维护。该方法提取了两个与计划外停机时间明确相关的参数，即铣削主轴的转速和驱动所需的电流。将这些数据输入边缘设备中，利用边缘计算，设备或机器在产生数据后，可以立即在该设备或机器上对其进行处理。在边缘设备中，预训练好的算法对异常的过程数据与停机时间之间的相互关系进行识别，并将其反馈到生产中。

性能分析应用程序可将结果提供给 MindSphere 平台中的用户，使设备操作人员可以在潜在系统故障出现之前 12~36h 获知情况，并相应地采取措施。但是数据和异常并不是简单地存储在 MindSphere 平台中，该算法必须经过更好的训练，才能够提供越来越精确的结果，这正是要在 MindSphere 平台中做的事情。EWA 一致的端到端数字化环境确保了自动化、工业边缘和云计算之间必要的无缝交互。

4. 数字孪生

EWA 数字化工厂的叫法来源于数字孪生，也称为数字化双胞胎，如图 9-2 所示。EWA 早已在工厂内建立起生产流程的数字孪生，它正在彻底改变制造流程。作为产品、生产过程或性能的虚拟表示，它可以使各个过程阶段无缝链接。这可以持续提高效率，最大限度地降低故障率，缩短开发周期，并开辟新的商机，创造持久的竞争优势。

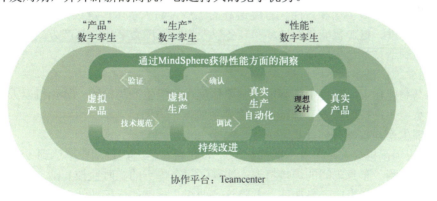

图 9-2 数字孪生如何为产品、生产和性能提供虚拟代理服务器

"产品"数字孪生早在计划产品的定义和设计阶段就已创建，工程师可以根据相应的要求模拟和验证产品属性。无论是涉及机械、电子、软件还是系统性能，数字孪生都可以用于提前测试和优化这些元素。

"生产"数字孪生涉及从机器、设备控制器到虚拟环境中整个生产线的各个方面。其仿真过程可通过生成 PLC 代码和虚拟调试，提前优化生产，使得在进行实际操作之前，就可以识别并预防错误或故障的来源。这节省了时间，并为定制化批量生产奠定了基础，因为即使是高度复杂的产线也可以使用数字孪生在极短的时间内以最小的成本和精力进行计算、测试和编程。

反过来讲，"性能"数字孪生不断地从产品或生产设备获得运行数据。这样可以持续监控机器的状态数据以及制造系统的能耗数据等信息，并用于执行预测性维护以预防停机，优化能耗。与此同时，像 MindSphere 平台这样的关于系统的数据驱动知识可以反馈到整个价值链，一直到产品系统。这为持续优化过程生成了一个完全封闭的决策循环。

在 EWA，数字孪生负责生产的 Simatic 控制器组件的生产目标循环时间为 8s，然而初步仿真得出的循环时间为 11s。仿真结果显示，11s 的循环时间主要归因于实际生产中生产线上的机器模块没有在最佳工作状态。西门子专家用"生产"数字孪生中更合适的组件替换了这些模块。在接下来的仿真中，实现了目标循环时间，确认了方案的可操作性。

EWA 的硬件和软件解决方案、工业通信、网络安全和服务之间的协调达到了最优化。由于一致的端到端水平和垂直集成，生产排序是不间断的，这使得 EWA 成为西门子数字企业的典范。

9.1.2 华晨宝马智能制造技术与集成应用

1. 项目概述

华晨宝马汽车有限公司是宝马集团和华晨汽车集团共同建立的合资企业，总部位于辽宁省沈阳市。公司自 2003 年成立以来，双方一直保持着共赢的合作模式，并以此为基础取得了一系列成就。

华晨宝马的智能化工厂项目的载体主要体现在铁西工厂、发动机工厂和新大东工厂的建设和运营过程当中。2013 年德国在汉诺威工业博览会（Hannover Messe）上首次发布《实施"工业 4.0"战略建议书》，正式提出了"工业 4.0"的理念，"工业 4.0"成为引领新一轮工业革命的核心技术。此时正值华晨宝马铁西工厂建成投产，铁西工厂可以说是"工业 4.0"在国内的先行者，也成为中国汽车行业在智能制造和可持续发展方面的新标杆。

2017 年 5 月，华晨宝马新大东工厂正式投产，产品为全新一代宝马 5 系轿车。作为宝马全球体系中现代化、数字化和智能化程度最高的工厂，新大东工厂继续秉承"工业 4.0"的理念，采用更加先进、更加智能化的技术和装备以及更加高度数字化的生产方式，实现了面向汽车行业的智能制造技术与集成应用。

2. 智能化工厂技术

华晨宝马智能化工厂项目中的智能化主要体现在智能生产与检测一体化机器人、智能质量检测装备、智能生产控制系统、智能物流管理系统 4 个方面。

（1）智能生产与检测一体化机器人

1）自适应焊接机器人：车身车间拥有超过 800 台机器人，自动化率达到 95%以上，可实现自生产和自检测。车身车间的焊接机器人实现了每个焊点的实时监控和动态调整，通过每个工位时焊接信息系统会生成一条曲线，并将这条曲线与标准的焊接曲线对比，确认产品是否合格，以此来保证焊接的品质。同时，根据现场的实际情况和大数据的分析，还能动态地调整标准曲线的形状，不断优化焊接质量。

2）新一代集成喷涂机器人：涂装车间采用了 35 台新一代集成喷涂机器人。机器人内部装载了大量传感器，能够实时检测机器人喷涂时颜料的流量、喷射的压力等参数，这些数据通过系统实时传输到 PLC 并能够实现在线监测，确保喷涂的精准度，不需要后续再补喷，优化了喷涂质量，提高了喷涂的效率。图 9-3 所示为涂装车间集成喷涂系统。

3）6 序伺服驱动高速冲压机：新宝马 5 系为全铝车身设计，且铝材冲压比钢材更加复杂，故冲压车间采用了高精度、高智能化的 6 序伺服驱动高速冲压机进行冲压。控制冲压机的计算机

图 9-3 涂装车间集成喷涂系统

有 22 台，可对冲压的力度和精度进行非常精确的控制。通过计算机三维软件对冲压件进行建模，预先利用大数据记录、分析，精准计算出铝板冲压回弹度等参数，然后在冲压生产线上为铝板预留冲压回弹量，冲压件的尺寸公差被控制在 0.02mm 以内。该冲压机相比于传统冲压机可节能 44%，降噪 12dB。冲压线线首能够实现智能化的抓取识别和位置识别。智能抓取依靠激光传感器智能识别抓取钢板的数量，确保了冲压数量的准确性和冲压质量的精度；智能位置识别指的是线首能够依靠图像识别器，将钢板摆放到正确位置，并自动将其位置调整到最佳，保证了冲压质量。

（2）智能质量检测装备

1）自动检测（Auto Detection and Diagnosis，ADD）系统：涂装车间采用了 100% 的自动检测系统，对喷涂结束后的白车身表面进行检测，检查是否有因为外部环境影响造成的车身表面缺陷。ADD 系统能够将各类白车身表面的缺陷进行智能化分类，方便未来利用大数据进行不同类型的缺陷处理。通过 ADD 系统，车身表面的缺陷识别率从原来的 65% 上升到 98%，确保了缺陷的高识别度和检测的精准度。

2）动力总成照相检测系统：通过检测动力总成各部件与物料（MAT）的相对位置保证合装的准确性。每辆车的动力总成进入照相机站，系统会读取 MAT 的信息从而判定需要检测的车型信息，调取该车型的标准图片；同时采用 42 个高清摄像头，对动力总成部件进行精准检测，对于每辆车的动力总成生成一组图片并与标准图片进行对比，并将结果通过工作站屏幕进行展示。全部图片对比合格后，MAT 将自动运行至下一工位；如有不合格图片，工作站将报警通知操作人员进行故障的分析和解决。通过应用动力总成照相机站系统，缩短了检测的时间并保证了生产效率，确保了产品的高标准和一致性。

3）图形存取方法（Graphic Access Method，GAM）检测系统：质检部门采用了 GAM 检测方法检测冲压件的尺寸精度。通过先进的照相设备，对整个冲压件进行全面拍照，然后与系统的标准数据进行比对，自动标记缺陷位置。

（3）智能生产控制系统

智能生产控制系统（Intelligent Production System，IPS）是宝马集团 MES 系统的一个统称，IPS 包含了多个系统，其中 IPS-Technology（IPS-T）主要面向生产和设备控制，也是 IPS 中最为核心的部分。

1）强大的集成功能：智能生产控制系统面向生产过程的管控，由 IT 部门负责日常的维护。这个强大的生产控制系统主要包含质量信息的监测和生产过程的管控、生产设备的远程控制、设备故障的预警和自修复以及生产节拍与设备状况的实时显示。

2）质量信息的监测和生产过程的管控：IPS-T 连接了所有的 PLC 终端，能够实时显示 PLC 的动态状况并向 PLC 发送指令数据，实时动态地对生产过程进行管控；另外，监控的对象并不局限于数量庞大的 PLC，也包含多种工业自动化设备，这些设备基于宝马集团的设备通信协议，建立了与 IPS-T 的连接，完全实时地将各个自动化设备的运行状态信息同步到中心管理平台。

3）生产设备的远程控制：对于一些有提前起动预热需求的设备，IPS-T 能够实现远程的启停，有利于提高设备运行的效率；当车间工作结束时，IPS-T 能够远程关闭车间设备，避免能源的浪费和机器的耗损。

4）设备故障的自动报告和自修复：IPS-T 提供了多种信息方式，如邮件、短信等，可以按照事先定义好的缺陷类型和级别，将故障信息实时共享给需要及时进行维护的工段组；同时，设备如果遇见一些常见的问题，系统能够实现自动应答和修复，不用操作人员重复参与，在提高效率的同时节省了人力。

5）生产节拍和设备状况的实时显示：IPS-T 能够实现对每天的计划生产量、实际生产量、超速或滞后完成的工作量等生产节拍信息的实时显示，还能通过对 PLC 的监测实现对车间每台设备状况的显示，有助于直观地显示每天的计划是否完成。

6）支持全球各地的在线监测：IPS-T 的另一大特点就是支持全球各地的在线监测，不管管理人员身处何地，只要有相应的权限，管理人员就可以通过网络登录系统，实时查看各个工厂、车间的情况。

（4）智能物流管理系统

1）适应柔性生产的 IPS-Logistic（IPS-L）：IPS-L 能更好地适应客户订单的定制化以及差异化的整车交付日期需求，满足在实际生产中柔性混线生产方式，其主要功能包括车间级的排产和车辆状态实时跟踪等。

2）车间级的排产：从销售系统接受订单，生成生产订单，并拆分成车间级的订单，分别进行排产，同时进行优化：一方面在车间级考虑工艺流程的差异和特性，优化生产顺序；另一方面在车间之间进行优化调整，尽可能降低车间前序与后序之间的约束性。排产的信息，会进一步与各个车间不同工艺序列的 PLC 进行实时同步，将最优化排产的结果与生产设备的实际生产作业无缝连接。

3）车辆状态跟踪：通过与车间 PLC 系统的整合来进行车间的位置状态跟踪。包含整车（涂装车间/总装车间）的状态追踪，也包含白车身分/总成件的跟踪，如前车身、后车身。除了在 MES 内部跟踪状态信息，提供整体信息透明化之外，IPS-L 还将车辆的跟踪信息与 ERP（SAP）进行集成，为 SAP 的智能物流系统提供最主要的信息支撑，完成了从 ERP 到 MES，最后到车间 PLC 控制级的纵向体系达成。

4）智能取件装备：在铁西工厂车身车间焊接机器人的外部还可以看到很多带自动升降功能的货架，货架的底端安装有若干个传感器，自动识别货架上剩余的加工件数，旁边的控制器会显示加工件当前的数量和是否需要补料，每个货架前面会有一辆物流叉车，物流工人就是从货架上搬走加工件的。智能取件装备使车间内的物流运送更加高效和智能，省去了人工查看物料的时间和通知准备运送物料的时间，大大提高了车间物流的效率。

5）自动运输车辆：零部件从配送区运往生产线由自动导引运输车（Automatic Guided Vehicle，AGV）完成，当生产线上常备零件用完时，生产线会发出请求运送配件的信号，然后由后台计算机调动 AGV 来运输相关零件，实现生产线上零件的连续自动供应。

9.1.3 宝钢股份热轧 1580 智能制造示范产线

1. 项目概述

钢铁工业是国民经济的基础产业。中国虽然已建成完整的钢铁工业体系，但钢铁产业仍面临产能过剩、需降本增效、实现节能减排、创新发展能力不足等严峻挑战。钢铁产业目前正处于结构调整、转型升级的关键阶段。智能制造的提出，为钢铁工业的转型升级带来了重大机遇。

中国宝武钢铁集团有限公司是中国最大、最现代化的钢铁联合企业，其子公司宝山钢铁股份有限公司（以下简称宝钢股份）的热轧 1580 生产线是 20 世纪 90 年代从日本引进的热轧机组，1996 年投产，年产热轧卷 400 万吨。该产线已建立比较完整的基础自动化系统、过程控制系统、轧线监控系统、MES、CLTS 等自动化、信息化设施，产线自动化水平较高。但与世界先进水平相比，产线自动化率、产品质量和关键消耗指标等仍存在一定差距。

2015 年，热轧 1580 生产线以高效率、高质量、低成本的"两高一低"精品生产线和打造钢铁行业智能样板车间为目标，开始在仓储物流无人化、设备状态诊断和预测性维护、工艺过程全面在线检测、智能化模型、质量一贯管控、可视化及数字工厂等八大领域全面推进智能制造。近年来，通过上述智能制造项目的推进，生产线板坯库行车无人化程度已经稳定在99%以上。从2018年10月份开始，轧制无人化已经在粗轧区域进行初步试验，目前最好成绩是实现连续8h无人化作业。

到2021年末，宝钢股份机器人的应用实现置换人工超过2000人，机器人应用总量超过1000套，建设、改造一批智能化产线，完成基于互联网的可满足用户个性化需求的快速响应，可柔性研发、营销、制造、物流体系构建。宝钢股份在钢铁行业领先的新优势将通过智能制造得以实现。

2. 智能化车间改进目标

在热轧过程控制、生产控制、制造管理等领域，虽然使用了很多模型，但是实时性强、管理跨度大的智能模型比较欠缺，例如质量预测、设备状态预测、高级优化排产、实时成本盈利预测模型等。从工厂整体来看，数据自下而上按照漏斗方式进行处理和传输。热轧生产过程中产生的海量细粒度数据大部分沉淀在现场，逐步灭失，相关数据从全局来看未予以整合利用，处于局部、短期分析应用阶段，并非工业大数据应用。其次，装备处于以自动化为主的阶段，接收指令进行动作，工业机器人应用以搬运、贴标应用为主。能实现自适应的智能设备、智能机器人的应用较少。产线节能以单体设备为主，未做到能源流、制造流的协同节能。此外，虽然装备了较多凸度仪、表面检测仪等质量监测设备，但质量仍然需要质检员人工判定，劳动强度大。

图9-4所示为宝钢股份1580热轧智能化车间，其试点的改进目标是以工业互联网数据集成技术、混合模型与数据分析技术、多目标交互优化技术、智能机器人技术等为支撑技术，在工艺控制、物质能源协同优化、劳动效率提升等多个领域，实现围绕产线的管控智能化、预测预警前瞻应变、知识自动化、业务协同多目标优化等智能化应用，提升产线制造稳定性和灵活性、节能降耗、绿色生产，降低制造成本。

图9-4 宝钢股份1580热轧智能化车间

3. 智能化车间技术

1）板坯库作业无人化。采用图像识别技术自动识别板坯号；采用电子防摇技术提升吊运平稳度；采用激光成像技术实现精准定位；采用智能防撞技术提高作业安全性，使得板坯仓储物流更加顺畅，管理更加高效。通过运用以上技术，实现了板坯库的无人化运行。

2）工艺过程全面在线监测。采用炉内气氛激光分析仪实时监测加热炉炉内气氛，调控燃烧状态；采用富氧燃烧、热值调整等技术，提升能源利用率，减少能耗。在钢板轧制过程中，通过增加翘扣头检测与控制，保证中间坯的平直。通过实施中间坯头尾最优化剪切控制，减少切损，并增加中间辊道镰刀弯检测装置，精轧机架间跑偏检测装备，通过闭环优化控制，实现轧制过程中的稳定生产。通过优化层流冷却工艺，提高带钢抗拉强度、伸长率等性能指标的稳定性；通过助卷辊表面检测、叠板自动检测技术，提高带钢质量。

3）智能化模型。利用传统与先进的检测信息，建立新一代感知-控制-决策一体化的热轧工艺智能模型，实时动态智能调控轧制过程，实现高精度尺寸控制、表面质量预测与控制，并在综合成本最优化的条件下保证产品性能以及生产的高效稳定。运用该模型后，宽度、厚度、终轧温度、卷取温度指标标准差减少6%，自动化率达到93%以上（提升5%以上），热轧综合生产成本降低 0.5%。

4）质量管控。通过全工序质量的高频微数据采集以及工艺过程综合监控，对钢卷进行质量自动判定以及可制造性评估。实现了钢卷质量的高度自动判定，提升了劳动效率，并提升了分析效率。根据材料成分、轧制工艺参数、冷却过程参数实现成品材料性能预报，预防品质异常产品流出。

5）热轧生产管理改善。建立了 1580 热轧轧制作业计划智能编制模型、材料在线处置实时推荐模型（含材料有效利用率优化模型）、二炼钢-1580 热轧材料智能组炉模型。人机结合，建立基于数据积累分析及多模型组合决策支持的炼轧一体化计划系统。

6）设备状态检测。对旋转机械振动、温度、主轴扭矩、液压系统、电气传动系统、精轧出口辊道电流等进行监测，并建立基于振动、温度、扭矩等的设备状态诊断及预测性分析模型，在线监测离线分析，由专家进行远程实时诊断，以实现设备状态的智能诊断和状态预测。点检人员也可通过智能终端随时查看设备状态。

7）可视化虚拟工厂。在异构网络基础上建立大规模数据采集、处理、系统间数据共享标准。生产全程可视，实现车间及生产技术管理、产品质量管理、能源管理、设备维护可视化、辅助决策。集中监控，互联互通，建立车间级智能运营和辅助决策平台。建设数字化产线，构建热轧虚拟现实系统，实现虚拟与实际系统的映射，预测生产风险与制造成本。对各关键过程参数的趋势进行监控，并以此评估各区域的生产健康状态。

8）绿色产线。通过诸如变频节电、工艺优化、产线系统化节能等措施，减少能源损耗，并采用先进节能装备与技术，根据生产实际实现供能与用能的自动匹配控制。生产线已具备能源精细化管理功能，可实现部门、作业区直至每块带钢的能耗跟踪与预算管理。建立产线系统节能架构，对各机组工艺参数节能优化匹配模型进行探索。最终实现公司协同节能、产线协同节能、工艺控制节能、高效设备节能，产线能耗较改造前下降 5%。

相对于电子、汽车等离散制造业，钢铁行业属于流程工业，具有工序多、工艺机理复杂、不确定性多的特点，对于实现智能制造技术在该领域中应用的目标，还有很长的路要走。

9.1.4 合力叉车工业互联网管控平台

1. 项目概述

安徽合力股份有限公司是中国工业车辆的领军企业，是目前中国规模大、产业链条完整、综合实力和经济效益好的工业车辆研发、制造与销售行业龙头企业，拥有国家级企业技术中心和国家级工业设计中心。自 1991 年起，合力叉车主要经济技术指标已经连续多年保持国内同行业第一。

合力叉车工业互联网平台通过"数据+模式"的方式为用户提供服务，其中包括了销售、生产制造、采购供应、售后维修等所有环节，实现了传统企业生产运营模式工业互联网升级；实现了应用移动互联网、云计算、大数据等技术，服务于工业车辆行业的市场营销、研发设计、生产制造、物流搬运、售后服务、车辆租赁和金融租赁等业务；实现了企业车联网数据感知体系建设、车联网云平台建设以及 AGV 无人驾驶体系建设。

合力叉车通过工业互联网平台的建立，实现了工业车辆企业管理的移动可视化、工业车辆产品的车联网化以及工业车辆驾驶的无人化。除此之外，其设备异常检测和预防性维保提醒功能，可提高工业车辆可靠性，降低用户的使用成本；智能调度功能可合理分解组合任务、优化搬运路径，实现工业车辆的智能运维，提高用户的使用效率；自主无人工业车辆的研发应用，符合工业车辆发展趋势，对企业经济效益和竞争力提升具有深远意义。

2. 项目数据来源

搭建大数据存储相关计算平台及大数据分布式系统，通过大量的工业应用和车联网实现数据采集和敏捷可视化，其数据来源主要有以下几种途径。

1）用户需求数据采集。通过移动设备与用户进行产品推荐、视频展示及需求反馈，根据用户浏览行为，将用户进行记录分类，为后续精准销售提供数据支持。

2）销售订单数据。销售人员通过移动设备进行订单录入，含车辆基础配置信息、用户相关信息等，上传至云平台，通过接口转至生产系统进行排产，后期可以在移动设备中查看生产及运输进度，与生产系统无缝集成。

3）物料转移数据。生产过程中频繁出现物料的移动，对物料每一次移动进行记录上传至云平台，为精准库存管理提供基础数据支持。

4）加工过程辅助数据。进行零部件加工时，通过云平台提供的与设计系统的接口按需调用设计相关图纸及数据或变更信息，有助于提高加工精确度。

5）生产进度数据。提供移动端及用户端多种方式，支持一线生产人员实时进行生产过程汇报，协助管理部门有效进行生产力分配，提高产能。

6）生产质量检测数据。对已经下线的车辆按质量管控要求进行质量检测，将检测数据上传至云平台，形成质量检测数据库，辅助生产过程质量管控。

3. 工业互联网平台

合力叉车工业互联网平台整体方案架构如图 9-5 所示。平台通过建设物联网平台、业务层、数据层和应用层，来形成整个工业互联网的平台架构。物联网平台提供基础支撑和物联网通用功能，业务层提供物联网应用设备功能，数据层提供数据存储、分析和应用集成等功能，应用层提供工业应用的接入功能。

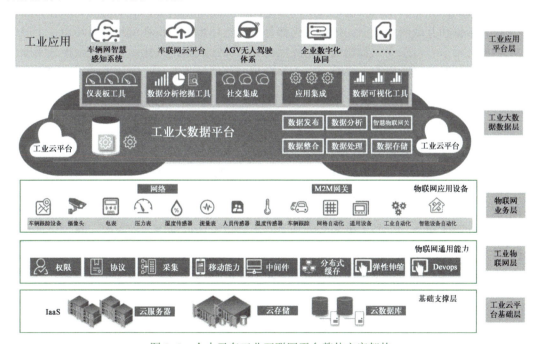

图 9-5　合力叉车工业互联网平台整体方案架构

其中的工业大数据平台实现了工业大数据的采集、交换、清洗与集成。数据源既包含来自传感器、SCADA、MES、ERP 等内部系统的数据，也包含来自企业外部的数据。平台具有大数据清洗与存储、数据挖掘以及资源池管理功能。

合力叉车工业互联网平台的主要组成有工业物联网+车联网、工业云应用+工业 APP 以及工业大数据体系。

1）工业物联网+车联网。工业车辆的传统模式已经受到大趋势的威胁，二十多年没有变化的销售、服务模式正面临新的挑战。在新商业模式和资本的驱动下，创新颠覆模式正在孕育中。工业车辆企业要主动规划转型，以传统的叉车产品为中心的模式向以客户为中心的互联网模式转变，"互联网+"将更聚焦和关注工业车辆产业链及工业车辆上下游之间的跨界竞争。以叉车产品为载体，提供客户物料搬运服务。客户将来已经不注重通过购买来获得产品的所有权，更倾向于获得产品的使用权，利用金融支持的工业车辆租赁和物料搬运服务将被推向更高的层次。企业开始从卖产品，转换到卖服务，再转换到卖共享服务的模式。工业车辆企业将从产品市场份额的竞争转移到物料搬运服务市场份额的竞争，移动互联网让互联网共享工业车辆搬运服务成为可能。资本进入物流领域将力促更高效、更智能化的工业车辆进入物流服务领域。

2）工业云应用+工业 APP。通过构建基于工业 APP 的工业车辆制造服务生态圈，实现资源共享协同的生产组织方式，实现供应链协同；满足个性化需求，实现产品销售、设计和制造配置模式；提升用户端设备性能，大幅度提高信息化覆盖率，打造智能绿色的生产运营模式；利用大数据进行行为分析，了解市场需求，实现精准营销；提供工业车辆融资租赁模式，发挥互联网金融参与度高、协作性好、中间成本低、操作便捷的优势；发挥工业 APP 对企业生产经营各环节的持续渗透与影响作用，利用工业 APP 实现企业内外全业务全流程互联互通、协作共享，提升生产效率和决策水平，降低成本。

3）工业大数据体系。工业大数据的目的是改变以往工业价值链从生产端向消费端、上游向下游推动的模式，实现以客户价值为核心的定制化产品和服务，以及与之相适应的全产业链协同优化。为此，工业大数据应满足用户需求定义、工业智能制造、活动协同优化三方面的应用。工业大数据和互联网大数据的技术架构都具备数据环境、知识环境和应用环境三个层面。

从数据环境来看，工业大数据的数据环境，不但关注数据持久化，更关注数据采集的能力和覆盖性。工业车辆大数据的主要特点在于其突出的移动设备数量，因此数据采集更多强调物联网（IoT）的实现，可以保证数据采集的全面覆盖性，以及在保障可靠性同时实现数据接入的总线化。

从知识环境角度，工业大数据需要对数据进行分析、处理，以获得相应的知识，用以支持上层业务应用。工业大数据应用的模型相关性较强，工业大数据的知识环境的技术平台是信息物理系统（CPS），云计算是 CPS 的一个组成部分。CPS 关注的是物理实体映射的逻辑实体的管理，提供逻辑实体的关系、协作，以对称的方式来演进，体现与物理实体的相关性，实现知识的挖掘。

从应用环境上来说，工业大数据管理技术分为四层：数据采集与交换层、数据预处理与存储层、数据工程层与数据建模层。数据采集与交换层主要负责从机器设备实时采集数据，也可以从业务系统的关系型数据库、文件系统中采集所需的结构化与非结构化业务数据。数据预处理与存储层主要负责对采集到的数据进行数据解析、格式转换、元数据提取、初步清洗等预处理工作，再按照不同的数据类型与数据使用特点选择不同的数据管理引擎，实现数据的分区选择、落地存储、编目与索引等操作。数据工程层主要完成对工业大数据的治理并支撑对数据的探索能力，以供应用开发与分析对数据的方便使用。数据建模层主要完成对底层数据模型的工业语义封装，构建基于用户、产线、工厂、设备、产品等对象的统一数据模型，对各类统计分析应用与用户实现更加便捷、易用的数据访问接口。

工业大数据分析技术分为两大部分：分布式计算框架与工业大数据分析算法库。分布式计算框架主要负责对分析在线实时分析任务与离线批量数据分析任务的调度与执行，特别是针对大数据的分布式数据密集型计算。工业大数据分析算法库除了典型的机器学习算法模型外，需要针对工业特有的稳态时间序列、时空等数据提供丰富的特征模板库，方便对典型物理事件在时域和频域上的精确描述。另外还应提供丰富的时间序列、时空模式、序列模式的深度挖掘算法库。

4. 应用亮点

1）工业车辆企业管理的移动可视化。平台基于工业 APP 的工业车辆制造服务生态圈，实现资源共享协同，通过生产类、销售类和管理类 APP，与管理系统核心业务系统的高度集成，为企业市场营销、研发设计、生产制造、物流搬运、售后服务、车辆租赁和金融租赁等业务提供移动端应用。

2）工业车辆产品的车联网化。平台基于车联网实现工业车辆车队资源共享、车辆状态实时掌控、叉车驾驶员信息、形成统计分析报表。通过底层硬件信息采集，GPRS 信息传输数据，人车卡绑定辅助智能报表分析，平台阈值设定下发至终端实现车辆控制，开关机状态位实时监控与称重、行走状态合并运算实现车辆状态的实时监控，通过状态监控提取数据统计分析进而实现车队智能报表，平台各功能模块高度集成，形成工业车辆企业管理的车联网化，解决车队使用过程中，管理者对叉车自身状态不明、驾驶员工作情况的掌握不及时等问题，为叉车租赁市场、物流搬运等行业提供解决方案。

3）工业车辆驾驶的无人化。平台实现合力自主研发的无人驾驶叉车，成功实现以 ERP、WMS、MES 等系统为上位系统，以上位系统调度任务的方式，通过无人叉车任务调度系统合理分配任务、优化行走路径，实现物料搬运的自动化、高效化、准确化搬运。配合多种自动化设备、传感器系统等实现物料的系统化管理，使得合力叉车成为无人化、智能化的物流解决方案供应商。

9.2 智能制造技术在产品/服务提升方面的应用

9.2.1 GE 智慧航空运营服务

1. 项目概述

通用电气航空（GE Aviation）是通用电气公司的一个子公司，原名为通用电气飞机发动机公司，2005 年 9 月改名。该公司总部位于美国俄亥俄州，是世界领先的民用/军用喷气式飞机发动机制造商。该公司同时生产由飞机发动机派生的轮船发动机，并提供航空无线电服务。

为了获取长期稳定的收益，并帮助客户（飞机制造商、机场、航空公司）减少航空发动机的运营维护成本，提高航空服务质量，GE Aviation 公司由单纯的向飞机制造商（空客、波音）销售发动机，以及为机场和航空公司提供发动机的售后维修服务，转型到向机场、航空公司出售航空发动机的飞行使用时间。

2011 年与 GE 合作的意大利航空（Alitalia），通过导入 GE 的 Predix 平台，一年削减了 1500 万美元的燃料成本。GE 改善燃料效率的服务，被广泛应用在包括美国航空、美联航、达美航空、日本全日空（ANA）在内的 100 家以上的航空公司中。除此以外，GE 还向航空公司提供包括台风等灾害时机材、机舱乘务员、飞行员等再配置最优化在内的运营优化方案。

2. 智慧航空运营服务策略

以高质量、高性能的航空发动机为依托，辅以飞行管理系统、客户化的飞行系统、综合推进系统和模块化的动力系统，形成了 GE Aviation 航空发动机产品和技术的模式。这种模式是 GE Aviation 向航空公司和机场销售优质 GE 航空发动机、控制系统和售后维修服务，这个商业模式不仅可模仿，而且对 GE 而言收益不高，也容易与其客户产生诸多财务问题。

通过分析，GE Aviation 发现其航空发动机的最终用户，不是飞机制造商，而是机场和航空公司，甚至是乘坐飞机的乘客，绝大多数最终用户并不关心乘坐飞机使用的发动机品牌，他们只关注飞行过程（起飞过程、飞平过程、降落过程）的安全性、稳定性与舒适性。另一方面，单次购买、维修、更换发动机使航空公司财务状况发生巨大的波动，航空公司不愿花钱对发动机进行大型常规保养或及时的检修，使得飞行舒适度下降，飞行服务的最终用户——乘客感到不满意。

找到了最终用户之后，GE Aviation 首先跳出惯有思维，开始向航空公司提供航空发动机"飞行使用时间服务"，是其占绝对优势的服务创新模式。他们为每台已售出和未售出的发动机动力系统加装发动机使用时间检测装置，并通过 GPS 远程监控每台发动机的性能和使用状况，在线诊断并修正发动机使用中的问题，同时统计它们的运转时间，这样可以智能高效地为每个客户提供完美的飞行服务。

通过租给航空公司航空发动机、销售发动机的飞行使用时间，不需航空公司另外付保养维修费用，由 GE Aviation 公司单独承担航空发动机的购买、维修、调试、更新升级。对最终用户而言，GE Aviation 公司这样做保证了高效、稳定、舒适的飞行过程，为乘客提供舒适稳定的飞行体验；自己的生产部门也不用加班加点生产发动机，GE Aviation 就可以保持稳定的收益；对航空公司而言，减少了财务支出的波动性，最终达到三赢。

3. Predix 平台

GE 数字化革命成就的集大成者是 Predix，被定义为"工业互联网的平台"。Predix 平台总体架构如图 9-6 所示，通过该平台，开发或者使用应用程序时可以借助"事前准备好的软件产品""应用程序的应用环境"等更快得出想要的结果。无论是预测工业机械的故障，还是提高生产效率的数字化服务都建立在此平台上。

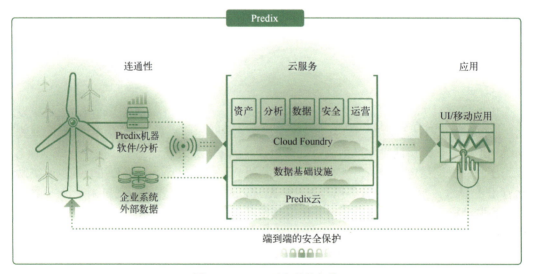

图 9-6　Predix 平台总体架构

（1）数据的捕获、处理和管理　Predix 平台的数据服务能够提供快速访问和及时的分析，同时还能最大限度地降低存储和计算成本。它提供了一种安全的多租约模式，包括网络级数据隔离和加密的密钥管理能力。它还支持分析引擎和语言的插入，以进行互动和处理数据。

Predix 平台主要包含 4 个组件。

1) 连接数据源：将 GE 和非 GE 机器的传感器、控制器、网关、企业数据库、历史数据、平面文件和基于云的应用等建立连接。

2) 数据获取：从数据源实时获取数据并批量上传。工作流工具让用户能够确认特定数据源，并为所有或者特定的数据集和数据类型——包括非结构、半结构和结构化的——创建默认的数据流。这些工具可加速代码的设计、测试和生成，让无论是简单的一次性项目，还是复杂的、不断进行中的数据同步化项目都更加易于管理和监控。

3) 管道处理：采集管道可以高效地从数以百万计的资产中获取大量数据。但是，这些数据由于来源不同可能会杂乱无章、格式各异，所有这一切都会让预测性分析举步维艰。管道处理可以让数据转化为正确的格式，这样就可以实时开展预测性分析和数据建模。管道策略框架提供了治理和目录编制服务，让用户能够执行数据清理，提高数据质量，进行数据完善（比如与地点或者气象数据合并），给数据加标签，并进行数据的实时处理。

4) 数据管理：数据需要存储在适当的数据库中，无论它们是机器传感器的时序数据、大型二进制对象（比如 MRI 图像），还是关系型数据库管理系统都是如此。这样数据既可用于操作的目的，也可用于分析的目的。它还提供了数据混合功能，用户可以使用工具从这些数据源中提取价值，发现并处理复杂的事件（比如，寻找某些类型事件的组合，以创建更高层次的业务事件）。数据的获取、处理和管理如图 9-7 所示。

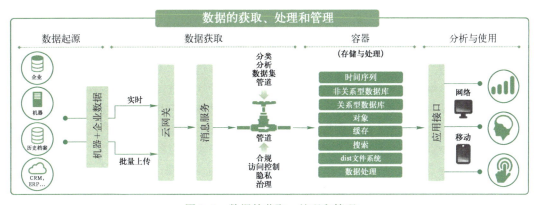

图 9-7 数据的获取、处理和管理

（2）利用分析将数据转化为成果 运用分析手段可以让公司变成数据驱动型企业。企业可以利用其高级分析工具，并将其作为分析方法。Predix 平台为工业分析提供了可扩展、可重用的框架，能够分析数据、创建业务洞察，构建能够影响业务成果的有针对性的分析方法。

高效的分析功能可以在不同业务解决方案之间进行分类、共享和重用，这可以让企业在其他地方节约时间并扩大投资。在云端部署分析还能够确保分析可以在整个企业中动态扩展。边缘运营分析不但可确保资产的高效运营，而且随着时间的推移，这些分析还可以在历史分析的基础上得到改进。Predix 平台提供了两种类型的数据分析，即运营分析和历史分析。

运营分析即在源头对数据进行实时分析，比如飞机发动机等，以发现问题，并在资产运行的过程中对其进行瞬间调整，优化性能，以防止发生损坏。历史数据分析即对 PB 级的海量历史运营数据进行收集和分析。通过这种分析，有可能构建大型预测模型，用于高效地运营整个制造厂或者已投运设备。Predix 分析支持在运营和历史分析之间构建反馈回路。

Predix 平台还提供了描述性和预测性的分析，为揭示数据间的相互关系提供了全面的方法。每组分析都有自己的用途。描述性分析对数据进行总结，从以往的记录中获得数据，确定以往的事件对于未来会产生什么影响。比如，航空公司可以对一台发动机近 6 个月的健康状况进行评估，以确定是否需要预防性维护。预测性分析通过基于模型的预测，帮助人们确定将来可能会发生什么。

9.2.2 压缩机智能运维大数据应用

1. 项目概述

西安陕鼓动力股份有限公司属于陕西鼓风机（集团）有限公司，公司成立于 1999 年，是为石油、化工、冶金、空分、电力、城建、环保、制药和国防等国民经济支柱产业提供透平机械系统问题解决方案及系统服务的制造商、集成商和服务商，属于国内透平行业领军企业。

本案例以陕鼓动力股份有限公司（以下简称陕鼓）在徐州东南气体有限公司投运的智能远程运维系统为例，介绍作为动力设备制造厂商依托设备大数据系统平台向设备智能服务商成功转型的具体措施。徐州东南气体有限公司隶属于秦风气体股份有限公司，是为徐州东南钢铁工业有限公司 $2\times1080m^3$ 高炉配套建设的专业制氧企业。装置规模为 2×2 万 Nm^3/h，主要产品为氧、氮、氩气体和液体，一期核心动力设备为一套空压机组与氮压机组。

在提升智能服务技术与积累核心服务技术经验方面，依托设备大数据分析支持，提升远程诊断服务、检维修服务及备件零库存服务中的工作效率、降低服务成本，并通过对设备大数据的积累与挖掘，不断提升装备制造企业的核心竞争力，带动产业结构优化升级。

2. 项目核心难题

徐州东南气体有限公司的动力设备管理始终是影响气体生产的核心困扰难题，设备意外停机一天，会造成生产企业 1000 万元以上的直接损失。亟需解决的难题主要存在于以下几个方面：

1)"定期检修"的传统设备维修模式易造成维修成本过高，工期无法控制。定期维护模式下，常出现"过度维修"与"维修不及时"的情况，两者均会直接影响设备有效运行时间。事后维修会造成工期延长，均导致运行维护成本的上升，严重影响用户生产主业。

2) 缺乏健全的设备全生命周期管理档案，维护信息碎片化严重。由于缺乏专业化检修人员，大多数空分企业设备检修通常采用外包方式进行，在没有设备大数据全生命周期管理系统支持的情况下，容易造成设备维护管理信息不连贯，没有继承性，信息碎片化严重。

3) 传统设备维修外包服务，容易使企业丧失对设备资产的掌控。没有设备信息数据系统支持的设备外包通常会隔绝用户对设备状态的感知与把握，使用户对外包方产生依赖，不断削弱对设备维护成本的掌控。

综上所述，空分行业的设备故障发生率，占整个工艺装置故障的比例很高，设备管理对空分企业来说是各项业务的重中之重，徐州东南气体有限公司的设备管理问题在空分行业普遍存在，属于典型的行业难题。

3. 项目数据来源

陕鼓的智能远程运维系统主要包含三大类数据，即设备状态数据、业务数据与知识型数据。下面对这三种不同数据进行简要介绍。

1) 设备状态数据。针对动力设备的快变量数据，利用陕鼓自主研发的 IMO1000 系统进行高通量数据的采集，采集信号主要为振动传感器电压变化值，采集速率每振动测点达到 10K/S。慢变量数据主要指设备与装置的工艺量与过程量，利用 TCS 装置级数据采集系统，通过从机组的 DCS 系统获取，刷新频率在 1～3s。一套空分装置，测量数据点共计 336 个，实时原始数据量达到 10M/S，设备启停机或发生故障时，数据通量峰值在 35M/S 以上。

2) 业务数据。业务数据主要包括用户档案、机组档案、现场服务记录、用户合同管理、备件生产管理等设备管理过程中产生的数据,主要来自陕鼓工业服务支持中心的客户管理与服务管理系统。

3)知识型数据。知识型数据主要包括设备设计图纸、加工工艺、装备工艺、制造质量数据、测试数据、核心部件试车、整机试车、各类标准工时文件等。该部分数据以 IETM(Interactive Electronic Technical Manuals)系统管理为主,以 PLM、CAPP、ERP 数据为补充。业务数据与知识型数据总量约为 1TB,且更新随业务流程状态改变,每日平均增量在 5M 以内。

4. 远程智能运维系统

为了确保用户机组的安全稳定运行,避免由于网络不稳定造成关键实时预警的漏报误报,本系统平台采用原始数据本地存储、处理、预警;关键数据实时同步压缩上传的接入模式。即使由于网络问题造成通信中断,现场系统仍然可保证实时进行分析预警,对突发的故障数据进行记录与处理,确保用户机组的万无一失。该设备大数据平台技术架构如图 9-8 所示。

如图所示,通过设备振动、温度、流量、压力等传感器与控制系统,将数据接入到 IPMC 系统,进行数据实时处理后,送入现场监控一体化 HMI 系统,可直接向用户呈现设备运行状态分析结果。

图 9-8 远程智能运维系统技术架构

同时,利用互联网或 3G/4G 无线网络,将数据实时远传至陕鼓远程智能运维中心,中心专家结合 IETM、备件协同系统、PLM 等其他数据,向用户提供中长周期的设备运行指导意见。陕鼓远程智能运维系统具有以下 3 方面优势特点:

1)高通量实时数据采集处理。由于动力装备的转子动力学状态分析要求,需要对转子各测点振动数据进行高速并行同步整周期 A/D 采集及滤波调制等处理。对实时数据清洗、有效性判别、自适应调整预警门限等技术要求较高。

2)成熟的大数据挖掘应用。动力装备领域数据类型多、数据差异化大,建模相对困难,且需结合转子结构模型、动力学模型完成复杂数据关联性分析、故障根源原因分析等大数据挖掘分析应用,才能得出对检维修具有指导作用的准确方案。

3)多信息融合健康故障诊断与设备性能优化。动力装备领域故障诊断时需用到大量专业的图谱工具,数据分析相对困难。同时,因工艺的复杂性,需进行与工艺量关联分析、自适应预警门限、性能对标、喘振预警与优化控制、性能仿真等。

9.2.3 基于大数据的晶圆制造质量管控

1. 项目概述

在半导体行业,大数据存在多种应用场景,需要满足产品质量、系统运行与设备监测等多方面的业务需求。虽然这些业务在具体应用需求上存在差异性,但是它们之间存在明显的数据交互,如设备运行数据既可以用于设备异常监测与分类,也可以用于晶圆良率预测。同时,它们都基于大数据处理分析与应用流程,满足具体业务需求。

因此,在半导体制造业,针对从机台监控系统、车间信息系统、历史数据库等对象中获取的海量多源异构半导体制造数据,首先构建统一的大数据处理与分析平台,平台为半导体制造业大数据提供通用预处理技术,构建半导体制造业大数据仓库,同时还针对不同应用场景提供专用预处理技术,满足具体业务的数据需求。在此基础上,应用层根据不同应用场景,完成机台异常监测与分类、订单交货期调控、晶圆良率预测等具体业务的开发,满足定制化业务需求。

2. 晶圆制造过程异常监测与异常反馈控制系统

在晶圆生产过程中,由于生产设备、物料以及操作等各方面因素的影响,生产过程中存在很多不确定因素,影响生产的效率和质量。如果仅仅通过人工观察和判断,难以满足即时高效的要求。并且随着机台、工艺、技术的不断更新,生产线运行中面临的不确定因素也在发生变化,需要对线上机台控制方式做出调整。因此,利用晶圆制造生产线实时异常监测与分类方法,在满足实时性要求的前提下,对数据进行分析,智能判断机台运行情况,并进行反馈控制。

1)晶圆制造过程异常监测。通过基于关联关系挖掘的机台内相关参数组合方法和基于无监督 K-Means 聚类的机台间类似参数组合方法实现参数关联关系分析,通过监控变量评价方法选择变量并分析合并的有效性。从大量机台数据中筛选异常信息,即时监测、分析设备和制造过程的状态,发现设备异常、产品缺陷或制造系统的异常状况,并转交异常分类模块进一步处理。异常分类模块从大批量、低密度、多类型数据中,通过模型提取数据特征片段,与既往异常数据进行模式匹配,对设备运行异常数据进行分类,辅助晶圆制造车间先进过程控制系统决策。

2)晶圆制造过程异常反馈控制。通过对以往历史数据和案例的挖掘分析,针对监测到的异常数据生成调控方案,建立评价体系,通过仿真的方式对方案进行评价,进行方案决策。首先通过数据挖掘方法建立历史经验知识库,为调控方案生成提供原始方案来源,生成调控方案。其次,通过建立基于极限学习机的预测模型,实现对调控方案性能的预测;利用已知 Fab (Fabrication,晶圆制造厂)数据对调控结果进行对比分析。然后使用基于偏差的方案支持度分析法和基于证据理论的方案选择决策方法,决定最终采用的调控方案。最后通过建立 eM-Plant 模型对调控方案运行效果进行仿真分析,建立组合 KPI 对效果进行评价。

3. 晶圆批产工期预测与调控系统

在晶圆车间的工期调控中,传统的"模型+算法"思路在大规模的晶圆制造调度过程中已难以实现。

大数据提供了工期预测的新思路,在晶圆 Lot(晶圆产品的最小批量单位,常包含 15~30 片晶圆)的工期预测中,通过数据间表现出的相关关系,筛选与晶圆工期紧密关联的强相关变量,并以这些强相关变量作为预测模型的输入,对晶圆产品的完工时间进行预测。在晶圆 Lot 的工期调控中,充分采用数据间的关联关系,在对不同 Lot 的工期之间的关联关系、Lot 的优先级与车间生产平顺化等车间性能指标之间的关联关系、Lot 的工期与 Lot 的优先级之间的关联关系进行分析的基础上,通过优化 Lot 的优先级来实现工期的调控,改变了传统方法通过建立描述模型、设计高效算法的思路,能够适应大求解空间的晶圆 Lot 工期预测与优化问题。

4. 大数据驱动的晶圆良率预测系统

基于半导体制造业大数据处理与分析平台,针对半导体制造过程中晶圆良率预测模型对数据间多层次复杂作用机理的描述需求,可以基于深度学习理论,通过构建完整反映数据关系网络的深度神经网络模型,来实现晶圆良率的在线准确预测。深度学习理论由加拿大多伦多大学杰弗里·辛顿(Geoffrey Hinton)教授提出,目前已经在互联网大数据领域取得了显著研究成果,并应用于图像识别与语音识别等过程中,如谷歌大脑(Google Brain)项目、微软的全自动同声传译系统和百度的深度学习平台飞桨等。其主要特点包括:①无监督学习。在大数据情况下,很大程度上靠经验和运气的监督学习方法几乎难以实现,深度神经网络可以自动地学习一些特征。②多层隐藏层。在深度神经网络中一般有 5～10 层隐藏层，高层的特征是低层特征的组合，从低层到高层的特征表示越来越抽象，越来越能表现语义或者意图。也就是特征分级表达，通过逐层特征变换，将样本在原空间的特征表示变换到一个新特征空间，从而使分类或预测更加容易。③逐层训练。传统 BP（误差反向传播）算法不适用于深度神经网络，残差传播到最前面的层会变得太小，出现所谓的梯度扩散（Gradient Diffusion），因此采用逐层训练法，每层隐藏层可作为下一层隐藏层的输入、上一层隐藏层的输出。

深度学习通过无监督学习保持了信息的完整性，并且通过对隐藏层的多层逐层训练，既提高了网络的训练效率，也避免了传统 BP 算法的局部收敛问题，具备较好的大数据处理与分析能力，可以对数据间的复杂关联关系进行拟合，十分适用于构建大数据驱动的晶圆良率预测模型。然而，深度神经网络与一般神经网络相同，均具有"黑盒子"特点，隐藏层神经元的物理含义一般情况下无从解释，无法直观描述数据之间的关联关系与相互作用机理。此外，深度神经网络对相关数据无差别输入，无法对数据之间的层次关系进行描述。为使深度学习理论满足晶圆良率的预测需求，可以进一步根据晶圆质量监控数据的相关性特点为深度神经网络的隐藏层赋予物理意义，根据隐藏层物理意义逐步将各类型晶圆质量监控数据应用于深度神经网络的逐层训练过程中，准确描述数据间相互作用机理。基于半导体制造行业大数据处理与分析平台，利用改进的深度学习理论，构建晶圆良率预测模型，满足行业应用需求。图 9-9 所示为根据晶圆制造的具体工艺流程，设计的大数据驱动晶圆良率预测模型解决方案。

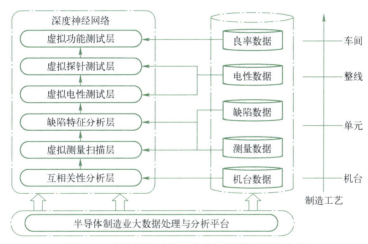

图 9-9　大数据驱动晶圆良率预测模型解决方案

9.2.4　复杂结构件加工过程智能监控

1. 项目概述

航空工业成都飞机工业（集团）有限责任公司数控加工厂（简称成飞数控），是从事航空产品大型复杂结构零件数控加工的专业厂。从 20 世纪 90 年代中期开始，成飞数控的生产形式由过去传统的单一产品批量生产，向现代航空产品研制与国际转包等多项目混线生产转变，企业在转型过程中面临较大的挑战。复杂结构件数控加工一度成为新产品研制的瓶颈，其主要面临以下三个问题：产品技术复杂性提高，零件加工难度加大；数控加工效率低，不能满足新产品快速研制的需求；设备利用率低，生产能力未充分发挥。

针对国防工业数控效率低这一共性问题，国家实施了"高效数控加工技术研究""千台数控机床增效工程"等科研项目和重点工程，其目的是通过数控加工技术、数字化制造技术的研究应用和相互融合，提高数控应用效率，满足国防装备研制及国际合作转包生产的需求。推进数字化车间向智能制造车间转型，从执行层、感知层、评估及决策层、集成管控层开展智能制造相关单项技术研究落地工作，力争在飞机结构件智能编程、作业现场大数据融合、加工过程智能监控、制造车间智能管控等专业实现重点突破。

2. 基于传感器网络的加工过程大数据智能融合技术

在结合飞机结构件制造过程的多源异构数据融合模型和其处理算法的基础上，将飞结构件工艺信息、生产计划信息、实时加工信息融为一体，实现对车间生产、制造、物流、宏观资源和微观信息的准确记录。结合实时加工和制造流程信息，对异构数据模型进行自动识别和智能化处理，同时结合车间综合管控的实际需求，开展基于滑动平均模型进行相似性预测的时间序列分析，通过预测未来时间的数据模型从而预测未来的生产趋势，建立基于多源异构数据融合模型的时间序列分析技术和预测分析机制，为生产管控提供智能决策支持。

时间序列分析是数据挖掘与系统分析的重要方法之一，其应用范围越来越广泛。在生产系统中存在大量时间序列，具有很强的偶发性、波动性。研究分析和处理时间序列，目的是为了揭示生产系统中各类指标本身的结构和规律，认识生产系统的动态特性，掌握生产系统与环境的关系。时间序列模型可分为自回归（Auto Regressive，AR）模型、滑动平均（Moving Average，MA）模型、自回归滑动平均（Auto Regressive Moving Average，ARMA）模型和累积式自回归滑动平均（Auto Regressive Intergrated Moving Average，ARIMA）模型等。其中，AR 模型描述的是系统对过去自身状态的记忆；MA 模型描述的是系统对过去时刻进入系统的数据的记忆；ARMA 模型是系统对过去自身状态以及各时刻进入的数据的记忆，是 AR 和 MA 模型的结合；ARIMA 模型主要用来描述非平稳时间序列，而 ARMA、AR、MA 模型主要用来描述平稳时间序。对于非平稳的 ARIMA 模型可以通过差分转化为平稳模型来处理。

利用时间序列预测法预测生产信息需要总结与归纳大量的历史实时数据得出反映其变化规律的数学表达式，进而建立起预测模型来进行预测，故输入的历史数据对预测模型的建立及参数的选取有很大影响。因此，合理选择输入样本，可以有效地提高预测模型的精度。

经过相似分析后得到的子模型，也是实时数据特征数据，通过对这些特征数据的实时序列分析，将生产、加工、资源、物流等宏观和微观信息输入时序分析，再将预测结果输出，得到时序分析后的预测分析结果。对生产过程异构数据的时序分析如图9-10所示。

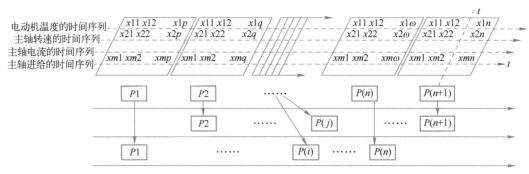

图 9-10　对生产过程异构数据的时序分析

最终通过时序预测分析的特征提取和特征分析，建立实时数据预测库，结合异常信息和多维扰动因素分析，建立一套完整的预测分析机制，并通过预测分析机制对生产、物流、工艺、制造、资源信息的宏观和微观实时数据分析处理，反馈未来生产趋势，为整体生产管控提供智能决策基础。

3. 数控加工过程智能监控技术

参照 CPS 体系结构，构建面向飞机结构件数控加工过程的智能监控平台，是实现传统数控机床向智能加工机床升级的重要途径。通过对数控机床运动部件精确建模及数控机床坐标联动控制机制、各组坐标轴耦合关系的动态解析，在自主开发的三维仿真平台中实现了数控机床静态模型、动态运动部件的动态加载和交互式控制。同时，结合对数控机床实际加工过程原点设置、刀具参数的采集及工装、毛坯状态的自动检查，自动构建数控机床虚拟仿真运行环境，通过数控机床实时数据采集器采集的高实时度（毫秒级）的机床实际运行数据，实现数控机床实际加工过程的超低延时、高仿真度的加工过程三维可视化复现。数控加工过程智能监控平台体系结构如下：

1）感控节点层。数控加工智能监控 CPS 的感控节点层，是 CPS 与数控机床实际物理过程的交互点。感控节点层包含了 CPS 的物理元素，比如数控机床实体、运动部件、传感器、各类物理控制器、驱动器和数控加工物理对象及资源（如刀具、工装、毛坯等）等，主要涉及控制技术、嵌入式系统、感知技术、通信技术等。

数控机床智能监控系统实现的核心，是感知功能的构建和感知网络的融合。通过在数控机床物理实体加装相应传感器及相应的数据采集功能部件，并与数控加工物理对象（刀具、工装、毛坯等）通过交联耦合，形成具有感知、控制执行与自主决策功能的 CPS 感控节点，并以数控机床数据采集器和控制网络的形式实现。本系统构建的数控机床数据采集系统，由采集层、处理层、服务层和应用层四层组成。

2）网络通信层。随着后续数控机床智能监控 CPS 系统的大规模工程化应用，仍迫切需要采用具有充足带宽、接入能力强、超低时延的下一代工业现场通信网络。同时，也应充分关注具备较高可靠性、时延较低、接入容量大的无线网络接入技术，以满足未来作业现场广泛的移动接入需求。

3）资源服务层。由于在数控机床智能监控 CPS 系统中，针对物理环境的感知、监测和分析决策处理过程有大量的数据存储、计算、分析、控制决策的处理需求，而感控层节点的数据存储、处理能力是有限的。因此，对获取的实时数据进行融合处理，从海量数据中分析、提取有用信息，是资源服务层的主要功能。数控机床智能监控 CPS 系统的资源服务层，作为系统运行的支撑平台，向上，为决策应用层提供各类数据分析、图形运算、大数据处理能力支持；向下，为感控节点层提供海量数据存储、数据处理服务支持。同时，对感控节点层的感知组件及执行器进行抽象建模，形成虚拟空间与物理空间融合交互的服务中间件，实现状态报告、监控指令、机床操作控制指令的集成功能。

4）决策应用层。决策应用层是面向应用和操作人员的，其主要目标是实现数控机床运行过程的可视化监测和自主化、智能化控制。一方面，决策应用层作为操作人员的功能增强装备，能够为操作人员提供更实时、更全面、具备决策参考价值的数控加工过程工况信息和智能分析评价数据，以提高操作人员对整个数控加工过程的感知、控制能力；另一方面，作为具备高度自主性的智能监控系统，决策应用层利用内嵌的大数据计算、智能数据分析能力，对实际加工过程进行实时状态评估，可实现智能化的加工过程预测、异常报警和智能防错控制，这使数控加工过程进一步向智能化、少人化甚至无人化方向演进成为可能。

系统基于"感知-分析-决策-控制-反馈-评估"的闭环控制机制，在准确评估数控加工过程运行状态的基础上，智能提取数控加工过程的异常和例外信息，结合已经建立的数控加工过程异常状态响应和处理规则，研究并突破了加工时间智能预测、加工状态智能评估、异常状态自动预警等关键技术。目前，系统已实现基于状态评估规则和预定义操作流程的 NC 程序加载控制、原点校验、刀具参数及刀具补偿数据校验等，并可对数控加工过程主轴负载异常、功率突变等状态进行有效识别和报警，有效提高了数控加工过程的智能化监控水平。

4. 制造车间智能管控技术

开展数字化智能生产管控中心体系结构研究，形成系统体系结构，研究基于有限资源能力的智能计划排程技术，实时监控计划与执行的对照情况，对生产异常实时动态响应，重新计算并优化生产计划及资源需求计划并配送。同时研究柔性生产线实时调度技术，研究装夹、加工、拆卸三级约束资源的智能调度算法，构建生产单元的实时调度系统。智能调度中心主要基于富因特网应用程序（Rich Internet Applications，RIA）技术以及智能调度算法，建立基于复杂离散加工业务的计划、执行、仿真相结合的应用模式，最终构建高效的、良好用户体验的调度系统。其中智能调度算法基于有限资源能力并结合神经网络、遗传算法、粒子群算法等相关智能优化算法对任务和资源进行优化调度，是智能生产管控中心的技术难点。

智能生产管控中心由三个平台（数字化制造平台、生产物流管控平台、数控机床智能监控平台）、一个中心（智能生产管控中心）组成，物理环境由三部分组成，即智能生产管控中心 LCD 大屏幕监控与指挥平台、生产过程物流数据采集硬件环境、数字化集成运行服务支撑环境。通过管控中心集成运行，实现综合管理驾驶舱、生产现场实时故障监控及协调处理系统、生产物流管控平台等的集成运行。

思 考 题

1）从了解的工业案例中，找出一个符合智能制造概念的实例，并说明实例在哪些方面体现了智能概念或运用了本书前几章的哪些理论和技术。

2）阐述对数字孪生的理解。

3）阐述智能制造生产线或智能制造工厂的系统架构。

4）分析不同类型制造业对智能制造核心技术的应用需求。

附录　专有名词缩写

序号	专有名词缩写	英文含义	中文含义
1	3C	Computing, Communication, Control	计算、通信与控制
2	AI	Artificial Intelligence	人工智能
3	ADD	Auto Detection and Diagnosis	自动检测
4	AGV	Automatic Guided Vehicle	自动导引运输车
5	AII	Alliance of Industrial Internet	工业互联网产业联盟
6	ANA	All Nippon Airways	全日空（航空公司）
7	API	Application Programming Interface	应用程序编程接口
8	APICS	American Production and Inventory Control Society	美国生产与库存管理学会
9	APS	Advanced Planning and Scheduling	高级计划与排程
10	ARIMA	Auto Regressive Integrated Moving Average	累积式自回归滑动平均
11	ARMA	Auto Regressive Moving Average	自回归滑动平均
12	ATO	Assemble to Order	按订单装配
13	BAS	Basic Automation System	基础自动化系统
14	BOM	Bill of Material	物料清单
15	BP	Business Planning	经营规划
16	BPR	Business Process Reengineering	业务过程重构
17	CAD	Computer Aided Design	计算机辅助设计
18	CAE	Computer Aided Engineering	计算机辅助工程
19	CAM	Computer Aided Manufacturing	计算机辅助制造
20	CAPP	Computer Aided Process Planning	计算机辅助工艺过程计划
21	CAT	Computer Aided Testing	计算机辅助测试
22	CCD	Charge-Coupled Device	电荷耦合器件
23	CIMS	Computer Integrated Manufacturing System	计算机集成制造系统
24	CLTS	Crane Location Tracking System	行车定位跟踪系统
25	CNC	Computerized Numerical Control	计算机数控控制
26	CPS	Cyber-Physical System	信息物理系统
27	CRM	Customer Relation Management	客户关系管理
28	CRP	Capacity Requirement Planning	能力需求计划
29	DBMS	Data Base Management System	数据库管理系统

（续）

序号	专有名词缩写	英文含义	中文含义
30	DCS	Distributed Control System	分散控制系统
31	DD	Data Dictionary	数据字典
32	DF	Digital Factory	数字化工厂
33	DFD	Data Flow Diagram	数据流程图
34	DGMS	Dialogue Generation Management System	人机接口系统
35	DIKW	Data Information Knowledge Wisdom	数据-信息-知识-智慧
36	DMC	Dynamic Matrix Control	动态矩阵控制
37	DRP	Distribution Resource Planning	分销资源计划
38	DSS	Decision Support System	决策支持系统
39	DTO/ETO	Design To Order /Engineering To Order	按订单（项目）设计与制造
40	EDPS	Electrical Data Process System	电子数据处理系统
41	EH&S	Environment Health and Safety	环境、健康与安全
42	EMS	Energy Management System	能源管理系统
43	E-R	Entity-Relation	实体-联系
44	ERP	Enterprise Resource Planning	企业资源计划
45	FMS	Flexible Manufacture System	柔性制造系统
46	GAM	Graphic Access Method	图形存取方法
47	GFB	General Function Block	通用功能块
48	GPC	Generalized Predictive Control	广义预测控制
49	HCPS	Human CPS	人-信息物理系统
50	HMI	Human Machine Interface	人机交互
51	IaaS	Infrastructure as a Service	基础设施即服务
52	ICT	Information and Communications Technology	信息与通信技术
53	IFR	International Federation of Robotics	国际机器人联合会
54	IIC	Industrial Internet Consortium	工业互联网联盟
55	IIRA	Industrial Internet Reference Architecture	工业互联网参考架构
56	IMS	Intelligent Manufacturing System	智能制造系统
57	IoT	Internet of Things	物联网
58	IVI	Industrial Value Chain Initiative	工业价值链计划
59	IVRA	Industrial Value Chain Reference Architecture	工业价值链参考架构
60	JIT	Just in Time	准时生产
61	KPI	Key Performance Indicator	关键绩效指标
62	LF	Ladle Furnace	钢包炉
63	MAC	Model Algorithm Control	模型算法控制
64	MBD	Model Based Definition	基于模型定义
65	MBM	Model Based Manufacture	基于模型生产
66	MBMS	Model Base Management System	模型库管理系统
67	MC	Mass Customization	大规模定制生产
68	MEBMS	Method Base Management System	方法库管理系统
69	MEMS	Micro-Electro-Mechanical System	微机电系统

（续）

序号	专有名词缩写	英文含义	中文含义
70	MES	Manufacturing Execution System	制造执行系统
71	MESA	Manufacturing Execution System Association	制造执行系统协会
72	MIS	Management Information System	管理信息系统
73	MPC	Model Predictive Control	模型预测控制
74	MPS	Master Production Schedule	主生产计划
75	MRI	Magnetic Resonance Imaging	核磁共振成像
76	MRP	Material Requirement Planning	物料需求计划
77	MRP II	Manufacturing Resource Planning	制造资源计划
78	MTO	Make To Order	按订单制造
79	NC	Numerical Control	数字控制（数控）
80	OA	Office Automation	办公自动化
81	OEM	Original Equipment Manufacture	原始设备制造商
82	OM	Operation Management	运营管理
83	OOTB	Out of the Box	安装即用
84	OPT	Optimized Production Technology	最优生产技术
85	OS	Operation Service	运营服务
86	OT	Operation Technology	运营技术
87	PaaS	Platform as a Service	平台即服务
88	PCB	Printed Circuit Board	印制电路板
89	PCS	Process Control System	过程控制系统
90	PDCA	Plan,Do,Check and Act	计划、执行、检查、处理
91	PDM	Product Data Management	产品数据管理
92	PFC	Predictive Functional Control	预测函数控制
93	PHM	Prognostic and Health Management	设备健康管理
94	PID	Proportion,Integral and Differentiation	比例、积分和微分
95	PLC	Programmable Logic Controller	可编程逻辑控制器
96	PLM	Product Lifecycle Management	产品全生命周期管理
97	PLU	Portable Loading Unit	轻便载入单元
98	PP	Production Planning	生产管理
99	RCCP	Rough-cut Capacity Planning	粗能力计划
100	RFID	Radio Frequency Identification	射频识别
101	RIA	Rich Internet Applications	富因特网应用程序
102	RRP	Resource Requirement Planning	资源需求计划
103	RTO	Real-Time Optimization	实时优化
104	SaaS	Software as a Service	软件即服务
105	SCADA	Supervisory Control And Data Acquisition	数据采集与监控系统
106	SCM	Supply Chain Management	供应链管理
107	SMLC	Smart Manufacturing Leader Coalition	智能制造领导力联盟
108	SMS	Smart Manufacturing System	智能制造系统
109	SMU	Smart Manufacturing Unit	智能制造单元

（续）

序号	专有名词缩写	英文含义	中文含义
110	SOM	Service-Oriented Manufacturing	服务型制造
111	SOP	Standard Operating Procedure	标准操作规程
112	SoS	System of System	系统之系统级
113	SP	Strategic Planning	战略规划
114	SPC	Statistical process control	统计过程控制
115	SysLM	System Life-cycle Management	系统生命周期管理
116	TIA	Totally Integrated Automation	全集成自动化
117	TPM	Total Productive Maintenance	全员生产维修
118	TQC	Total Quality Control	全面质量管理
119	TRIZ	拉丁文 Teoriya Resheniya Izobreatatelskikh Zadatch 的词头缩写，英文全称是 Theory of the Solution of Inventive Problems	发明问题解决理论
120	VAD	Vacuum Arc Degassing	真空电弧加热脱气法
121	VM	Virtual Manufacturing	虚拟制造
122	VOD	Vacuum Oxygen Decarbonization	真空吹氧脱碳法

参 考 文 献

[1] 邓朝晖，万林林，邓辉. 智能制造技术基础[M]. 武汉：华中科技大学出版社，2017.

[2] 工业和信息化部，国家标准化管理委员会. 国家智能制造标准体系建设指南：2021 年版[Z]. 2021.

[3] 刘敏，严隽薇. 智能制造：理念、系统与建模方法[M]. 北京：清华大学出版社，2019.

[4] 李晓雪. 智能制造导论[M]. 北京：机械工业出版社，2019.

[5] 王芳，赵中宁. 智能制造基础与应用[M]. 北京：机械工业出版社，2018.

[6] 朱铎先，赵敏. 机·智：从数字化车间走向智能制造[M]. 北京：机械工业出版社，2018.

[7] 杨青峰. 未来制造：人工智能与工业互联网驱动的制造范式革命[M]. 北京：电子工业出版社，2018.

[8] 豆大帷. 新制造 "智能+" 赋能制造业转型升级[M]. 北京：中国经济出版社，2014.

[9] 郑树泉. 工业智能技术与应用[M]. 上海：上海科学技术出版社，2019.

[10] 智能科技与产业研究课题组. 智能制造未来[M]. 北京：中国科学技术出版社，2016.

[11] 欧阳华兵. 智能制造技术的研究现状与发展趋势[J]. 上海电机学院学报，2018，21（6）：10-16.

[12] 张映锋，张党，任杉. 智能制造及其关键技术研究现状与趋势综述[J]. 机械科学与技术，2019，38（3）：329-338.

[13] 王恩海. 系统集成支撑智能制造的未来发展[J]. 现代制造技术与装备，2019（11）：194-195.

[14] 臧冀原，王柏村，孟柳，等. 智能制造的三个基本范式：从数字化制造、"互联网+"制造到新一代智能制造[J]. 中国工程科学，2018，20（4）：13-18.

[15] 侯瑞. 全球智能制造发展模式及我国智能制造发展现状[J]. 信息化建设，2018（3）：23-26.

[16] 汪烁，刘奕宁，张涛. 智能制造国际标准化现状分析[J]. 仪器仪表标准化与计量，2018（6）：1-4，11.

[17] FLÁVIA PIRES，JOSÉ BARBOSA，PAULO LEITÃO. Quo Vadis Industry 4.0: An Overview Based on Scientific Publications Analytics[C]. Cairns: IEEE 27th International Symposium on Industrial Electronics（ISIE），2018.

[18] EGGER JOHANNES，MASOOD TARIQ. Augmented reality in support of intelligent manufacturing – A systematic literature review[J]. Computers and Industrial Engineering，2020，140(c)：1-22.

[19] 王隆太. 先进制造技术[M]. 2 版. 北京：机械工业出版社，2020.

[20] 陈国权. 制造业先进生产方式与管理模式[M]. 北京：科学技术文献出版社，1998.

[21] 陈启申. ERP：从内部集成起步[M]. 2 版. 北京：电子工业出版社，2005.

[22] 薛华成. 管理信息系统[M]. 3 版. 北京：清华大学出版社，1999.

[23] 杨志，赵坚毅. 企业信息管理[M]. 北京：清华大学出版社，2005.

[24] 王雨田. 控制论　信息论　系统科学与哲学[M]. 北京：中国人民大学出版社，1986.

[25] WILLIAMS，THEODORE J. The purdue enterprise reference architecture[J]. Computers in Industry，1994，24（2-3）：141-158.

[26] 常本英，黎建强，徐琪. 计算机集成制造系统（CIMS）导论[M]. 合肥：安徽科学技术出版社，1997.

[27] 孟柳，延建林，董景辰. 智能制造总体架构探析[J]. 中国工程科学，2018，20（4）：23-28.

[28] "新一代人工智能引领下的智能制造发展战略研究" 课题组. 中国智能制造发展战略研究报告[J]. 北京：中国工程科学，2018，20(4)：1-8.

[29] 王松. 构建智能制造系统参考架构的几点思考[J]. 智慧中国，2016(9)：43-45.

[30] 韦莎. 智能制造系统架构研究[J]. 标准化研究，2016（4）：50-54.

[31] ULRICH SENDLER. The Internet of Things: Industrie 4. 0 Unleashed[M]. Berlin: Springer-Verlag，2018.

[32] 日本经产省. 日本制造业白皮书：2018[Z]. 2018.

[33] 马新星. 水面无人艇自主控制调整方法研究[D]. 哈尔滨：哈尔滨工程大学，2013.

[34] 中国电子技术标准化研究院. 信息物理系统白皮书：2017[Z]. 2017.

[35] 孙一康，王京. 冶金过程自动化基础[M]. 北京：冶金工业出版社，2006.

[36] 邵健，何安瑞，孙文权，等. 面向生产全过程的热轧带钢精准控制核心技术[J]. 中国冶金，2017，27（5）：45-50.

[37] 柴天佑，丁进良. 流程工业智能优化制造[J]. 中国工程科学，2018，20（4）：59-66.

[38] 董佳. 有效推进卷烟工业设备管理精益化的实践举措分析[J]. 科学技术创新，2018（24）：176-177.

[39] 杭州优稳自动化系统有限公司. 优稳云平台助力用户实现工业设备全生命周期管理[J]. 自动化博览，2018，10：78-80.

[40] 童晟. 基于RCM理论的工业设备维修策略和维修管理系统研究[D]. 杭州：浙江大学，2018.

[41] 孙传尧，周俊武. 流程工业选矿过程智能优化制造发展战略[J]. 有色金属（选矿部分），2019（5）：1-5.

[42] 祝林. 智能制造的探索与实践[M]. 西安：西安交通大学出版社，2017.

[43] 中国电子技术标准化研究院. 工业大数据白皮书：2017版[Z]. 2017.

[44] 中国智能城市建设与推进战略研究项目组. 中国智能制造与设计发展战略研究[M]. 杭州：浙江大学出版社，2016.

[45] 温熙森. 模式识别与状态监控[M]. 北京：科学出版社，2007.

[46] 镇璐. 制造业运营管理决策优化问题研究[M]. 北京：科学出版社，2018.

[47] 汪定伟. 敏捷制造的ERP及其决策优化[M]. 北京：机械工业出版社，2003.

[48] 张映锋. 智能物联制造系统与决策[M]. 北京：机械工业出版社，2018.

[49] 陈禹六. IDEF建模分析和设计方法[M]. 北京：清华大学出版社，1999.

[50] 范玉顺. 集成化企业建模方法与系统[M]. 北京：中国电力出版社，2007.

[51] 梅绍祖，邓. 流程再造：理论、方法和技术[M]. 北京：清华大学出版社，2004.

[52] 徐宝文，周毓明，卢红敏. UML与软件建模[M]. 北京：清华大学出版社，2006.

[53] 金青龙. 生产企业流程化与规范化管理手册[M]. 北京：人民邮电出版社，2012.

[54] 中国汽车工程学会. 汽车智能制造典型案例选编：2018[M]. 北京：北京理工大学出版社，2018.

[55] 施耐德电气（中国）有限公司. 施耐德电气：助力打造中国钢铁首个无人行车智能车间[J]. 现代制造，2018（11）：56-57.

[56] 工业互联网产业联盟，工业大数据特设组. 工业大数据技术架构白皮书[Z]. 2018.

[57] 中田敦. 变革：制造业巨头GE的数字化转型之路[M]. 李会成，康英楠，译. 北京：机械工业出版社，2018.

[58] 李杰，倪军，王安正. 从大数据到智能制造[M]. 上海：上海交通大学出版社，2016.

[59] 工业互联网产业联盟. 中国工业大数据技术与应用白皮书[Z]. 2017.

[60] 刘强，丁德宇. 智能制造之路：专家智慧 实践路线[M]. 北京：机械工业出版社，2017.

[61] 张洁，秦威，鲍劲松. 制造业大数据[M]. 上海：上海科学技术出版社，2016.